婵娟之谜——月球的起源与演化

胡中为　编著

科 学 出 版 社
北　京

内 容 简 介

近年来，月球的空间探测进入新发展时期，其重要任务之一就是研究月球的起源演化史。嫦娥飞船探月工程以来，我国关心月球的天文爱好者日益增多。本书作为中高级科学普及读物，图文并茂，深入浅出，兼顾趣味性、通俗性与科学性，为一般读者，尤其青少年进入月球世界打开便捷通道。全书分为十二部分，从神话传说到月球文化谈起，介绍月球的观测研究简史，接着概述月球与地球及太阳的关系、月球的基本特性、月球物质和月球陨石、月球的物理场和内部结构、太阳系起源与行星形成，在这些观测研究结果的基础上，主要篇幅论述月球的起源月球的地质过程和年代学、月球的热演化和岩浆活动、月球的地质历史，最后总结给出月球演化史概述。

本书可以作为青少年与天文爱好者的科普读物，也可作为天体地质研究者的参考读物。

图书在版编目(CIP)数据

婵娟之谜：月球的起源与演化/胡中为编著．—北京：科学出版社，2015．9

ISBN 978-7-03-045891-9

Ⅰ．①婵…　Ⅱ．①胡…　Ⅲ．①月球探索-研究　Ⅳ．①V1

中国版本图书馆 CIP 数据核字（2015）第 234424 号

责任编辑：陈岭啸　孙天任　许　蕾/责任校对：胡小洁

责任印制：徐晓晨/封面设计：许　瑞

科 学 出 版 社 出版

北京东黄城根北街 16 号

邮政编码：100717

http://www.sciencep.com

北京凌奇印刷有限责任公司 印刷

科学出版社发行　各地新华书店经销

*

2015 年 10 月第　一　版　开本：720×1000　1/16

2021 年　7　月第四次印刷　印张：12 1/2

字数：250 000

定价：49.00 元

（如有印装质量问题，我社负责调换）

谈今论古话月球

当今，我国的嫦娥号卫星系列探月工程正在实现古人的“嫦娥奔月”梦想。美国、俄罗斯、印度、日本和欧洲的多个国家也在大力开展月球探测，甚至设计月球基地蓝图。月球成为了公众和新闻媒体关注的焦点。

地球是人类的家园，月球是否可以成为第二个家园呢？从前，月球只是可望（用望远镜观测）而不可即的天文学研究对象。如今，探测器和宇航员能够登上月球，并采回月球样品到实验室进行仔细分析研究，月球已成为多学科的共同研究对象。同时，一些研究地球的方法也相应地扩展到月球，形成月理学（selenography），月球地质学（lunar geology）以及月球地球化学（lunar geochemistry）、月球地球物理学（lunar geophysics）等。这些学科总的称为月球科学（lunar science），对应于行星科学以及地球科学。

近年来，我国越来越多的公众，尤其青少年月球迷热衷于月球探测的新发现和研究进展，有关月球的书刊媒体产品大量面市，但鱼龙混杂、深浅不一，也不乏某些粗制滥造的炒作，让读者难选。

飞船探测月球的重要任务是研究月球的起源和演化历史，这具有深刻的理论和应用意义。根据放射性同位素测定，地球年龄约 46 亿年，由于地球经历了漫长复杂的演化，地球表面积的 98％是后半期形成的，90％是近 6 亿年形成的，地球起源和早期演化的遗迹已丧失，无法从现有资料来追溯地球的起源和早期演化历史。月球大致跟地球是同年龄的，但月球的演化程度小，其演化在前半期就基本结束了，留下显著的早期演化遗迹，可以根据现在的探测资料来追溯月球的起源和早期演化历史。这为解答地球起源之谜提供了重要的借鉴，而且，地球与月球是亲密的天体伙伴，它们的起源与演化是相互关联的。

30 多年前，笔者作为著名天文学家戴文赛教授的助手，研究太阳系的起源与演化，把地球与月球的起源列为重要的候选难题。可惜，由于恩师病故，时过境迁，再无条件开展这项研究，只好力所能及地关注月球探测和起源、演化的研究进展情况。光阴荏苒，到龄退休后，不觉又过了古稀之年，好在身体和生活条件尚可，虽然现已不在一线研究圈内，但仍期望发挥些余热，与时俱进，把多年来，尤其是近来的调研和心得体会写出来，抛砖引玉，寄厚望于有志趣者，希望他们对该领域的研究能大有建树。

月球的演化史包括起源（origin）和（狭义）演化（evolution）的全部历史。

具体地说，起源是指月球在何时、从什么形态的物质、通过什么方式和过程形成的，当原来状态的物质演变到新的形态时，就说它形成了；而（狭义）演化是指形成之后的演变。实际上，起源和演化是密切联系在一起的，常常通用，只是侧重有所不同。

虽然无法观测到月球的形成和从前的演化过程，但是可以综合大量的有关观测资料，通过科学抽象、合理的科学假设和推理以及理论分析，来探索它的演化历史，并通过更多的观测事实来检验所得到的结果，不断加以修正和完善。本书将首先简要地概述月球的有关观测研究结果，再用主要篇幅论述月球的起源和各阶段的演化，最后给出简要总结。

本书是作为中高级科学普及读物来写的，图文并茂，深入浅出，兼顾通俗性、趣味性与科学性，力求为一般读者，尤其青少年进入这一有趣的科学迷宫打开较便捷的通道，对于知晓月球知识的读者也有所新意。但月球演化研究毕竟是建立在有关先进学科基础上的，有相当大的难度。书中着重简介研究思路和主要成果，也为有志深入探讨的读者列出一些重要文献。

现在正处于月球探测研究的高潮时期，可谓“文山会海”。笔者的条件和能力所限，科海拾贝，期望能通过本书跟读者一起不断去增进对月球演化历史的认识。本书得到南京大学天文与空间科学学院“天文学基地创新型人才培养”项目与国家自然科学基金（项目批准号 J1210039）资助，特此感谢。笔者感谢科学出版社的约稿和编辑的辛苦工作。书中难免有不当之处，欢迎批评指正。

胡中为

2013 年 12 月

目　录

第一章　文化传说中的月球

月球，俗称月亮，简称月，古时又对应太阳而称它为“太阴”。月是个象形文字，甲骨文的“月”字像一弯眉月的样子。东汉的许慎在《说文解字》一书中分析“月”的字形时说：月，阙也。人们经过观察，发现月圆的时间少，阙（弦月或娥眉月等）的时间多，于是就仿照娥眉月的样子创造出这个象形字。天文学的月亮符号为☾。英语中月球的专有名是“the Moon”，由原始日耳曼语演变成的。现代英语中月球主要形容词是“lunar”，源自拉丁文“Luna”。另一形容词是“selenic”，源自古希腊文“Selene”（Σελήνη），衍生出字首 seleno-（如 selenography，月理学、月面学）。

月亮是夜空最醒目的天体，月光普照大地，它相对于众星辰运行，周而复始地呈现圆缺变化的盈亏更替，月亮上明暗特征在各种文化和民族中创造出不同的形象，诸如嫦娥、玉兔等。自古以来，奇妙的月景引发人们遐想，抒发灵感，留下很多有趣的神话传说故事、文学艺术作品和别称。近代相继出现不少有关月球的科学幻想小说和文艺作品，尤其自航天时代以来，“月球文化”更是风起云涌。文海拾贝，这里仅简述几例于下。

中国有关月亮的神话

嫦娥奔月的神话

帝尧时代，天上突然出现十个太阳，给神州带来了恐惧和灾难。一个叫后羿的神射手，射掉其中九个太阳，替万民消除了灾难。王母娘娘赐给后羿一包不死药。后羿的徒弟逢蒙知道后，趁后羿不在，威逼后羿的妻子嫦娥交出不死药。嫦娥危急之时一口吞下了不死药，顿时，身子飘离地面、冲出窗口，向天上飞去（图 1.1）。由于嫦娥牵挂着丈夫，便飞落到离人间最近的月亮上成仙了。悲痛欲绝的后羿仰望着夜空，呼唤爱妻的名字。这时，他惊奇地发现，月亮格外皎洁明亮，且有个酷似嫦娥的身影晃动。他派人到嫦娥喜爱的后花园里，摆上香案，放上她平时爱吃的蜜食鲜果，遥祭所眷恋着的在月宫里的嫦娥。百姓们闻知嫦娥奔月成仙的消息后，纷纷在月下摆设香案，向善良的嫦娥祈求吉祥平安。从此，中秋节拜月的风俗便在民间传开了。于是便产生了“娥”字系列的指代月亮的别称

——嫦娥、月娥、素娥、姮娥……此外，“婵娟”本指美女，借指嫦娥仙子，故也成了指代月亮的别称。例如：江南水寺中元夜，金粟栏边见月娥（李郢《中元夜》）；素娥脉脉翻愁寂，付与风铃雨夜长（范成大《枕上》）；但愿人长久，千里共婵娟（苏轼《水调歌头·明月几时有》）。

图 1.1 嫦娥奔月

《全上古文》辑《灵宪》则记载了“嫦娥化蟾”的故事：“嫦娥，羿妻也，窃王母不死药服之，奔月。将往，枚占于有黄。有黄占之曰：‘吉，翩翩归妹，独将西行，逢天晦芒，毋惊毋恐，后且大昌。’嫦娥遂托身于月，是为蟾蜍。”嫦娥变成癞蛤蟆后，在月宫中终日被罚捣不死药，过着寂寞清苦的生活。李商隐有诗感叹：“嫦娥应悔偷灵药，碧海青天夜夜心。”还有月亮上一只蟾蜍成了精的传说。于是产生了“蟾”字的系列指代月亮的别称——蟾蜍、玉蟾、明蟾、清蟾、凉蟾、孤蟾……如：几回鸿雁来又去，肠断蟾蜍方复回（刘商《胡笳十八拍》）；玉蟾离海上，白露湿花村（李白《初月》）；月浪衡天天宇湿，凉蟾落尽疏星入（李商隐《燕台诗·秋》）；孤蟾久未上，五写不成归（司马光《停月亭》）。月亮中的宫殿如广寒宫、清虚宫也成了指代月亮的别称，如：夜深星月伴芙蓉，如在广寒宫里宿（鲍溶《宿水亭》）。

吴刚折桂的传说

相传，月亮上的广寒宫前的桂树生长繁茂，有五百多丈高，下边有一个人常在砍伐它，但是每次砍下去之后，被砍地方又立即合拢了。几千年来，就这样随砍随合，这棵桂树永远也砍不倒。据说这个砍树的人名叫吴刚，是汉朝西河人，曾跟随仙人修道到了天界，但是他犯了错误，仙人就把他贬黜到月宫，做这种徒劳无功的苦差使，以示惩处。李白诗有“欲斫月中桂，持为寒者薪”。由此便产生了“桂”字系列的指代月亮的别称——丹桂、月桂、桂月、桂宫、桂魄……如：长河上月桂，澄彩照高楼（张正见《薄帷鉴明月》）；桂月危悬，风泉虚韵（庾信《终南山义谷铭》）；桂魄飞来光射处，冷浸一天秋碧（苏轼《念奴娇·中秋》）；桂宫袅袅落桂枝，露寒凄凄凝白露（沈约《登台望秋月》）。

玉兔的传说

相传有三位神仙变成三个可怜的老人，向狐狸、猴子、兔子求食，狐狸与猴子都有食物可以济助，唯有兔子束手无策。后来兔子说：“你们吃我的肉吧！”就跃入烈火中将自己烧熟，神仙大受感动，把兔子送到广寒宫，成了玉兔。还传说月亮上有玉兔长年累月捣药，由此产生“兔”字系列指代月亮的别称——玉兔、白兔、银兔、冰兔、金兔、玄兔、月兔……如：玉兔半升魄，铜壶微滴长（李绅《奉酬乐天立秋日有怀见寄》）；金兔犹悬魄，铜龙欲启扉（江总《答王均早朝守建阳门开》）；钩摇兔影，浮桂动丹芳（卢照邻《江中望月》）。捣药用的“玉杵”也成了月亮的别称，如：看玉杵秋空，凭谁窃药把嫦娥奉（汤显祖《牡丹亭·闹殇》）。

由“蟾”“桂”“兔”等并列而成的新别称——兔蟾、蟾兔、蟾桂、桂蟾、桂兔……如：出门聊一望，蟾桂向人斜（唐·罗隐《旅梦》）；三五明月满，四五蟾兔缺（《古诗十九首》）。

古诗文还有很多跟月亮光芒联系的别称：夜光、夜明、金波、圆景、圆光、玄度、玄晖、玄烛……如：夜光何德，死则又育（屈原《天问》）；圆景光未满，众星粲以繁（曹直《赠徐干》）；圆光过满缺，太阳移中昃（李白《君子有所思行》）。跟月亮形状相关的比喻性别称有：玉盘、玉轮、半轮、宝镜、冰镜、冰轮、冰盘、蟾盘、飞镜、飞轮、挂镜、金镜、金盆、明镜、瑶台镜、玉镜、玉盆、圆影、玉弓、明弓，玉钩等，如：玉轮顾兔初升魄，铁网珊瑚未有枝（李商隐《碧城》）；指点南楼玩新月，玉钩素手两纤纤（白居易《三月三日》）；寻章摘句老雕虫，晓月当帘挂玉弓（李贺《南园》）。阴历每月初始见之月叫“魄”，并逐渐形成带“魄”的别称——月魄、魄月、金魄、玉魄等，如：日轮驻霜戈，月魄悬雕弓（高适《塞下曲》）；玉魄中天满，清辉近水多（何景明《对月》）。

传说为月亮“结鳞”（又叫“结璘”）驾车的神叫“望舒”，月亮的归宿处为“月窟”，这些也成了指代月亮的别称。如：曜灵忽西迈，炎烛继望舒（曹丕《孟津》）；地与山根裂，江从月窟来（杜甫《瞿塘怀古》）。

此外，描述内容最丰富要属李白的《古朗月行》：

小时不识月，呼作白玉盘。又疑瑶台镜，飞在青云端。
仙人垂两足，桂树何团团。白兔捣药成，问言与谁餐。
蟾蜍蚀圆影，大明夜已残。羿昔落九乌，天人清且安。
阴精此沦惑，去去不足观。忧来其如何，凄怆摧心肝。

国外有关月亮的神话

吉卜赛“月亮孩子”传说

从前，有位吉卜赛女子结婚多年都没有生下孩子。某天夜里她向月亮祈祷，不久后便如愿怀孕，但是，当小孩生下时，他们发现这孩子没有吉卜赛人的黝黑肤色与深褐色眼睛，竟是银白色的肌肤与灰色的眼睛，吉卜赛男子非常生气，认为妻子背叛了他，决心要杀掉这个孩子。妻子不忍，便将小孩子带到山上遗弃。月亮于是从此照顾起这个孩子。每当月圆之际，这个孩子乖巧听话，而每当月亮转亏为新月，这个孩子便开始哭泣，月亮为他做了个摇篮、哄他停止哭泣。

古希腊的月亮女神

古希腊神话中有月亮女神阿尔忒弥斯（Artemis）（图 1.2）。她是太阳神阿波罗的姐姐，非常漂亮，同时也是个很厉害的弓箭手，掌管着狩猎，身边常伴着她心爱的弓箭和猎犬。她每天驾着银色马车奔驰于夜空中，代表寒冷、寂寞及亡灵之路。她还是未婚少女的守护神，有终身未婚的悲伤故事。

海王波赛冬的儿子奥列翁（Orion）非常喜欢射箭，是个好猎手，还喜欢在海面上狂奔。阿尔忒弥斯很喜欢奥列翁，他们相识了，彼此相爱，经常一起在丛林中狩猎，在海面上狂奔。阿波罗很讨厌奥列翁，不喜欢姐姐与奥列翁相恋，决意除掉奥列翁。某天，奥列翁正在海面上飞奔时，阿波罗用金色光罩住奥列翁，使任何人都看不出奥列翁的面目，然后就去怂恿姐姐把那个远处的金色物作靶。她不知道这是弟弟的阴谋，射出一箭正中奥列翁的头部。后来她知道自己射死的是心上人，就陷入绝望中，日夜哭泣。为了永远珍藏对奥列翁的爱情，她请求宙斯把奥列翁升到天上，希望自己乘坐银马车奔驰天空时可以随时看到。宙斯就把奥列翁变为天上的星座——猎户座。月亮女神发誓终身不嫁，永远在夜空中陪伴着奥列翁。

图 1.2　月亮女神阿尔忒弥斯

月亮女神阿尔忒弥斯非常喜欢橡树，狩猎时一直带着橡树木杖。人们又把她奉为橡树女神。在古希腊，人们祭祀月亮女神的时候，要点燃橡木火把，后来变成供奉甜饼并点燃蜡烛，最后演变成为庆祝孩子生日的方式——晚上在蛋糕上插蜡烛，吹灭并许愿，月亮女神会保佑愿望能够实现。

科学幻想小说和文艺作品的兴旺

科学发现、技术发明、创造性思维跟幻想有内在关联，儒勒·凡尔纳（Jules

Verne）科学幻想小说的影响就是范例。他把科学与文学结合，以丰富的想象合乎科学地撰写了60多部科幻小说，总名称为“在已知和未知的世界中奇异的漫游”，并以此一举成名，被誉为科幻小说的鼻祖。其中，《从地球到月球》讲述的是：美国南北战争结束后，巴尔的摩城大炮（发明家）俱乐部主席巴比康提议，向月球发射一颗炮弹，建立地球与月球之间的联系。获悉这一消息的法国冒险家米歇尔·阿尔当建议，造一颗空心炮弹，准备乘它到月球上去探险。巴比康、米歇尔·阿尔当和尼却尔船长克服了种种困难，终于乘它出发了。但是，它没有能够在月球上着陆，却在离月球2800英里处绕月球飞行。在续集《环绕月球》中，凡尔纳描述了他们环绕月球所见及最终返回地球的过程。两部科幻小说激励和启迪了很多科学家、发明家、探险家，他们成为了航天先驱。有趣的是，1969年成功登月的阿波罗飞船，竟与百年前的《从地球到月球》有些相似之处，诸如飞船从佛罗里达州发射、航速和飞行时间、三名宇航员等。

随后，涌现出越来越丰富的月球科幻小说和文艺作品，例如，1893年齐奥尔科夫斯基发表的科幻小说《月球上》，1901年威尔斯发表科幻小说《月球上的第一批人》，1904年我国荒江钓叟（笔名）的《月球殖民地小说》等。

在阿西莫夫的《月球、血溅音乐钟》里，长期生活在月球的杀人嫌疑犯佩顿潜逃到地球，被捕时拒不承认自己的来历。侦探让他投掷沉重的音乐钟，使他露出马脚：原来，物体在月球上的重力是在地球上的六分之一，佩顿刚刚来到地球，肌肉力量还没有适应他在地球上的重力。

科学幻想推动科学探索和发现，科学发现反过来又调动科学幻想的升华，最终是科学技术的推动使幻想变成现实。这个过程既漫长又艰难，同时又非常浪漫，充满诗意。

20世纪后半叶以来，随着登月成功，科学技术专家和科幻小说家思考的是开发月球和建立月球基地，将其与现代的很多科学技术新进展联系起来。于是月球的文化更加繁荣，有关月球的文艺作品，尤其是影视动漫画作品更加兴盛。

吉布森（Jack Williamson）的《月亮孩子》是一部充满幻想色彩而又人情味十足的科幻小说，讲述三名月球探测宇航员在月球上发现了奇异的黑色沙砾，更令人惊奇的是，后来他们回到地球上分别生下的三个孩子，两个漂亮，一个丑陋，都具有超人类的能力，被人们称作“月亮孩子”。直到有一天，月亮孩子终于发现了黑色沙砾中隐含的秘密——外星智慧建立的一个光速飞船终端站。通过它，人类可以得到一个伟大文明的帮助。加入他们的体系，可以与宇宙其他智慧进行沟通。然而，此时的人类仍然沉迷于在其他行星上无休止的争夺财富。月亮孩子只得克服重重困难，自己担起了迎接太空使者的使命，最终克服重重困难，结束了星际战争，为宇宙带来了和平。

近年有热门影片《月球》，剧情概要如下：未来世界，随着科技的飞速进步，地球的污染却越来越严重。为了遏制这种现状，一家名为月能工业有限公司的企业应运而生。该公司致力于月球能源的开发，通过采集氦-3来满足地球对能源的需求。月球能源公司在月球设有基地，山姆·贝尔正是该基地上唯一的工作人员。他是公司聘用的合同工，已在月球上孤零零地生活了3年，陪伴他的只有智能机器人戈蒂。枯燥乏味的生活令他归心似箭，他在还有两周就离开月球时，偶然遭遇一起事故。醒来后，他发现戈蒂似乎对自己有所隐瞒，公司高层也拒绝他的回程请求。山姆借机逃出基地，却在事故发生地点发现另一个自己，才知道背后隐藏的秘密——原来他们都是被老板管控的克隆人。

第二章　月球观测简史

自古以来，人们观测月球，不断地探索和研究月球的奥秘，特别是20世纪后半叶以来，随着科学技术蓬勃发展，人类主动派遣飞船探访月球，开始进入了太空研究的新时代，新的发现和新的研究成果也纷至沓来。

早期的观测研究

古代的天文学家已相当准确地认识到月球的视运行规律。例如，在公元前约5世纪，巴比伦的天文学家已记载月食有长达约18年的沙罗周期，已知道19个阳历年约等于235个阴历月；公元前几世纪，印度记载每个月的月球-太阳距角；公元前约5世纪，中国天文学家石申确定了一套预测日食和月食的公式，认识了月球的位相和月光的成因；古希腊哲学家阿那克萨哥拉（Anaxagoras，公元前500～前428年）推断月球是巨大的岩石球体，而且指出月球的光辉是反射太阳光；中国在汉朝时也有类似的认识，京房（公元前77～前37年）还指出月亮是球体。公元499年，印度天文学家阿耶波多第一（Aryabhata Ⅰ）在《阿耶波多文集》（*Aryabhatiya*）谈到月球光辉是反射太阳光。阿拉伯数学天文学家阿尔哈曾（Alhazen，公元965～1039年）发现，月球不像镜子那样反射阳光，而是从太阳照射的月球表面各部分往所有方向射出。中国宋朝的沈括（公元1031～1095年）造了类同月球起伏表面的涂银色白粉球来反射太阳光，以解释月相的变化，从侧面看时就可以呈现峨眉形月相。

在亚里士多德（公元前384～前322年）的《论天》（*On the Heavens*）一书中，月亮是可变元素（土、水、空气和火）组成的球和不朽的恒星（以太）之间的标界。在亚里士多德的哲学中，始于月球的天堂是完美无瑕的，月球标界以下的区域是变化和腐朽的，他认为，月球或许受到来自地球的某些污染。古希腊历史学家普鲁塔克（Plutarch）在其《月球的表面》中，表述了月球与地球关系的不同观点，认为月球上有太阳光射不到的深坑，暗斑不过就是河流或深坑的影子，还认为月球有居住的可能性。在公元前2世纪，塞琉西亚的西留库斯（Seleucus）提出月球引力造成地球潮汐的正确理论，潮汐高度跟月球相对于太阳的位置有关。在同一个世纪，阿里斯塔克（Aristarchus）测算月球的大小和距离，得出地月距离约为地球半径的20倍。托勒密（Ptolemy，公元90～168年）对这些数值作了很大的更正，认为地月平均距离是地球半径的 58 倍，直径是地球的 0.29 倍，它们非常接近现在的 60 倍和 0.273 倍。阿基米德（Archimedes，公元前 287～前 212 年）发明了可以计算月球和已知行星的运动的天象仪。

在中世纪望远镜发明之前，越来越多的人认识到月亮是个球体，但许多人却仍认为它的表面是非常平滑的。1609 年，伽利略用他制作的第一架天文望远镜观测月球，在《星际信使》给出第一幅月球素描，月球并不光滑，而是有山脉和凹坑。随后，用望远镜观测来绘制出月球图。1645 年，比利时天文学家朗伦（van Langren）绘制第一个月面图。1647 年，波兰天文学家赫维留（Hevelius）发表《月球表面图》（图 2.1）。在图上，称月球表面的暗区为月海（mare，复数 maria），亮区为月陆（terrae）。1651 年，里奇奥利（Riccioli）以哲学家和天文学家的名字来命名月球表面特征，至今仍延续使用。1753 年，克罗地亚天文学家博斯科维奇（Boscovich）发现月球没有大气。1824 年，Franz von Gruithuisen 把月球上的坑解释为陨石撞击形成的。在 1834～1836 年，皮尔（Beer）和梅德勒（Madler）发表更精确的月面图，并且在 1837 年出版相关的书 *Der Mond*，第一次用三角法准确地研究月球特征，包括一千多座山的高度，并引导精确的月球地理研究。月球上众多凹坑一直被认为是火山口，波达（Proctor）提出假设：它们是由外来小天体陨落撞击形成的陨击坑（impact crater）。这种观点在 1892 年

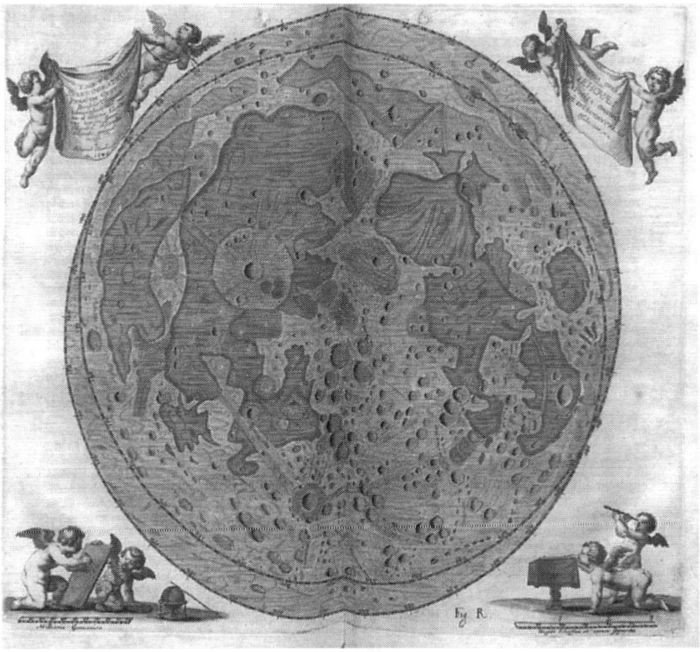

图 2.1 约翰·赫维留的月球表面图（1647 年）

得到地质学家吉伯特（Gilbert）的实验支持，1920～1940 年的比较研究导入月球地层学发展，20 世纪 50 年代成为天体地质学（astrogeology）的一个崭新且持续发展的分支。

人类自 1958 年开始飞船探测月球，到 2013 年 11 月底，世界上共进行了 129 次月球探测活动，其中：美国 59 次，苏联 64 次，日本和中国各 2 次，欧洲空间局、印度各 1 次；成功或基本成功的 66 次，失败的 63 次，成功率仅 51%。

飞船探测月球竞赛

冷战激发美国和苏联的太空竞赛，加速了月球探测的开展。当火箭发射技术成熟，两国就发送无人探测器来执行飞越月球和撞击或登陆月球的使命。1958 年到 1976 年为第一轮飞船探测月球高潮。

苏联的月球号计划最先完成太空飞船的多项目标：于 1958 年进行了三次失败任务之后，月球 1 号是第一个脱离地球引力并飞越月球附近（1959 年 1 月 4 日，离月球最近到 5995km）的人造天体；月球 2 号是第一个撞击月球表面的探测器（1959 年 9 月 14 日）；月球 3 号首次拍摄到通常看不见的月球背面像（1959 年 10 月 6 日）；月球 4～8 号预登月失败，其中月球 4 号和 6 号飞越月球，月球 5 号撞毁于云海，月球 7 号和 8 号撞毁于风暴洋；月球 9 号成功软着陆于风暴洋（1966 年 2 月 3 日），拍摄月球表面首批照片；月球 10 号是第一艘成功环绕月球的轨道器，即人造月球卫星，1966 年 4 月 3 日到达，环绕飞行至 5 月 30 日。三艘肩负带样品使命的飞船（月球 16 号于 1970 年 9 月 20～24 日，月球 20 号于 1972 年 2 月 21～25 日，月球 24 号于 1976 年 8 月 18～24 日）总共带回 0.38 kg 的月岩和月壤样品。作为苏联月球步行者计划的一部分，两个机器人探测器分别在 1970 年和 1973 年登陆月球，分别行驶 10.54 km 和 37 km（图 2.2）。

美国也是较早发射无人月球探测器的国家，旨在载人登月并了解月球表面。1962 年，美国宇航局（NASA）飞往月球的第一艘飞船——徘徊者 4 号撞击到月球背面，不幸未送回任何科学资料。两年后，徘徊者 7 号在撞击月球前 17 分钟拍到 4000 多幅照片。徘徊者系列飞船（尤其 9 号）拍摄的照片显示月球表面是粗糙的，选择平坦处作为登月点成为挑战。喷气推进实验室研制的勘测者 1 号于 1967 年 1 月 7 日成功登陆风暴洋，勘测者 5 号、6 号和 7 号于 1967 年 12 月和 1968 年 2 月也成功登月。美国宇航局的载人阿波罗计划，经无人的阿波罗飞船在绕地球轨道上一系列的测试后，阿波罗 8 号于 1968 年 12 月 24 日首度执行载人环绕月球轨道飞行的任务（图 2.3）。

图 2.2 苏联的月球漫游车 1 号——第一个成功的太空漫游车

图 2.3 阿波罗 8 号从绕月球轨道拍摄的升在月球上空的地球

1969年7月21日02：56（协调世界时），阿波罗11号任务的指挥长阿姆斯特朗（Armstrong）踏上月球表面（图2.4），成为人类登陆月球漫步的第一人。接着，从1969年11月到1972年12月，又有阿波罗12号到17号（除了阿波罗13号中止了登月任务）共计12位宇航员登上过月球，带回2196块、共382 kg的月球岩石和土壤样品。这标志着诸如火箭发射、软件工程、重返大气层技术以及大量计划整合管理的进步与发展。

图2.4　登上月球表面的第一人阿姆斯特朗

在整个阿波罗计划中，各次飞船在月球表面放置了多套科学仪器。阿波罗12号、14号、15号、16号和17号设置了可长期工作的仪器站（图2.5，图2.6），包括有热流量探测器、月震仪、磁强计。它们将资料直接传送回地球，直到1977年才因为预算原因而停止，但是工作站的月球激光测距回向反射器阵列仍然在使用，由它测算出的从地球测量站到月球基地的距离精确度在几厘米之内。

图 2.5　飞船登月点

近期的月球探测

在月球号和阿波罗系列飞船探月后，更多国家直接参与月球的探测。1990 年，日本发送天女号飞船到绕月轨道，并释放一个小探测器 Hagoromo 在绕月轨道，但是由于发射失败而妨碍了进一步的科学应用任务。在 1994 年，美国国防部和美国宇航局联合发射了克莱门汀飞船到绕月轨道，它首度获得几乎整个月球的地形图和第一份全月球表面的从红外到紫外的多光谱影像。1998 年，月球勘测者飞船的仪器显示，月球的极区存在过量的氢，这可能是永久阴暗陨击坑内的月壤含有数米厚水冰所致。

智能 1 号是欧洲航天局发射的第一艘使用太阳能离子发动机的月球探测器，于 2004 年 11 月 15 日进入月球轨道，主要目的是拍摄月球表面的三维 X 射线像和红外像，它第一次详细勘测了月球表面的化学元素。飞船最后于 2006 年 9 月 3 日撞击月球表面，以研究撞击抛射物。

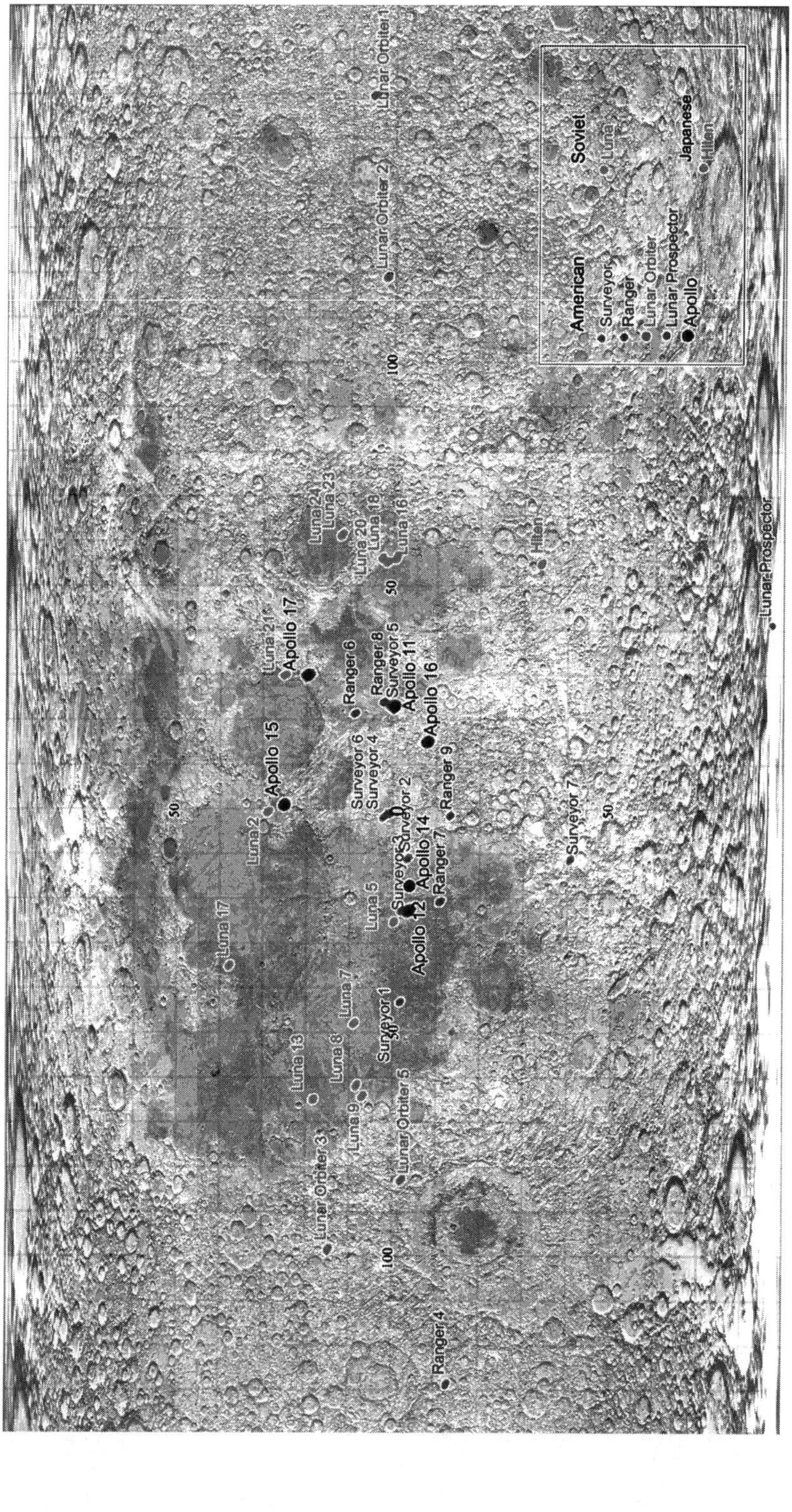
American
Surveyor
Ranger
Lunar Orbiter
Lunar Prospector
Apollo
Soviet
Luna
Japanese
Hiten
Lunar Orbiter 1
Lunar Orbiter 2
Lunar Orbiter 3
Lunar Orbiter 5
Lunar Prospector
Hiten
Apollo 11
Apollo 12
Apollo 14
Apollo 15
Apollo 16
Apollo 17
Surveyor 1
Surveyor 2
Surveyor 3
Surveyor 4
Surveyor 5
Surveyor 6
Surveyor 7
Ranger 4
Ranger 6
Ranger 7
Ranger 8
Ranger 9
Luna 2
Luna 5
Luna 7
Luna 8
Luna 9
Luna 13
Luna 16
Luna 17
Luna 18
Luna 20
Luna 21
Luna 23
Luna 24
50
100

图 2.6　月球上的人造体

在 2007 年 10 月 4 日至 2009 年 6 月 10 日之间，日本实施月亮女神任务，携带了一架高清晰度摄影机和两个无线电发射小卫星，获得许多月球地理的资料和高清晰度的影片，目的是获得月球起源和演化的科学资料。

中国开展了嫦娥号系列的探月工程。嫦娥一号是我国第一艘进入绕月轨道的卫星，从 2007 年 11 月 5 日进入绕月轨道到 2008 年 3 月 1 日完成任务后撞击月球，在轨道绕行的 6 个月期间获得月球表面完整的影像图。嫦娥二号（图 2.7）于 2010 年 10 月 1 日发射升空，环绕月球飞行到 2011 年 7 月 9 日，最主要的任务是为嫦娥三号预定着陆的虹湾拍照，获得月球表面的更高分辨率影像图，其分辨高达 1 m。嫦娥三号于 2013 年 12 月 2 日发射，12 月 14 日着陆器成功地软着陆月球，15 日六轮月球车开始月面考查。

图 2.7　嫦娥 2 号探测月球

印度国家空间局第一次探索月球是发射月船 1 号，从 2008 年 11 月 8 日起环绕月球飞行，直到 2009 年 8 月 27 日通讯中断，绘制了月球表面高分辨的化学、矿物学和摄影地质图，在此期间于 2008 年 11 月 14 日，投放无人撞击探测器，其最重要的新成果是发现月壤中存在水分子。印度太空研究组织计划在 2017 年发射月船 2 号，彼时将携带月球漫游车探索月球。

美国宇航局发射月球勘测轨道器，携带月球陨击坑观测与遥感卫星，于 2009 年 6 月 18 日进入轨道，2009 年 10 月 9 日，卫星 LCROSS 完成预定计划后撞击 Cabeus 坑，完成其使命，而轨道器继续获得准确的高程测量和高分辨影像。

2011 年 11 月，轨道器正面经过阿里斯塔克陨击坑上空，勘测了其多样的地质资料。

2011 年 9 月 10 日，NASA 发射重力恢复与内部（结构）实验室（Gravity Recovery and Interior Laboratory，简称圣杯，GRAIL），它由两艘同样的小飞船潮起（Ebb）和潮落（Flow）组成，协同立体地勘测月球（图 2.8），目的是测绘月壳和岩石圈的结构图；了解月球的不对称热演化；确定陨击盆地的下面结构和质量瘤成因；查明月壳角砾化和岩浆活动的时间演化；确定月球内部深处结构的约束；确定月球内核的大小限。一期共采集 88 天（2012 年 3 月 7 日～5 月 29 日）资料，二期（2012 年 8 月 31 日起）到低轨采集资料。经 12 个月的资料分析，发布了月球重力场图。2013 年 9 月 7 日，美国宇航局发射月球大气与尘埃环境探测器，在绕月轨道上，探测月球的外大气层及尘埃环境，到 2014 年 4 月 18 日，由于燃料耗尽，按计划高速撞击月面而烧毁。

图 2.8 两艘圣杯小飞船环绕月球进行协同立体地勘测

未来的月球探测

未来的月球探测设想和计划颇多，不仅有发达国家的，也有发展中国家的，而联合与合作则是未来的趋势。在 2007 年 9 月 13 日宣布的 Google 月球 X 大奖（Lunar X Prize），激励非政府性月球探索计划，提供 3000 万美金给任何让机器人登上月球且符合其他指定标准的人。

美国在 2004 年宣布将在 2020 年重返月球，NASA 开始恢复载人任务的星座计划，包括载人飞行、研究和设计月球基地。但是，2011 年美国政府取消了其财政预算。Astrobotic Technology 是美国的一家私人公司，经营空间机器人和行星探测任务，为赢得 Google 月球 X 大奖，参与了 2015 年“猎鹰 9 号”的发射。Shackleton 能源公司在研制机器人先驱探月车，打算 2016 年发射。

俄罗斯重启月球探测计划，包括发射轨道器、无人登月器、月震仪等月球探测器，预计在 2016 年发射登月器探测月球南极区并检验登月技术，2018 年发射月球轨道器，其上面载有天体物理实验仪器、尘埃检测器、等离子体遥感器（包括研究超高能宇宙线的天文载荷）。

欧洲航天局近日公布了人类首个月球基地计划蓝图（图 2.9）。计划由机器人在月球上就地取材，利用 3D 打印技术将月球上的月壤转变成建筑材料，采用中空封闭式蜂窝结构（类似于鸟骨的构造）进行建造，以达到强度和重量的完美结合。

图 2.9　首个月球基地计划蓝图

中国原计划在 2020 年发射嫦娥四号，送嫦娥三号的备份月球车考查月球。但由于嫦娥三号的成功发射，将取消嫦娥四号的发射，并计划于 2017 年之前发射嫦娥五号，包括轨道器和登月器，采回月球样品。

第三章　地 月 系 统

天体之间普遍由万有引力相互作用。在太阳系，太阳的质量占 99%以上，行星等成员都在太阳的引力作用下绕太阳公转。

任何物体都是相对运动的，在不同参考系见到的运动情景也不同，同一天体在不同参考系的运动情况可以相互换算。地球上的人们每天看到太阳、月亮和星辰东升西落，实际上这是地球自转的反映。此外还可以观察到月亮相对于太阳的视运动，相对于众恒星的视运动以及圆缺的月相变化规律，“观乎天文，以察时变”（《易经》），以定出阴历“朔望月”。同时，月球又在自转。在这些复杂的交会运动中，会发生日食、月食等很多有趣的天象。世代天文学家通过大量观测研究，编制天文年历等书刊，给出了各种很精确的月球资料和有关天象的预测。

地球的引力范围

相对于太阳的引力而言，行星也有一定的引力（作用）范围（图 3.1），在此范围内的物体受行星引力为主，而太阳引力是次要的。在此范围外的物体受太阳引力为主，而行星引力是次要的。若行星的质量为 M_P，公转轨道半长径为 a，太阳质量为 $M_\odot$，则行星的引力范围近于半径 χ 的圆球，$\chi = [M_P/(3M_\odot)]^{1/3}a$，卫星都在其主行星的引力范围内（图 3.1）。

图 3.1　行星的引力范围

地球的引力范围半径为 1.5×10^6 km，月球与地球的平均距离仅 3.84×10^5 km，因此，月球在椭圆轨道上绕地球转动。实际上，月球绕地球转动的同时又跟地球一起绕太阳公转，呈现规律很复杂的会合运动（图 3.2）。

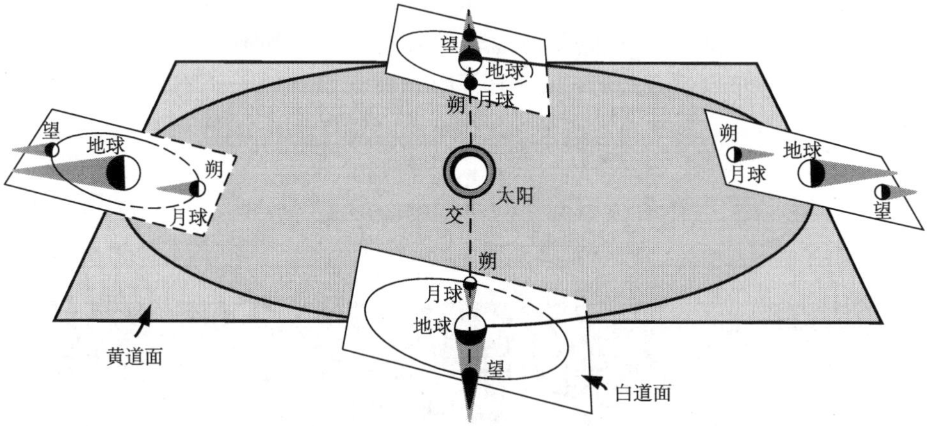

图 3.2 月球绕地球转动的同时又跟地球一起绕太阳公转

月球的轨道运动

相对于地球而言，月球沿椭圆轨道绕地球运动，轨道轴为 384 399 km，偏心率为 0.0549，月地距离变化在 363 104 km（近地点）到 405 696 km（远地点）之间。月球轨道面在天球上的投影称为“白道面”，它与“黄道面”（地球轨道面）平均交角为 5.145°，与地球赤道面的交角变化于 18.29°～28.58°。

按不同的基准来计量，月球的轨道运动周期有四种表述：

恒星月是以恒星为基准，月球在白道上连续两次通过同一恒星的时间，1 恒星月为 27.321 661 4 日（平太阳日，或俗称“天”）；

近点月是月球连续两次经过近地点的时间，1 近点月为 27.554 55 日；

交点月是月球连续两次经过升交点的时间，1 交点月为 27.212 22 日；

朔望月是月相变化的周期，它是以太阳为基准的会合运动周期，月球与太阳的地心黄经连续两次相同（朔）或相差 180°（望）的时间，1 朔望月为 29.530 588 2 日。

可以按照不同的需要来选择使用每种“月”周期。例如，地震发生的周期与近点月相关；我国农历（阴历）的“月”依据的是月相变化周期——朔望月。

朔望月与月相变化

相对于恒星而言，月球绕地球的轨道运动周期为 27.321 661 4 日。由于地球和月球在绕太阳公转轨道上运行，月球反射太阳光，我们从地球上看到的圆缺月相变化周期为 29.530 588 2 天，称为朔望月。当月球运行到太阳与地球之间时，太阳光线照射不到的月球暗侧朝向地球，因而地球上看不见月球，谓之“朔”（新月）。经过一个恒星月之后，月球还没有运行到太阳与地球之间，还需要一段时间才到下次朔。在两次朔之间呈现月相从朔—娥眉月—上弦—盈凸月—望（满月）—亏凸月—下弦—残月—朔的周期变化（图 3.3）。相应地，从月球上（面向地球一侧）看到地球的位相变化为望—盈凸—下弦—残—朔—亏凸—上弦—娥眉—望。

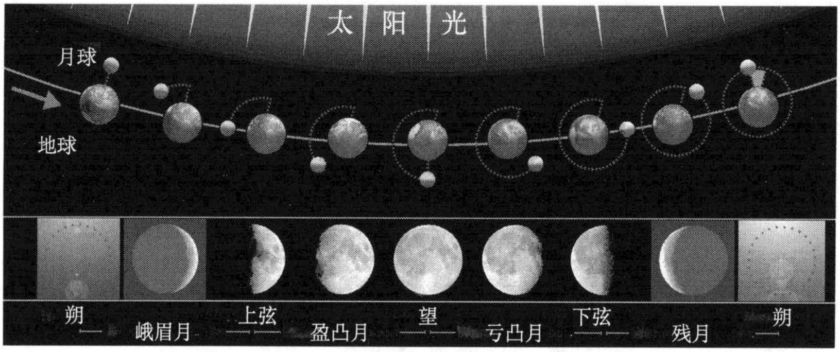

图 3.3　月球的运行和月相变化

阴历（农历）的月首（初一）总是定在朔日，大月 30 天，小月 29 天，因而就可以有“十五的月亮（盈凸）十六圆（望）”，甚至有十七圆的。大月和小月的安排不固定，需根据实际天象推算而定，平年有十二个月，共 354 天或 355 天；闰年有十三个月，共 384 天或 385 天。

蓝月亮

蓝月亮是一种罕见的天文现象，有三个不同的定义。

1）阴历朔望月为 29.53 天，而阳历一年平均有 365.25 天，即相当于 365.25÷29.53＝12.37 阴历月，因此，阳历一年比阴历一年（12 个阴历月）约多 11 天，累积 19 阴历年就多出 7 个阴历月。为了不使阳历年与阴历年的天数差别过大，编历就增添 7 个阴历闰月，于是在有闰月那年的某个季度有四个阴历月，而称第三个望月为“蓝月亮”，近年出现蓝月亮时间为（阳历）2010 年 11 月 21 日、2013 年 8 月 21 日、2016 年 5 月 21 日、2019 年 5 月 18 日、2021 年 8 月 22 日。

2）如果在同一个阳历月中有两次望月，称第二次望月为“蓝月亮”，例如，（阳历）2009 年 12 月 2 日和 31 日（月偏食）、2010 年 1 月 1 日（月偏食）和 30

日、2010 年 3 月 1 日和 30 日（而同年 2 月却没有望月）、2012 年 8 月 2 日和 31 日（图 3.4）、2015 年 7 月 2 日和 31 日、2018 年 1 月 2 日和 31 日、2018 年 3 月 2 日和 31 日、2020 年 10 月 1 日和 31 日。这两种定义的蓝月亮只是“背信”之义的神秘而浪漫名称，而不是指月亮是蓝色的。在新年夜出现“蓝月亮”的概率非常小，每隔 19 年出现一次。

3）在某些偶然情况下，比如森林大火、火山喷发致使大量烟尘弥散到空气中，大气中的小尘埃就会散射蓝光，而使得月球（不一定在望月）略呈蓝色而称为蓝月亮。

图 3.4　2012 年 8 月 31 日的蓝月亮

月食与日食

汉代天文学家张衡在《灵宪》中说：“月光生于日之所照……当日之冲，光常不合者，蔽于地也，是谓暗虚，在星则星微，遇月则月食”，即月食是地球挡住太阳光而造成的。

月食发生于太阳、地球和月球大致在一条直线上的“望”时。地球的背侧形成太阳光不能直接照到的**本影锥**，其外围还有部分太阳光可照到的**半影锥**

（图 3.5）。当月球仅部分地进入本影锥就发生**月偏食**；当月球完全进入本影锥就发生**月全食**；当月球仅部分经过半影锥时，只是被部分太阳光照射而发生半影月食，月球仅变暗些，一般不称作月食。

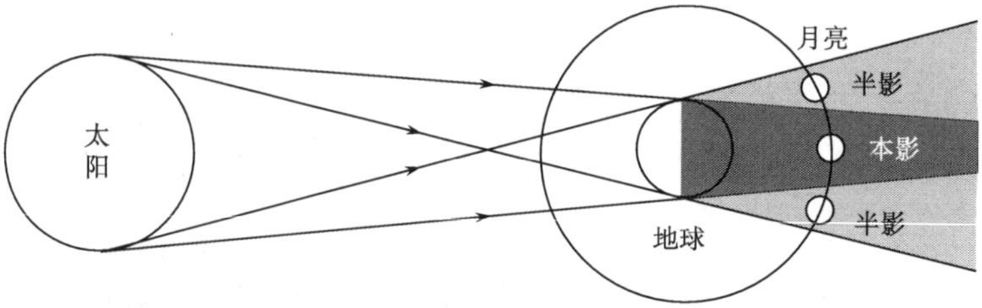

图 3.5　月食发生过程的示意图

由于地球本影锥在月球轨道处的直径大约是月球直径的 2.5 倍，月全食可持续 1～2 小时，而月全食前后的月偏食时间更长。由于月食是月球进入地影的现象，所以朝向月球的半个地球的人们可同时看到月食。

月全食时，月轮并不完全黑暗，只是比满月暗得多，依稀可见橘红色的月面特征（图 3.6）。这是因为地球大气折射的太阳光照到地影中的月球，称为**地照**。

图 3.6　2004 年 10 月 27 日的月全食期间，从地球上看到的橘红色月球

月食程度以**食分**表示，定义为月球在食甚时进入地球本影的部分与月球视直径之比，月全食的食分大于 1 或等于 1（食甚时月球边缘与地球本影锥内切），月偏食的食分小于 1。

在太阳、月球和地球大致在一条直线上的朔日，月球影锥扫的地面区域——日食带就发生日食。日食有日全食、日偏食和日环食三类。关于日食更丰富的内容请参见《美妙天象——日全食》。

当月球从某恒星或行星前面经过时，就会发生月掩星现象。飞船离月球远时，看到月球的视径小于太阳的视径，当月球恰巧经过太阳的前面，就会看到月球凌日现象（图 3.7）。

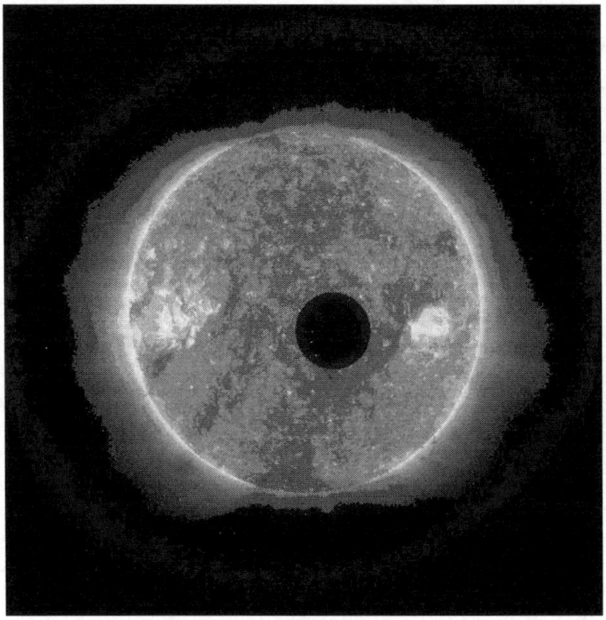

图 3.7　STEREO-B 飞船看到的月球（黑圆斑）凌日

由于白道面与黄道面有约 5°的交角，所以不是每个新月或满月都会发生日食或月食，月球还必须经过这两个轨道平面交线附近，才会发生日食或月食。日食和月食是因地球和月球相对于太阳的会合运动而发生的，而地球和月球的运动都是有规律可循的，因此，日食和月食的发生时间和情况是可以准确推算和预报的，这里仅简介一些有趣结果。对全地球而言，一年内最多发生 7 次日月交食，最少发生两次日食。就久居某一地方的人而言，可能一生中都看不到日全食。但月食却是半个地球都可同时看到。因此，虽然对全球来说，日食次数比月食多，但实际上对某一地而言，人们看到月食的机会更多。

古代巴比伦人就发现日、月食发生的周期，并称之为**沙罗周期**（沙罗是重复的意思），周期为 6585.32 天（223 个朔望月，即约 18 年），即在此周期后会发生另一次类似的日、月食。我国古代也提出过类似的日、月食规律，如汉代的《太初历》记载的交食周期为 135 个朔望月（3986.63 天）。近代，美国天文学家纽康从天体力学推算的交食“纽康周期”为 358 个朔望月（10 571.85 天）。

月球的自转

月球绕地球转动的同时还在自转，月球自转轴与白道面法线交角为 6.687°，自转方向跟绕转方向相同，自转周期等于恒星月，这称为同步自转。白道面与黄道面保持着 5.145°的夹角，因而月球自转轴与黄道面的法线呈 1.542°的夹角，导致月球基本上总以一侧对着地球，从地球上看到的只是月球的正面，而看不到背面（图 3.8）。

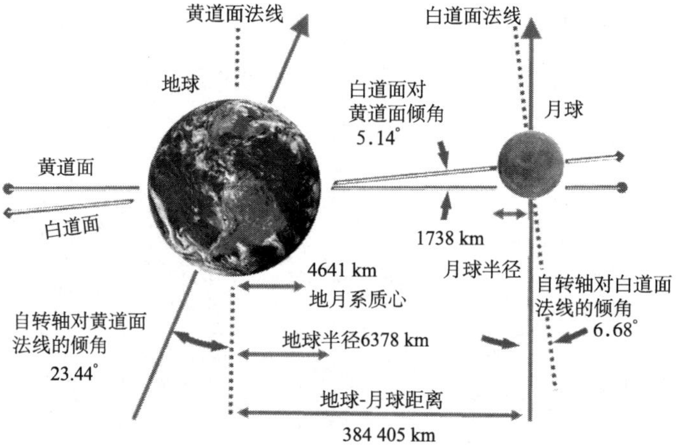

图 3.8　地月系统的自转及轨道面的相对关系

确切地说，“月球总以一侧对着地球”这句话只是近似的。实际上，就卫星与行星的相对大小或质量比例来说，月球/地球是太阳系中卫星/行星最大的，然而，地球和月球仍然被认为是一种行星-卫星系统，而不是双行星系统，因为它们共同的质心（质量中心）位于离地球中心 4641 km 处，仍在地球内部。准确地说，月球与地球各在自己的椭圆轨道上绕共同的质心转动，由于月球-地球距离变化，地球上看到月球的视大小也变化。由于月球自转轴并不完全垂直于白道面，且沿其椭圆轨道运动不均匀而发生月球视面的“摆动”（这种现象被称为天平动），于是我们有时可以看到月球背面的边缘部分。因此，我们在地球上看到月球视面大小和部位都有些变化（图 3.9），总共可以看到月球表面总面积的 59％。

由于月球的自转轴几乎垂直于黄道面（月球赤道面对黄道面的倾角仅约 1.542°），远小于地球的赤道面对黄道面倾角 23.44°，因此，太阳对月球的照射状况的变化很小，月球缺乏季节变化。但月球表面的各区域和地形所接受的太阳

图 3.9　2006～2007 年满月的相对大小与天平动

照射不同，在月球的两极，太阳光几乎总是掠过那里的地平线，却照射不到那里的深坑底部，因而那坑底是长久黑暗和寒冷的。

在整个月球昼夜，月球北极的 Peary 坑缘 4 个山区域都被阳光所照亮，成为“永昼峰”，而月球南极没有类似区域，那里的许多坑底却是太阳光永久照射不到而黑暗的。这些黑暗的坑底是温度极低的：月球勘测轨道飞行器测得的最低温度是 35 K（－238 ℃），而测得北极的 Hermite 坑的底部温度只有 26 K（－247 ℃）。这是飞船所测得的太阳系最低温度，比遥远冥王星的表面温度还要低。月球上的昼夜温度变化是怎样的呢？由于温度主要取决于太阳光的照射，因此，月球上夜漫漫，昼漫漫，1 个月球昼夜跟朔望月一样久。月球表面的昼夜平均温度变化很大（107～－153 ℃），太阳直射处温度高达 123 ℃。在太阳光很少照射到月球的南北两极区，温度常低到－233 ℃。月球和地球绕太阳公转一圈的时间一年是一样的，因此，一个月球年只有 12 个月球昼夜多些。

引潮力和洛希极限

地球上不仅有海潮，还有大气潮和固体潮，主要是由于月球（或太阳）对地心的引力跟对地球某点的引力之差所致。例如，质量 M 的月球对地心和地表的月下点 A（或背 B）点上单位质量引力差——引潮力 F_t 最大（图 3.10），

$$F_t = GM\left[\frac{1}{(D-r)^2} - \frac{1}{D^2}\right] \approx \frac{2GMr}{D^3}$$

其中，D 是月球中心与地球中心的距离，r 是地球半径。相对于地心 O 而言，A 点所受引潮力的方向指向月球 M 的中心 O'，而 B 点所受引潮力的方向则相反。于是，在地球的向、背月球的两侧形成潮汐隆起。地球表面的其他点受到的引潮力应当是该点与地心 O 受到月球引力的矢量差。简单地计算得出，月球对地球引潮力是太阳引潮力的 2.2 倍，在阴历初一或十五恰好是太阳和月球的引潮力叠加的最大值，发生大潮。

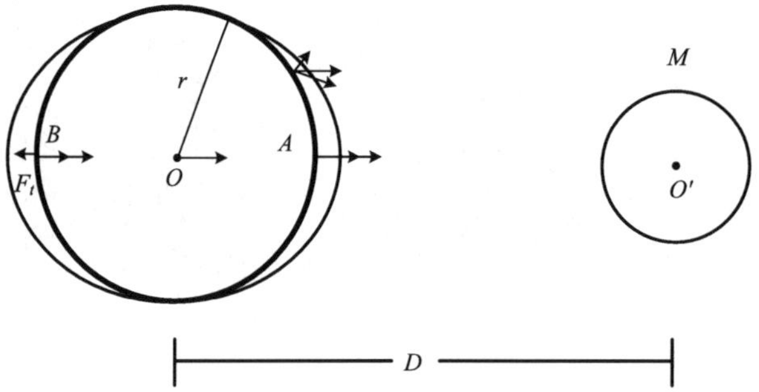

图 3.10　引潮力

由上式可见，如果两天体距离 D 足够小，引潮力可能大于某天体 M_1 的内聚力，从而导致天体 M_1 瓦解破碎。若天体 M_1 的内聚力只是其各部分之间的引力，可导出天体 M 的引潮力使天体 M_1 瓦解的最大极限距离 D_R，称为洛希极限。$D_R = 2.455\ 39\ (\rho/\rho_1)^{1/3}R$，其中，$\rho$ 和 R 是天体 M 的平均密度和半径，ρ_1 是天体 M_1 的平均密度。一般说来，若卫星进入行星的洛希极限内，就会被行星的引潮力瓦解为碎块。因此，行星的洛希极限内一般不存在卫星，而可能存在由小物体组成的环系。

潮汐摩擦与地球自转减慢及月球轨道变化

月球对地球，尤其地球海水的引潮作用，在地球上造成向、背月球两侧的隆起。由于地球自转角速度约为月球绕地球的轨道角速度的 27 倍，因此地球的隆起随地球自转“摩擦”拖曳的角速度比月球的轨道运动快，月球对地球的隆起施予逆自转的力矩，这种“潮汐摩擦”类似于“刹车”的制动作用，使地球自转减慢（图 3.11）。地球自转减慢意味着地球自转角动量减少，这部分角动量转移为

月球绕地球转动的轨道角动量，导致月球远离地球。逆推过去，则过去月球离地球要近得多。太阳对地球的引潮力也起一定作用。月球和太阳的引潮力不仅造成地球的海洋潮汐，也造成大气潮和固体潮。理论模型计算结果基本上可以解释地球自转的长期减慢。

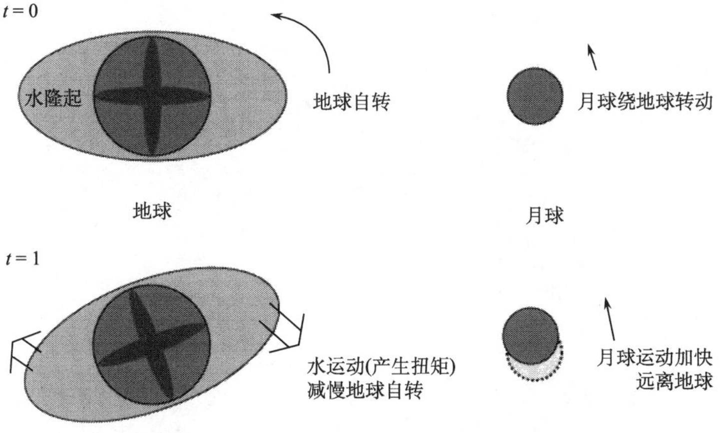

图 3.11　潮汐摩擦使地球自转减慢和月球远离

类似地，地球和太阳对月球也有引潮作用，月球的潮汐摩擦长期作用结果导致月球的自转周期变为跟轨道运动周期相同（同步自转）。

阿波罗计划在月球表面上安装了测距仪，测量发现地月距离每年增加 38 mm。原子钟也显示，地球的自转周期约每年减缓 15 μs。

太阳和其他行星的引力摄动作用使月球轨道呈现复杂变化（图 3.12）。推算月球在 12 亿年前离地球最近时的距离仅 18 000 km，月球轨道远离可达到目前轨道大约 1.4 倍，然后再慢慢绕回来。月球轨道偏心率变化于 1/15～1/23；白道面与黄道面交角以 173 天周期变化±9′；轨道近地点与远地点连线——拱线（近点线）也不断地自西向东进动，进动周期为 8.85 年；白道面与黄道面交线西退，周期为 18.6 年。这一现象早在东汉末就为刘洪发现，并用于月食预报计算中。

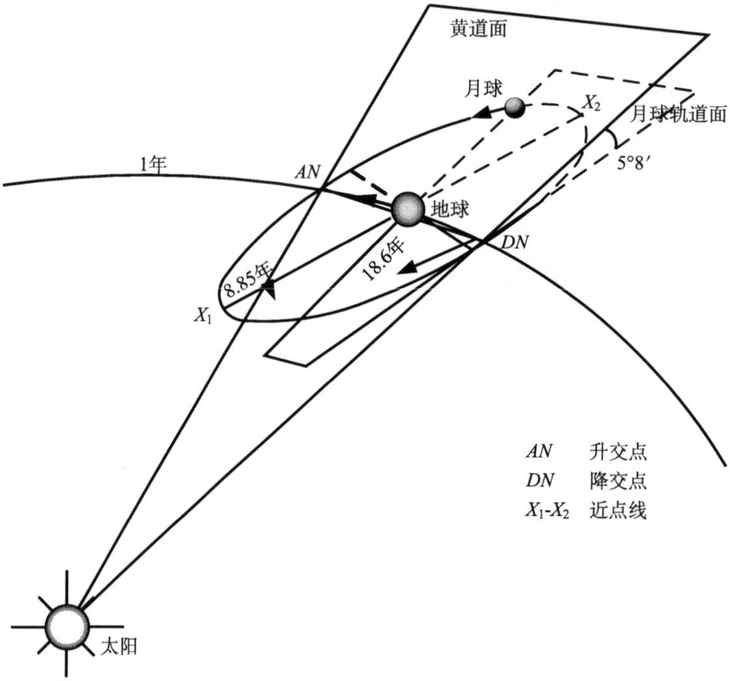

图 3.12　月球轨道的变化

第四章　类地天体——月球

虽然就月球绕地球转动、并随地球一起绕太阳公转的轨道特征而言，月球是地球的卫星；但就月球的大小、质量及结构等物理性质而言，它是跟地球及其他类地行星相似的类地天体。

月球的大小和质量及相关特性

月球的平均半径（R_M）为 1737.1 km，是地球平均半径的 27.3%。月球的形状是一个南北极稍扁、赤道稍许隆起、近似于扁率 0.001 25 的椭球，其赤道半径为 1738.14 km，极半径为 1735.97 km。月球的固态表面总面积为 3.793×10^7 km^2，是地球表面积的 7.4%。月球的体积（V_M）为 2.1958×10^{10} km^3，是地球体积的 2.0%。

实际上，月球表面有相当大的高低起伏，相对于平均半径 1737.1 km，最低约 −9.1 km（南极-艾特肯盆地），最高约 10.77 km（背面高地）。而且物质密度分布也不均匀，月球的形状中心与质量中心不重合（图 4.1），质量中心偏向地球约 2 km。

月球的质量（M_M）为 7.3477×10^{22} kg，仅为地球质量的 1/81.3。月球的平均密度（$\rho=M_M/V_M$）为 3.3464 g/cm^3，仅为地球平均密度的 60%。月球岩石样品的密度低于月球平均密度，说明月球是已发生重力分异①的天体，形成了核、幔、壳结构。月球与地球的总体成分和内部结构相似，但又有相当大的差别。

月球赤道表面的平均重力加速度（$g_M=GM_M/R_M$）为 1.622 m/s^2，只有地球表面重力加速度的 1/6，宇航员在月球上毫不费力就可以打破地球上的奥运会跳高纪录。

月球表面的逃逸速度（$V_e=\sqrt{2GM_M/R_M}$）为 2.38 km/s，比地球表面的逃逸速度（11.2 km/s）小得多。

---

① 重力分异即在重力作用下，重（密度大）的物质下沉、轻（密度小）的物质上浮，造成星体上部与下部的物质成分差异，导致核、幔、壳结构的形成。受环境条件影响及物理-化学过程造成的不同成分的分离称为分馏。

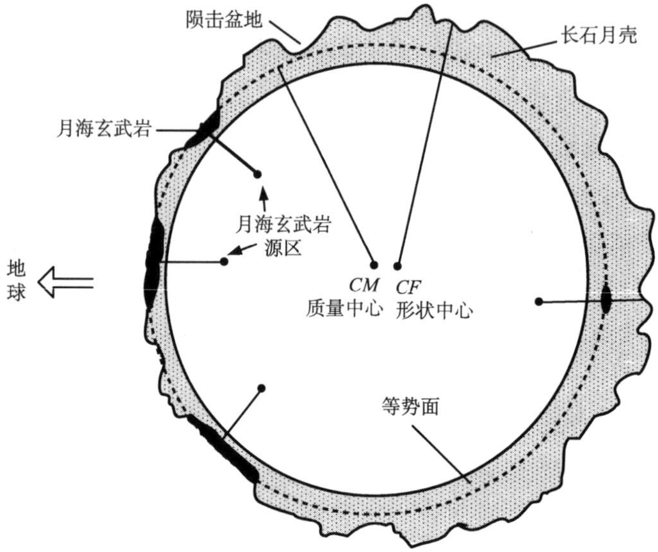

图 4.1　月球的形状中心与质量中心

月球的大气

由于月球表面的逃逸速度小，因此月球上的气体容易逃逸到太空，月球大气就像真空实验室那样非常稀疏，几乎观测不出来，故常说月球几乎没有大气。但近年来在月球掩蟹状星云时，探测到后者的光线略被月球大气折射而弯曲，1956 年观测到月球的阿方索坑上空似乎有云，1958 年发现那里有气体喷发，光谱分析证实有稀少气体存在。飞船探测表明，月球表面的平均气压仅 3×10^{-10} Pa，大气总质量低于 10 吨，且昼夜变化明显，昼大气的元素平均丰度（每立方厘米的原子数目）为氩 40 000 原子/厘米^3、氦 2000～40 000 原子/厘米^3、钠 70 原子/厘米^3、钾 17 原子/厘米^3、氢少于 17 原子/厘米^3，总计约 80 000 原子/厘米^3；黑夜则可达约 200 000 原子/厘米^3。

月球大气的来源包括微流星、太阳风和太阳辐射轰击球表面（溅射过程）而释放出的气体（钠和钾）；捕获太阳风的氦-4；月球放射性物质衰变产生的氩-40、氡-222和钋-210。但月球大气中缺乏存在于月表岩屑的氧、氮、碳、氢和镁等自然元素的原子或分子，目前尚不清楚其原因是什么。月船 1 号已经在月球大气中发现有水蒸气存在，其含量随着月球纬度的不同而改变，水蒸气大约在纬度 60°～70°的含量最高。这些水蒸气可能是由月表岩屑的水冰升华而生成的。月球大气的气体有些被月球重力吸引而回到月表岩屑，有些由于太阳的辐射压，或者被太阳风电离后逃逸到太空。

月球上的水

月球上是否有水？这是人们很关注的问题，尤其对于旅居和开发月球来说更为重要。过去的很多观测研究得到初步结果是，月球的表面不存在液态水，而水蒸气会很快被太阳光分解并逃逸到太空。记得 20 多年前，有位西藏的名人写了一篇推断月球上存在水的哲学论文，国务院领导转给天文学家、当时的南京大学校长，他批示给鄙人拜读并从天文角度上写份回复，这确实是很为难的事。按照当时的知识，一般都认为月球上没有水，但苦读几遍后，初步明白了这位名人的哲学逻辑，其推断却也有道理。反复思索，觉得或许月球上太阳光照射不到的区域有可能存在水冰，所以在回复中认为继续探讨这个问题是有意义的。后来看到，有的科学家推测，水冰可能幸存在于月球极区永久被遮蔽的寒冷坑内。近年来，探测月球上的水已成为重要的项目，并取得了成果。

水及相关的羟基（—OH）也会在化学上束缚于月球矿物（而非自由水），因而其在月球表面大多数地区浓度很低。实际上，算出存在的被吸收水浓度是痕量的十万分之一到千分之一。

各种观测所提示的存在束缚氢的线索，积累成了月球极区存在水冰的非决定性证据。1971 年 3 月 7 日，在阿波罗 14 号登月点附近月面的质谱仪观测到一系列水蒸气离子爆发，这是月球水汽的首次直接证据。1978 年 2 月，分析月球 24 号取回的月球样品的红外吸收谱，得出其含有约 0.1%质量的水。1994 年，美国克莱门汀探测器的“双站雷达试验”资料，暗示月球南极暗区（图 4.2）有 14 000 km^2冰表面。1998 年发射的月球勘测者飞船用中子谱仪测出，月球的南、北极区月壤有过量氢，这可能是陨击坑内永久阴暗的月壤存在有数米水冰、也可能是羟基所致。基于克莱门汀和月球勘测者的资料，如果真的存在水冰，估计总量为 1～3 km^3。1999 年 7 月，月球勘测者撞击月球南极附近的休梅克坑，但地球上的观测却没有发现水的光谱信息。

2008 年 11 月 14 日，印度的月船 1 号释放月球撞击探测器，它同样撞击月球南极附近的休梅克坑，分析显示撞击的碎屑存在水冰。2009 年 9 月 25 日，美国宇航局宣布，搭载于月船 1 号的月球矿物测绘仪确证月球大面积表面存在氢，虽然其浓度很低且在化学上以羟基形式束缚于月土。2009 年 11 月，美国宇航局报告，月球坑观测和遥感卫星探测到水蒸气，在月球南极被一个撞击体抛出的物质中有显著数量的羟基，这可以归属为含水矿物——似乎是“近于纯结晶水冰”，并且从喷出的羽状物质中至少检测到 100 kg 的水。该卫星另一个探测的数据显示，侦测到的水量近 155±12 kg，后来的分析得出：水占总质量的 5.6%±2.9%。2010 年 3 月，月船 1 号的微型-合成孔径雷达（mini-SAR）发现月球北

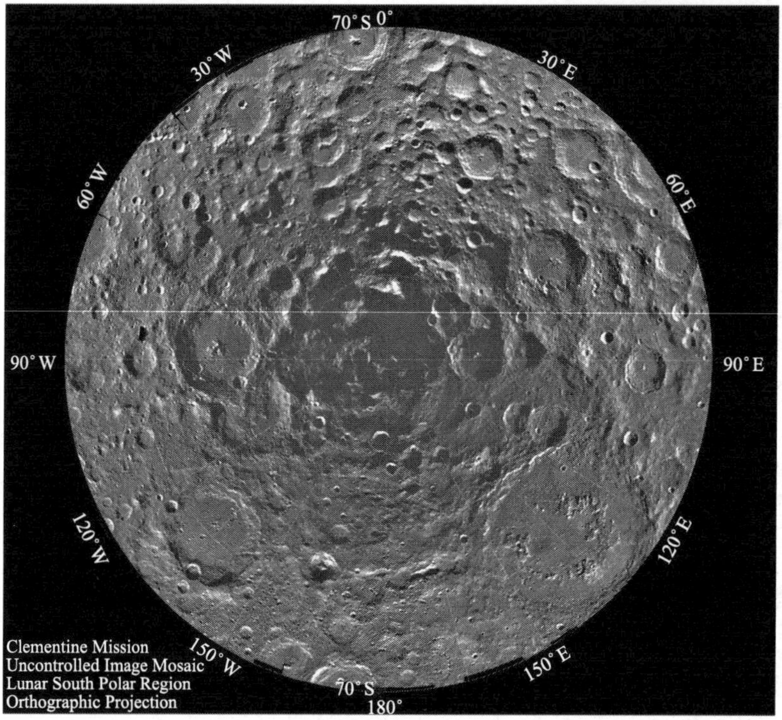

图 4.2　月球南极区

极附近有 40 多个永久的暗坑，估计含 6 亿吨水冰。

月球矿物测绘仪探测到月球表面反射的太阳光谱在 2.8～3.0 μm 有吸收特征，对于硅酸盐，这样的特征典型地归属为含羟基或含水的矿物。这些分布广泛的吸收特征在较冷的高纬度和几个新鲜的长石质陨击坑显得最强。这些特征跟 H 丰度资料缺乏普遍的相关，表明—OH 和 H_2O 的形成和保留是一种持续的表面过程。—OH/H_2O 产生过程可以供给极区的冷凹坑，并使月壤成为人类探索的挥发物候选源。月球科学家现在更加确信：水不仅存在于矿物内，而且散布于破裂表面，在深处潜在有冰块或大片的冰。

月球上的水是由富集水冰的彗星、小行星和流星体经常陨落而带来的，或者太阳风的氢离子（质子）撞击原处含氧矿物而连续生成的。最近的细致分析发现，月球样品内有含水比例相当高的包裹体。总之，月球不仅表面有水，而且内部有足够的水，可以覆盖表面 1 m 深。

月球的表面

把地球的地理学方法用于观测研究月球表面，产生了月球地理学，简称月理学，也称为月球表面学或月球学（selenography），它研究月球表面的特征，主要是编制月海、陨击坑、山脉等特征的测绘图，并予以命名。起先只是依据望远镜对月球正面的目视观测素描，后来依据大量摄像，而直到发射绕月球轨道飞船后才完成背面的测绘，现代月球探测器正不断改进和完善月球表面的高分辨图（图 4.3）。

1609 年，伽利略开始用望远镜观测月球表面的亮暗特征，注意到暗区平坦而亮区崎岖。17 世纪初，天文学家将这些特征类比于地球上的大陆和海洋，称崎岖的较亮区称为月陆（拉丁文单数 terra，复数 terrae），平坦较暗区称为月海（拉丁文单数 mare，复数 maria）。

月陆

月陆又常称为高地（highland），一般高于月海 1～3 km，占月球表面总面积的 84%，因反照率较大（0.09～0.12）而显得亮，是斜长岩组成的古老月壳，由于长期受外来小天体陨击而凹坑（crater）累累，且覆盖有陨击抛出物沉积。实际上，月球表面普遍覆盖多种成因产生的细粒物质——月壤（lunar regolith）。虽然，里奇奥利命名月球特征时赋予一些月陆名称，诸如，Terra Nivium（亚平宁山脉与汽海之间），Terra Mannae（丰富海与酒海之间）等，但后来都没有正式采用，现在一般不单独使用个别月陆名称，而使用附近其他特征名称。

月海与盆地

月海是低地平原，现在知道那里缺少水，由于反照率较小（0.05～0.08）而显得暗，它们是外来天体的大陨击先开掘盆地（basin），后由下面喷发的玄武岩填充其底部而成为月海。有些月海区因质量和重力更大而称为质量瘤（mascon）。月球上已识别的月海在 100 多个，其中大型月海 22 个，占表面积的 16%，大多（19 个）在朝向地球的半个月球（正面）。最大的月海是风暴洋（面积约 500 万 km^2），其次是雨海（面积 88.7 万 km^2）。有的小月海称为湖（拉丁文 lacus），如夏湖、死湖等。月海深入月陆的部分称为湾（拉丁文 sinus）和沼（拉丁文 palus），如露湾、暑湾、中央湾、梦沼、腐沼等。月面还有些大的圆形陨击凹地，多在背面，它们形如月海，但底部没有填充月海物质，曾称为**类月海**，应是**盆地**。

大多数月海是近似于圆形的。圆形月海有环形或弧形的边界，通常是多山脉的月陆边缘。圆形月海所在的地形构造称为多环盆地（multi-ring basin），或简称为盆地。同心环是所有很明显的盆地的特征，不包围月海的最大山脉环或弧也

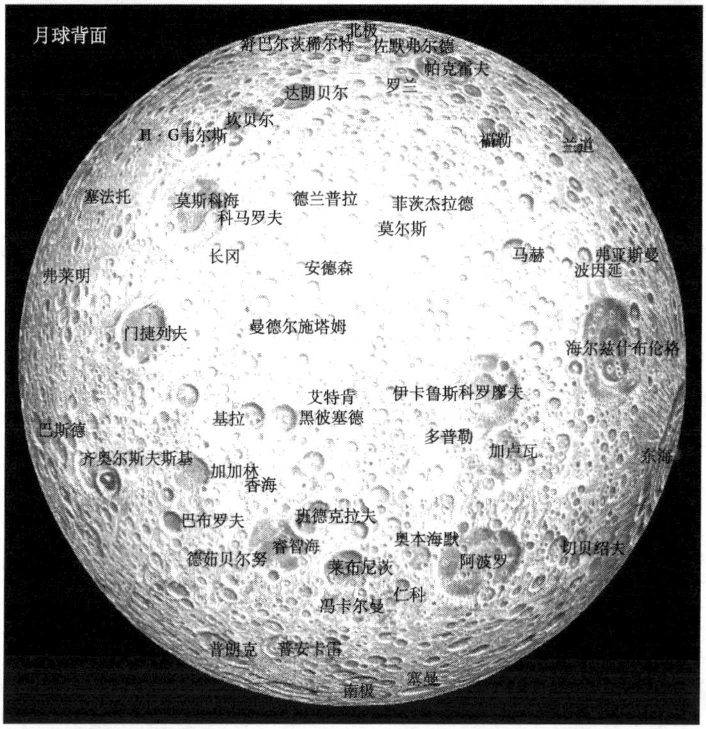

图 4.3 月球表面的主要特征

属于月海的组成部分。术语“盆地”和“月海”常混淆。盆地是月陆的结构，以巨大山脉（拉丁文 mons，复数 montes）环为特征，更多地以开掘大凹坑为特征；而月海是某些盆地内后来发生岩浆喷发而形成的，这些月海与所在的盆地有直接演化关系。另外一些盆地内却没有发生岩浆喷发，未形成月海。有些盆地跟月海同名，例如，Imbrium 常指雨海（月海），强调盆地性质时就用“雨海盆地”（图 4.4）。

图 4.4 雨海（MI）和雨海盆地（MF）区的特征

PP 是凋沼；箭头指阿波罗 15 号登月点；雨海盆地边缘有阿尔卑斯（Alpes）山脉（MAI）、亚平宁（Apenninus）山脉（MAp）、高加索（Caucasus）山脉（MC）和虹湾（SI）；“褶皱脊”在 A 上侧；陨击坑对 Aristillus 与 Autolycus（A 右侧）、Caroline Herschel 与 Heis（CH）、Feuillée 与 Beer（FB）、Helicon 与 Leverrie（HL）；还有 Cassini（Ca）、Euler（Eu）、Lambert（L）、Manilius（M）、Plato（Pl）、Pythagoras（Py）和 Timocharis（T）诸坑；d 是暗覆盖的月陆表面

肉眼观测仅分辨出约 200 km 的月球表面特征，中型望远镜约可分辨 1 km 细节，新的绕月球飞船可分辨几米细节。月海大尺度上是平坦的，但局部地形起伏。月海脊（拉丁文 dorsun，复数 dorsa，英文 mare ridge）是月海表面上的长而复杂的隆起带，月溪（拉丁文 rima，复数 rimae，英文 rille）是广延而漫长的窄沟漕，它们包括蜿蜒的、弧曲的和直向的变化。很多弧曲的和直向的月溪切割月陆以及月海，而脊不切割。暗覆盖物质（dark mantling material）跟月海一样暗或更暗，显示下部的地形。

陨击坑

月球表面满布大大小小的坑，小到岩屑上的微米坑，大到数百千米的大型坑（图 4.5）。一般把多数直径大于 300 km 的称为盆地。这些坑的成因是什么？从伽利略时代到现代，争论 300 多年，有人认为它们是火山口，有人认为它们是外来天体陨落的陨击坑（impact crater），中国书刊上常不确切地称之为“环形山”。从外观形貌很难区分火山口和陨击坑，近年来更多证据（尤其是检测到外来陨击天体的成分）说明绝大多数坑是陨击坑，仅少数有火山特征。

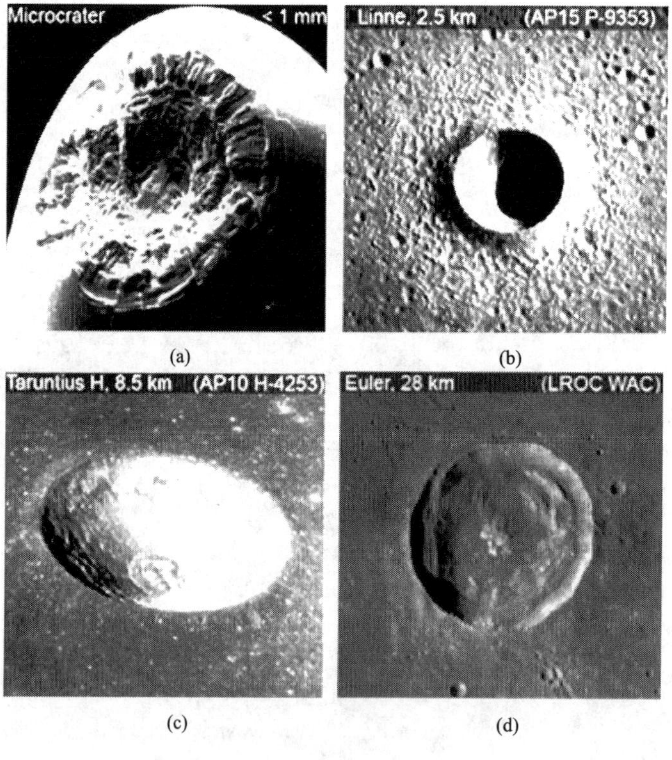

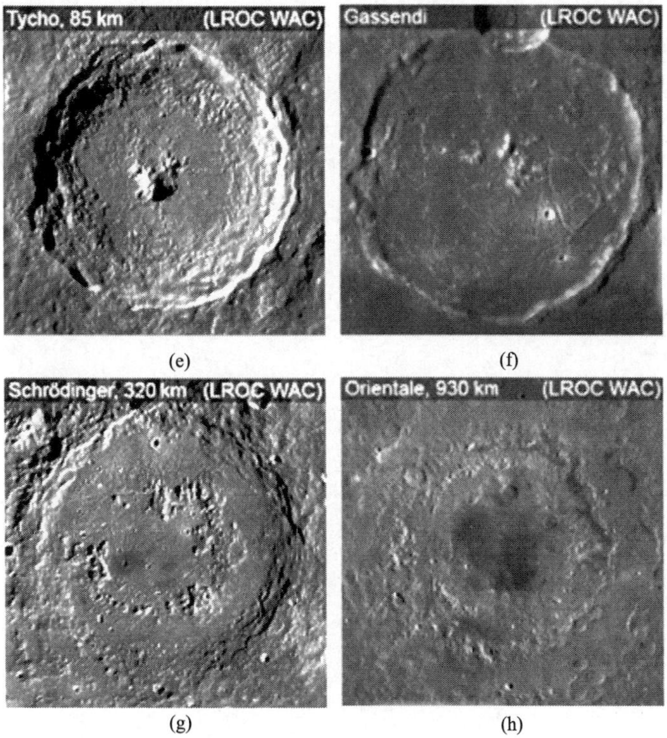

图 4.5 不同直径的陨击坑

(a) 月岩样品的微坑；(b) ～ (c) 碗形的简单坑 (Linne，Tarutius H)；(d) ～ (f) 复杂坑 (Euler，Tycho，Gassendi)；(g) 薛定谔 (Schrödinger) 盆地；(h) 东海盆地 (Orientale)

大多月球陨击坑有高于周围地形的边缘和低于周围地形的底部。陨击坑的形态取决于：①坑的大小；②表面的流变性质；③剥蚀和退化的过程。直径几米以下多为浅坑而无隆起的外缘。直径 1 km 以上的可分为较小的简单坑和较大的复杂坑两大类，以直径约 18 km 为过渡 (15～25 km) 划界。

新鲜的简单坑呈碗形，内部较缺乏特征，边缘很锐，外面的抛出物沉积延展到坑直径 1～2 倍远，附近有同心的多丘脊，还有抛出物再撞击表面产生的“次生坑” (secondary-impact crater) 或次生坑链。雨海区的高分辨图像测量得出，新鲜简单坑的深度/直径比率 (d/D) 为 0.14，小于其他区域以前测量值 ($d/D=0.2$)；退化的简单坑的 d/D 有到 0.02 的。在某些选定高地和月海区域，新鲜的简单坑 d/D 范围为 0.12～0.2。剥蚀和退化过程大多跟陨击有关，造成抹去坑缘和抛出物，以及物质坡移。此外，月海熔岩的沉积填充可能掩埋原来的碗形坑。

复杂坑有平的底部，坑的 d/D 小于上述简单坑的值，且 $d=aD^b$ (a、b 为常数），有中央峰及弧形的壁阶梯、坑内淤积和抛出而固结的陨击熔融物。复杂坑也遭遇表面改造过程，使得坑缘、中央峰或抛出物部分地退化，部分甚至完全被后来的玄武熔岩物质沉积填充。较年轻（≤10 亿年）的复杂坑常保存抛出物沉积，呈放射状的长而亮“辐射纹”（rays of the moon），有些延展几百千米。满月时，第谷坑和哥白尼坑的亮辐射纹尤为壮丽。直径大于 100 km 的坑［如图 4.5（g）］发生转变，由峰环代替中央峰。直径约 300 km 以上的大型坑称为盆地，特征是有两个或多个同心的脊或陡坡面向坑中心［如图 4.5（h）］。

火山特征

由于缺少地球那样的后期板块构造活动，月球保留有早期火山活动的历史证据。月球的玄武岩集中于正面，呈现为陨击盆地的填充物，覆盖月球正面近30%（总表面的17%，约 $7\times10^6 km^2$），约占月球总体积的1%。月海的火山成因形态特征包括：熔岩流、蜿蜒月溪、火山穹和火山锥、火山碎屑沉积（图 4.6）。放射性元素［主要是钾（K）、铀（U）、钍（Th）］衰变的加热造成深度约60～500 km 的超铁镁质月幔物质部分地熔融，产生玄武岩成分的岩浆。产热元素集中于正面半球的风暴洋 KREEP（克里普）地体，导致正面比背面有更多的火山活动。

在地球、金星、火星上，普遍存在有中央火山口的盾形火山。多年来，也在月球上观测到小的盾形火山，典型直径仅 2～10 km，成群或成团地存在于某些月海区，并遭受几十亿年的陨击成坑而退化。有些盾形火山没有中央火山口，某些火山口周围或沿断裂形成暗沉积。特别是在多谱像上，可见到几万米长的熔岩流峰；但在高分辨像上，它们也因陨击成坑过程而退化。月海的蜿蜒月溪是弯曲的熔岩渠道，宽几十米到 3 km，长几千米到 300 km，平均深 100 m。

广延月海的部分区域覆盖有火山地形特征，包括火山穹、火山锥、盾形火山，它们的大小范围为 3～17 km，高几百米，成分为玄武岩。风暴洋的马里乌斯丘陵复合体由 100 多个穹和盾形火山组成，是近期的研究焦点。有几处独特的火山成因特征，包括陡于月海穹、反照率大和紫外强吸收特性的火山穹，一般称为红斑（red spots），它们由黏性更强的熔岩形成。飞船的新资料揭示了诸如非月海的 Gruithuisen 和 Hasteen α 穹及背面钍异常的 Compton-Belkovich 穹的形态和光谱。

Spudis 等（2013）研究新的全月球地形资料，发现月海内的很大区域存在地形隆起，连绵几十米到几十千米，高几百米到几千米，它们对应于地球、金星和火星的盾形火山。已识别出 6 个主要的和 2 个次要的地形隆起——大型盾形火山，它们在大的、深填充的雨海和澄海外围，说明它们有演化关系。这些隆起有

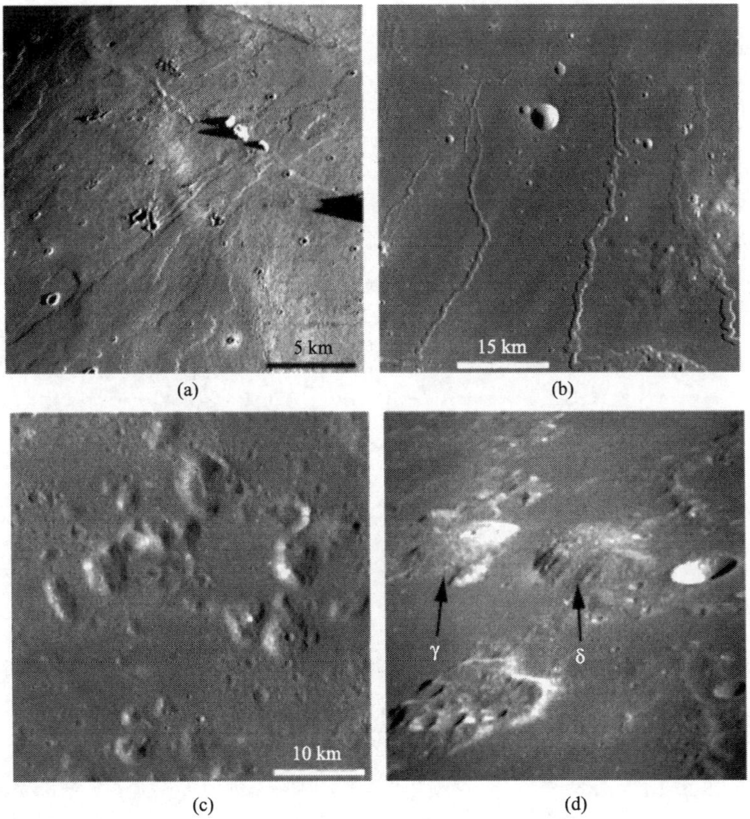

图 4.6　火山特征

(a) 雨海内的玄武岩流锋；(b) 雨海内的蜿蜒熔岩槽（Prin Z 月溪）；(c) 雨海内的玄武岩（火山）穹；(d) 黏滞熔岩形成的风暴洋北部的 Gruithuisen 山的 γ 和 δ 穹

密集的小尺寸（公里级）火山特征，生成于月海火山活动主期（39～30 亿年前）。它们表现出多种发育状态，从几乎完全盾形发育（马里乌斯丘陵，图 4.7）到原盾区火山更新表面（阿里斯塔克火山盾，图 4.8）。月球的大型盾形火山的高度 h 与直径 d 的比率，跟岩浆黏滞率 μ、岩浆密度 ρ、岩浆提供率 Q、重力加速度 g、渗透率 k、火山体积 V 有如下的简单模型关系，其中，C 是数字常数。

$$\frac{h}{d}=C\left(\frac{\mu Q}{k\rho g}\right)^{3/4}(V)^{-1/2}$$

新飞船拍摄了很多高分辨图像，可用于仔细研究月海玄武岩的层次。在很多月海区域，可识别月海表面的 100～150 m 大小的穴或凹坑，在陨击坑的陨击熔融池也观测到这样的特征。这些凹坑或是表面火山熔融物下塌形成的孔洞，或是源于月海火山活动相关的构造活动。凹坑特征显示多重玄武岩层（厚几米到十余

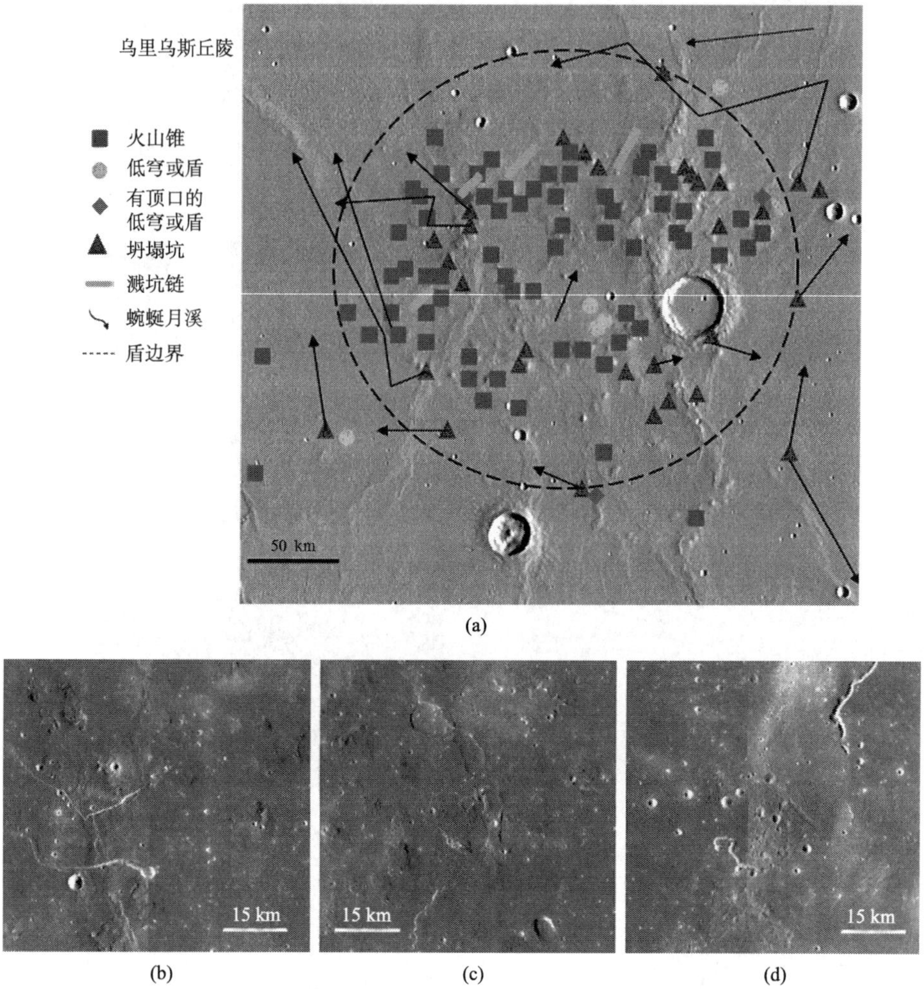

图 4.7　马里乌斯丘陵（火山盾）

（a）马里乌斯丘陵的火山特征；（b）盾西半的蜿蜒月溪和火山坑口；（c）盾顶附近的坍塌坑；（d）盾东边缘附近的凹坑、蜿蜒月溪和低穹

米），说明月海区域的玄武岩喷发造成多重流事件，而不是产生厚几十米或几百米的岩流。在阿波罗 15 号登月处的哈德莱（Hadley）月溪和几个陨击坑边缘内壁也观测到这样的玄武岩层。

火山碎屑喷发造成暗覆盖物沉积。火山碎屑沉积可覆盖诸如巨大的 Bode 裂隙、Sulpicius 脊带和面积超过 2500 km^2 的 Aristarchus 高原，但大多集中在较小区域。用高分辨图像，包括多谱资料，可以搜索全月球的火山碎屑沉积。

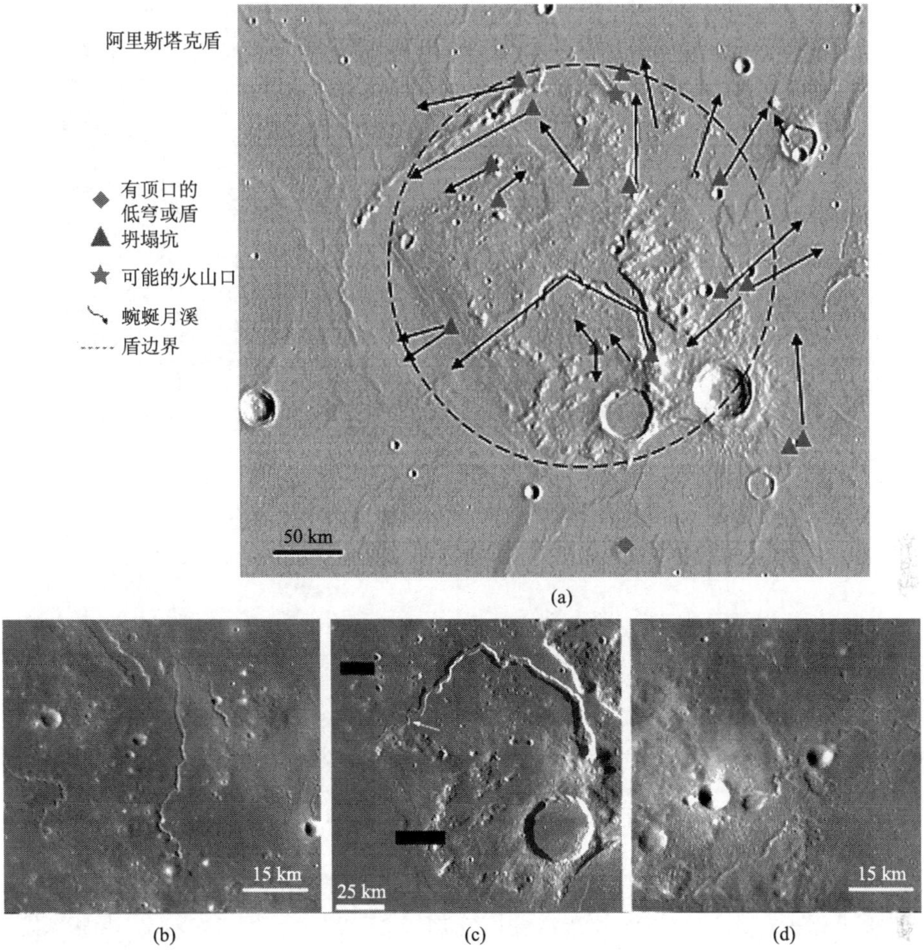

图 4.8　阿里斯塔克盾

(a) 阿里斯塔克盾（约 250 km）的火山特征，主要是蜿蜒月溪和凹坑，它们多侵位周围的月海沉积，丰富的火山碎屑物质连续地覆盖高地熔岩，使得表面单元的年龄不确定；(b) 凹坑和蜿蜒月溪；(c) Cobra Head 凹坑源口和 Schröteri 谷——指示多相喷发历史的蜿蜒月溪；(d) 高地东北段的坍塌坑和蜿蜒月溪

构造特征

月球的构造特征跟陨击和火山活动有关，表现为诸如断层、地堑、堤堰和褶皱脊等扩张的和挤压的特征（图 4.9）。跟地球比较，月球上的构造应力所形成的地形不丰富，月球是“单一板块”或称演化停滞的行星体。早在全月球岩浆洋固结的历史早期就形成低密度的月壳。月球内部对流迟缓，热量大多经传导而损失。

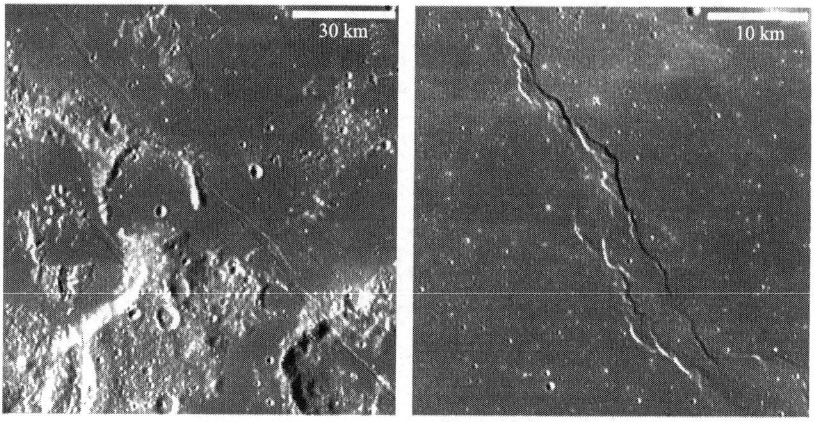

(a)　　(b)

图 4.9　月球构造特征

(a) 丰富海内的延展地堑（Goclenlus 月溪），中心纬度、经度为 8°S、43°E；
(b) 风暴洋内的月海脊（Whiston 脊），中心纬度、经度为 30°N、302°E

月球的构造特征主要归因于：①陨击产生的应力；②陨击盆地内负荷玄武岩物质所感生的应力；③潮汐力；④热效应。陨击形成岩石的碎裂随远离陨击点而减小，对于半径 r 的陨击坑，量级约 $r^{-1.5}$，形成径向的或同心的沟槽或地堑。陨击所生的断层可以被月震能量再活化，或会造成其对趾附近形成大盆地的陨击事件。由于填充盆地的玄武岩物质负荷，在盆地边缘，发育扩张应力，形成弧形沟槽或月溪；向盆地内部，发育挤压应力，可形成亚径向和同心的脊。

月震证实月球有内部活动，可能造成月球表面的构造变形。新的月球背面高分辨像可识别出新近的扩张构造结构，它们长 1～2 km，宽 500 m，并叠置或交切于直径仅 10 m 的陨击坑，说明这些结构的年龄仅几百万年到五千万年。

月海区常见褶皱脊，宽几公里到十余公里，长几十公里到几百公里，平均高度约百米级，可能是沿裂隙侵入的熔岩所形成的构造特征。熔岩填充的坑底断裂可能是底部物质均衡上涌所致。地球-月球相互引力的潮汐效应是现今月震的主因，潮汐应力变形在以前地月距离小的时期更强，但月球正面和反面的空间轮廓分布相似，不利于潮汐（例如潮汐隆起的坍塌）运动强烈开发。热历史也随时间影响应力发育和构造变形。

叶状悬崖（图 4.10）是月海和高地最年轻的特征，为挤压的低角度冲断层及其运动所致，崖高 4 m 到 130 m，平均约 25 m，它们被认为是月球背面的普遍构造特征，但现在也能在全月球观测到，包括高纬度区。然而，它们只是高分辨像探测到的小尺度构造特征，还未完成这些特征的全月球分布。通过叶状悬崖的陨击坑计数得到成坑模式年龄仅几千万年到几亿年。

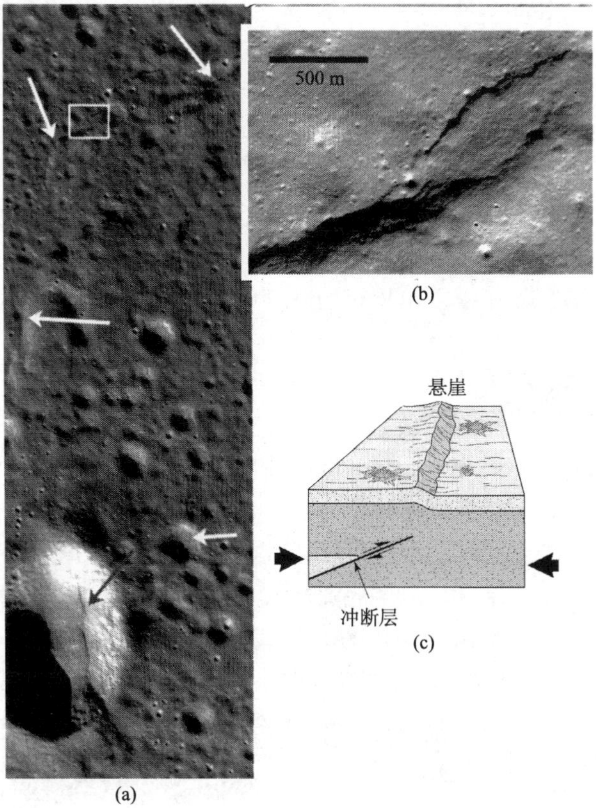

图 4.10　叶状悬崖

（a）坑（～71.9°N，120.8°E，D 约 200 km）底部的悬崖团，至少能识别出 5 个叶状悬崖（箭头所指）；（b）（a）图方框的悬崖段；（c）冲断层运动造成悬崖（示意）

空间风化与陨击退化

在较小尺度上，主要有两种过程——“空间风化”（space weathering）与“陨击退化”（impact gardering）。由于月球缺乏全球磁场和大气，其表面的月壤物质经常暴露于宇宙物质的轰击。这些物质有：①微流星体；②太阳风高能粒子；③太阳辐射的质子；④宇宙射线。粒子轰击所产生的物理过程和化学过程总称为空间风化，由于岩化作用、机械粉碎作用、熔融与升华作用，形成黏合物、粒子注入、溅射、合并流星物质，造成月壤物质成熟度（maturation）增加。在磁异常强的某些区域，空间风化减弱，大概是由于磁场偏转了（带电的）太阳风和宇宙射线粒子。太阳风的这种部分隔离可负责形成诸如 Reiner-gamma（吴昀昭等提出的月球软着陆的重要候选区）的反照率类漩涡特征。捕获太阳风气体数量是月壤成熟度的主要参数。例如，可以用月壤中的气体种类来研究太阳长时期的历史与演化。在较年轻的熔岩流或陨击抛出物覆盖层保护较老的月壤物质（古月壤）免受空间风化的情况中，再构建太阳风的演化和太阳系的银河环境，这可能成为未来月球探测活动的主要焦点。

陨击退化涉及两种过程：微流星体磨损月壤物质和流星体撞碎岩石物质。陨击剥蚀所形成的细粒月壤大多由分选性差的沙粒大小物质组成，有不同数量的岩石碎块，平均颗粒大小为 60～80 μm。剥蚀率随月壤物质成分的尺度增大而增大，质量约千克的砾石不被陨击摧毁的幸存时间仅 1 千万年。

月球表面坐标和月面图

类似于地球上建立地理坐标（经度和纬度）来表示表面地点的位置一样，为了表示月球表面地点的位置而建立了月球的地理坐标——月球表面的经度 l 和纬度 b（图 4.11）。天文观测可以定出月球的自转轴两极和赤道，经过月球表面南、北极点的大圆为经圈，平行于赤道的圆为纬圈。起先取月球正面中央指向地球的月面点（地球上看到的月面平均中心）经线为“本初经圈”（经度 0°），向东、西计量经度 l。由月球赤道（0°）向南、北计量纬度 b。为了更精确，天文学家以

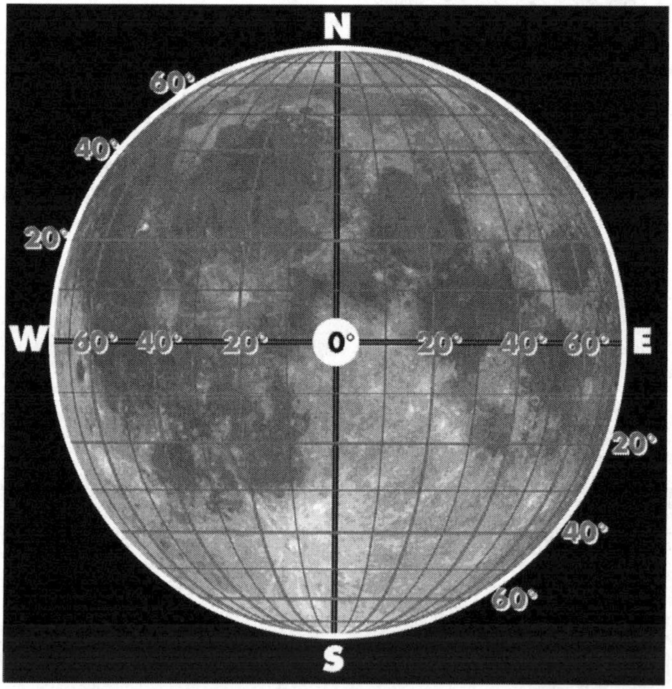

图 4.11　月球表面坐标

小陨击坑“Mösting A”（直径 13 km）的坐标（$l=3°12'43.2''$S，$b=5°12'39.6''$W）为参照标准。得益于月球激光测距实验，现在能够更准确地规定月球坐标系。

月面余经（selenographic colongitude）是月球早晨明暗界限的经度，从本初经圈向西以度数计量。在太阳刚升起于月球地平线时，明暗界限形成交于月球的半圆。在月球在轨道运行中，此界限增加经度。月面余经的值在此界限前进方向从 0°增加到 359°。因此，在望月时，余经增到 90°；在下弦月时，余经增到 180°；在新月（朔）时，余经达 270°。傍晚的明暗界限经度等于余经加 180°。明暗界限附近月球表面特征易显示太阳光照射的影子，利于地球上望远镜观测。

谷歌月球（图 4.12）类似于谷歌地球，显示卫星（飞船）所摄的月球像，谷歌月球于 2005 年 7 月 20 日阿波罗 11 号登月 36 周年发布。每艘阿波罗号登月点都显示在图上，为使用者提供每次使命的更多信息，使用者可进行缩放。阿波罗 11 号登月 40 周年（2009 年 7 月 20 日），在谷歌地球 5.0 版本中推出的新版本谷歌月球，使用 NASA 发射的月球探测器所拍摄的最新高清晰月球照片，不但详细介绍了最著名的阿波罗系列六个载人登月舱，还有美国、苏联、欧盟、日本、印度的其他 35 个各种月球探测器以及我国的嫦娥一号的登陆区域与撞击点。新软件提供了完整的月球地图、美国宇航局提供

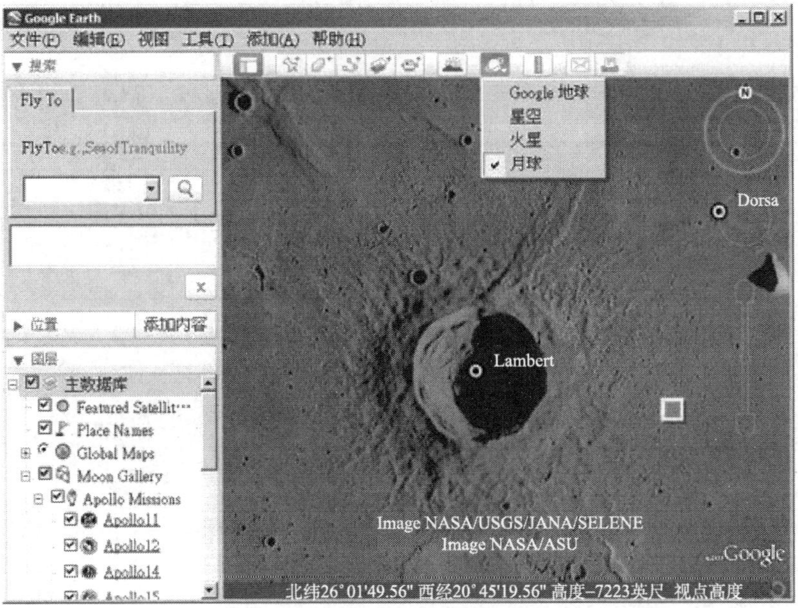

图 4.12　谷歌月球一例

的视频，并在照片模式中采用了全景成像技术。用户要体验，需要打开谷歌地球5.0，并在页面上方工具栏下拉菜单中将模式从“地球”改为“月球”，即可在月亮上漫步，点击地图上的相机图标可以进入照片模式。照片模式的全景图片清晰度非常高，可以让任何人都能欣赏月球美景，也可以通过美国宇航局的视频来进行一次虚拟的月球漫步。

2008年4月9日，日本公布最新月球地形图。这是由日本国立天文台解析了绕月卫星月亮女神号上搭载的雷达高度计传回的数据后，由日本国土地理院制成的，覆盖了之前从未探查的月球纬度75°以上的区域。

2007年11月26日，中国国家航天局正式公布了嫦娥一号卫星传回的第一幅月面图像（图4.13）。2008年11月12日，中国第一幅全月球影像图正式公布，这是2007年11月20日至2008年7月1日嫦娥一号利用星载CCD立体相机获得月球地形地貌数据后，地面应用系统据此绘制出的中国第一幅月球全图，数据完整、信息丰富、信噪比高、质量良好，其图像质量和影像制作方面均达到国际先进水平。2012年2月6日，发布嫦娥二号月球探测器获得的7 m分辨率全月球影像图（图4.14）。制作完成的7 m分辨率全月球分幅影像图产品共746幅，总数据量约800 GB。同时，科研人员还制作完成50 m分辨率标准分幅影像图产品和全月球数据镶嵌影像图产品。

图4.13　中国探月第一幅图像的中部高分辨截图

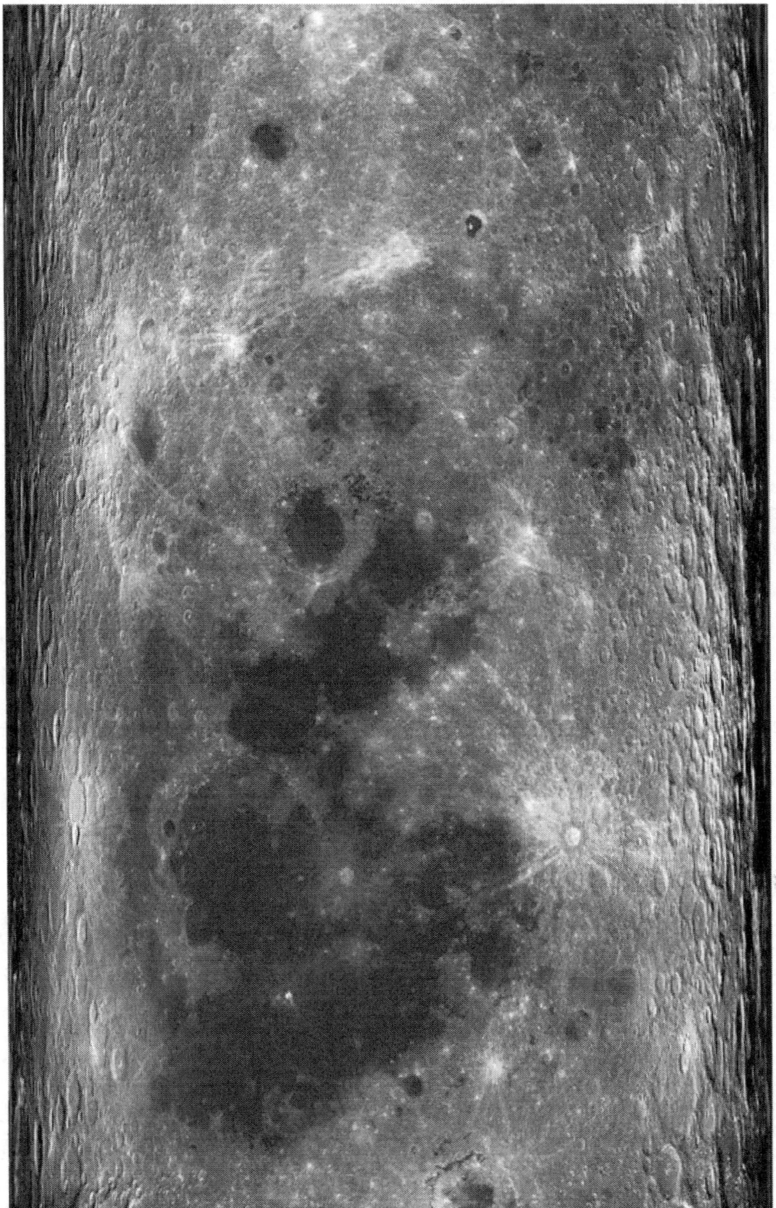

图 4.14 嫦娥二号获得的全月球高分辨图像

第五章　月球物质

月球作为一颗有固态表面的类地天体，可以把地球的地质学研究扩展到月球的地质研究。然而，月球的情况又跟地球有很大差别。月球的地质研究依据地面望远镜观测、绕月轨道飞船的探测、月球样品、月球地球物理和地球化学资料的结合。这里先谈谈月球的物质。

航天时代之前，科学家们已在可见光、红外及微波等波段对月球进行了多种遥测研究，初步了解了月球表面物质的性质。例如，雷达探测表明，月球表面覆盖着细粒矿物和岩屑混合物；红外观测表明覆盖层物质孔隙度大（密度小）且导热率小；光度和偏振测量表明，覆盖层是铁镁质岩石碎屑。总之，从遥测资料得出，月球表层是多孔隙的，也认识到流星体陨击破坏了月球表面。

飞船多次降临月球，直接而详细地得到月球表面性质的资料。尤其先后共采回月面不同区域的样品约 382 kg，从样品的分析得出月球物质的各种物理和化学性质。跟遥测资料对比，就可推断未采样区的化学成分特性，从而探讨月球的本质问题。

月壤

宇航员第一次登上月球，发现那里是寂静的不毛之地，但也有奇特的景观。大气极其稀疏的天空是深黑的，周围是深棕灰色的月海平原，因为无雾霾阻掩视野，远景和近景一样清澈，身边散布形状各异、大大小小的岩块，可见到斑痕累累的陨击坑。宇航员一走动，足下细尘层的暗色干尘粉顿时飞扬，棱角分明的靴印永留在尘土层上（图 5.1）。

月球表面到处都覆盖着破碎的岩屑和细粒的尘埃，这一碎屑覆盖层又叫月壤（lunar regolith），包括从细尘到几米大石块的所有月球表面物质。而月壤中的细尘（小于 1 mm）另称作月土（lunar soil），它们完全不同于地球的土壤，不是风化作用的产物，也不含腐殖质，而是基岩被小行星、彗星和流星体在四十多亿年来先后陨击而溅射出的碎屑所沉积，连绵的覆盖层由各种比例的结晶岩和角砾岩碎屑、矿物颗粒和玻璃组成，也含有流星体陨石物质（可高达 5%）。其中大部分岩石碎屑跟原地围岩的化学和岩石矿物学特征很相似，因此，这些矿物颗粒是原地岩石的破碎产物（图 5.2）。

图 5.1　登上月球的月球车、宇航员及其靴印（右下）

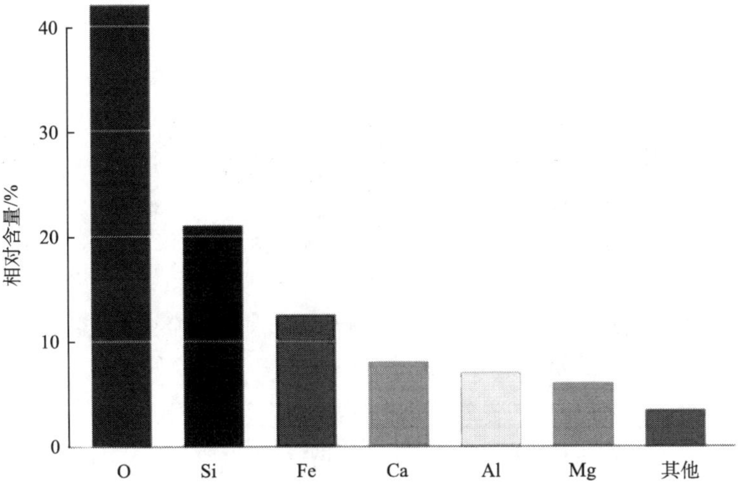

图 5.2　月土的化学成分

不同区域的月壤厚度不同，年轻月海表面下的月壤约 2 m 厚，最古老高地表面下的月壤达 20 m 厚，而月谷的月壤可达 40 m 厚。巨月壤（mega-regolith）常用于描述近表面月壤层及其下面的陨击严重断裂岩床，各区域的深度不同，一般深达几千米，在高地处甚至深达几十千米（图 5.3）。月壤的上层较松，20 cm 以下就压坚实了（可能是大的陨击震动所致）。有些区域的月壤是成层的，层厚从几毫米到 13 cm 不等。月壤的平均累积率约每百万年 2 mm，早期（40 亿～35 亿年之前）累积率要比后期大一个数量级，因而高地的月壤比月海的月壤厚。大部分月壤物质来自于附近的陨击抛出物，但也有少部分来自远处。例如，阿波罗 11 号登陆点的月壤中，有约 5%来自 100 km 以外，仅 0.5%来自 1000 km 之外。此外，月壤中也含少量（1%～2%）陨石物质（如金属颗粒）。

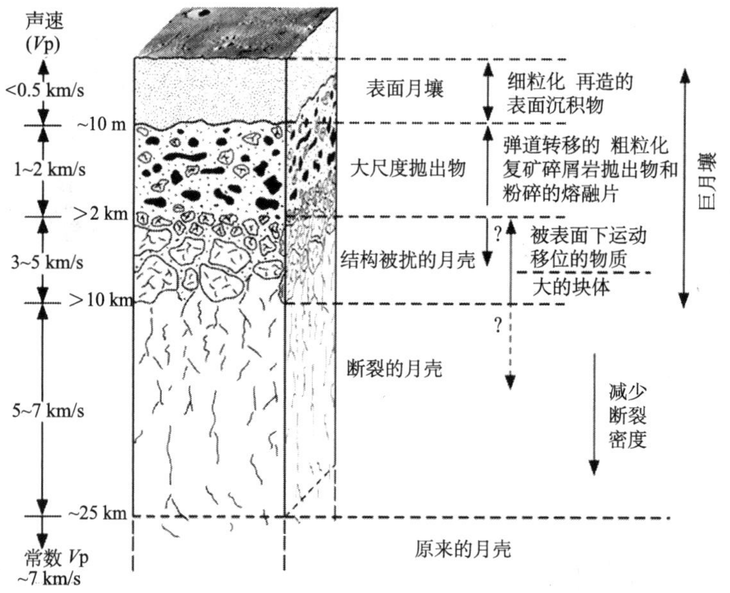

图 5.3　巨月壤的剖面示意，说明大陨击对上月壳的影响

月壤含有来自岩石、原岩床的矿物屑和陨击形成的玻璃颗粒（图 5.4）。在大多月壤中，半数颗粒是由玻璃颗粒熔融的矿物屑组成，称为黏集物（agglutinate）。月壤的化学成分随其位置而异，高地的月壤恰如这些区域的岩石，富集铝和硅；月海的月壤正如其填充物玄武岩，富集铁和镁，匮乏硅（图 5.5）。

太阳风轰击月球表面时，太阳风的组成原子（大多是氦、氖、碳、氮）注入到矿物颗粒内。分析月壤的成分，尤其同位素组成，可以确定太阳活动是否随时间变化。太阳风气体可以用于未来的月球基地，因为氧、氢、碳、氮不仅对于维持生命是基本的，且有制造燃料的潜在用途。月壤的成分也可用于推断其来源区和成因。

图 5.4　阿波罗 11 号采集的月土颗粒

左下方大颗粒为月土角砾，白碎块为陨击斜长岩，
散布的是岩屑，下部是玻璃球粒，右下线条间距 1 mm

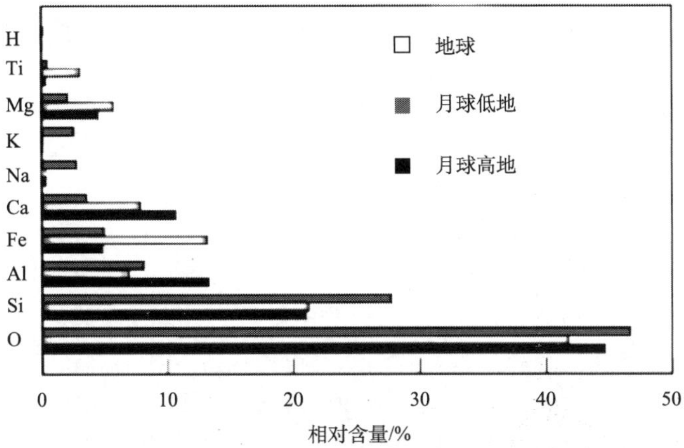

图 5.5　月球低地和高地与地球的化学成分比较

飞船采回的月球样品

在地质学上，样品的分析研究可以提供物质成分和年龄等重要信息。为此，6 艘阿波罗飞船采回 2415 个样品、共计 382 kg，3 艘月球飞船共采回 0.32 kg 样品。

月球样品分为高地（月陆）样品和低地（月海）样品两大类。高地样品主要由铁镁质火成岩组成，也常见具有类似原岩的月壤角砾岩。低地样品按化学成分的不同分为三种系列：高钛玄武岩、低钛玄武岩和甚低钛玄武岩（VLT）。

月球岩石可按照不同的特征参数来分类，比如它们所含的矿物（矿物学）、矿物颗粒之间的堆积方式（结构）、岩石的成因（岩石学）、化学成分（化学）。但这些不同参数的分类有时会造成混淆。同一块月岩，地球化学家可以称它是长石质的或富铝的，而岩石学家称它为月壤角砾岩，而地球物理学家可能称它为斜长岩。

美国宇航局（NASA）载人航天飞船中心（MSC）月球接受实验室（LRL）按下列方案为月球样品编号。各编号含五位数，后面再加逗号和数字表示是由某个样品所分裂的。前面数字代表任务编号：10、12、14、15 分别为阿波罗 10 号到 15 号的样品；6、7 是阿波罗 16 号、17 号的样品。一些阿波罗 15 号和大多阿波罗 16 号和 17 号的样品，随后数字代表采样站：阿波罗 16 号数字 0 代表站 10，登月模块（LM）和地球物理仪器［阿波罗月球表面试验包（ALSEP）］附近；数字 3 代表站 13；数字 7 代表站 11（站 3 与 17 是任务前名但被取消）。某些站号也包括站内样品。阿波罗 15 号、16 号、17 号的最后一个数字指样本大小：0，未筛物质；1、2、3、4 为筛出依次大的物质；5、6、7、9 为岩石，即大于 1 cm 的。第三和第四位是月球接受实验室为特定复杂样品定义的：例如阿波罗 16 号与 17 号的第四位指大岩石的部分，甚至月土碎屑。

月球岩石的主要矿物特征

月球岩石中的矿物比地球岩石矿物简单得多。地球上矿物有 5000 种以上，而已鉴别的月球矿物只有 100 多种，这跟月球上干燥、没有自由氧及重力小的环境有关。月球上缺乏水和风化作用，因而月球岩石中缺乏含水矿物、黏土和三氧化二铁矿物。但是，地球岩石和月球岩石的原生矿物（由岩浆结晶形成）在数目和类型上没有多大区别。

月球岩石的矿物组合很简单，主要矿物只有四种：斜长石、辉石、橄榄石、钛铁矿（表 5.1），占总量的 98%（月球表面含大量的非晶质物质，但这些物质大多是含上述四种矿物的岩石熔融所形成的玻璃），其余约 2%是钾长石、金属氧化物、金属硫化物以及其他微量物质（如铬铁矿、亚铁尖晶石、金红石、磷酸钙、锆石、陨硫铁、金属铁），它们大多仅作为小颗粒存在于四种主要矿物的间隙。

地球表面的某些常见矿物（包括石英、方解石、磁铁矿、赤铁矿、云母、角闪石和硫化物）在月球样品中很少见或没有。很多地球矿物的晶格中含水，如云

表 5.1 普通的月球矿物

矿物	元素	月岩外观
斜长石 plagioclase feldspar	钙（Ca），铝（Al），硅（Si），氧（O）	白色到透明；通常为细长颗粒
辉石 pyroxene	铁（Fe），镁（Mg），钙（Ca），硅（Si），氧（O）	栗色到黑色；在月海的，颗粒呈更细长；高地的，颗粒呈更方
橄榄石 olivine	铁（Fe），镁（Mg），硅（Si），氧（O）	浅绿色，一般呈圆形
钛铁矿 ilmenite	铁（Fe），钛（Ti），氧（O）	黑色，长方晶体

母和角闪石，而月球上缺乏水合（含水）矿物。这是一个非常重要的特征，可以用来区分地球岩石和月球样品。如果一块岩石中含有云母或角闪石，那它一定不是月球岩石。有些月球陨石中含有少量方解石和其他含水矿物，那是月球陨石在地球表面受水蚀变作用的结果。

在月球岩石中发现了三种新矿物：低铁假板钛矿（armalcolite）、三斜铁辉石（pyroxferroite）和静海石（tranquillityite），但后来在地球岩石中也找到了低铁假板钛矿。这些矿物是在无水和低氧压的条件下结晶形成的。低铁假板钛矿是类似于钛铁矿的不透明铁、钍、镁氧化物矿物。三斜铁辉石是类似于辉石、但富铁的矿物，呈黄色透明。静海石首先在静海采集到，是富含锆（Zr）和钇（Y）的铁钛硅酸盐矿物，在某些月海玄武岩中呈微小橙色晶体。

高地的岩性

月壳的大部分地区是高地，由富含斜长石的岩石——斜长岩（图 5.6）、斜长辉长岩、橄长岩组成。这些岩石的化学成分的主要特征是富铝贫铁镁：其质量分数分别为 FeO 约 5%，TiO_2约 0.4%，Al_2O_3约 27%。实验研究揭示，月球样品可以基于构造和成分而划分为四类：①原始火成岩的原始高地岩石；②原始玄武岩火山岩石，包括熔岩流和火山碎屑沉积；③复矿碎屑角砾岩、陨击熔融岩和热变质的粒状角砾岩；④月壤和月壤角砾岩。月球角砾岩主要由形成巨大盆地的陨击所形成，它们构成高地的主要岩性，因为大多数月海玄武岩晚于盆地的形成（且大多填充这些陨击盆地）。

原始的月球高地岩石主要由火成岩组成三种不同的岩套：低铁斜长石岩套、（氧化）镁岩套和碱岩套（图 5.7，表 5.2）。

低铁斜长石岩套几乎完全由斜长石（>90%的钙长石）组成，带有不常见的钙长辉长石（钙长石组分 70%～80%，有少量辉石）。它们是高地最常见的，并推断代表斜长石浮选堆积的月球岩浆洋，有由捕获的间质熔体形成的或有更丰富斜长石的间质镁铁质相。按地球上的标准，斜长石极其富钙，钙长石物质的量分

图 5.6 阿波罗 16 号从月球高地采回的斜长石（年龄 44 亿年）

数为 94%～96%。这反映整体月球极端贫乏碱金属元素（Na、K）、水和其他挥发性元素。相比之下，此岩套的镁铁质矿物的 Mg/Fe 比率低，与钙斜长石成分不一致。低铁斜长石年龄约 45.6 亿～42.9 亿年。

镁岩套由纯橄榄岩（dunite，橄榄石组分＞90%）、辉长岩（gabbro）和橄长岩（troctolite）组成，在镁铁质矿物中有较高的 Mg/Fe 比率，斜长石成分范围仍普遍富钙（钙长石组分 86%～93%）。这些岩石是后来（约 44.6 亿～41.8 亿年前）闯入高地月壳（低铁斜长石）内的。此岩套的有趣之处在于，不管难熔主要元素含量，斜长石和辉石的微量元素含量的分析需要跟富克里普（KREEP）的岩浆平衡。

月球花岗岩是较罕见的岩石，包括闪长岩、二长闪长岩、花斑岩，它们由石英、斜长石、钾长石等碱性长石、罕见的镁铁辉石和锆石组成。除了在角砾岩或月土中的碎屑外，月球上未发现大规模花岗岩成分的富二氧化硅岩石。不像地球的任何长石，月球的碱性长石可能有反常成分，它们通常富钡。这些岩石显然由镁岩套的极端分步结晶或碱岩套岩浆形成，虽然液体不混溶性可能也起了作用。从这些岩石的锆石和月土测定的 U-Pb 年龄为 41 亿～44 亿年，或多或少跟镁岩套和碱岩套一样。20 世纪 60 年代，NASA 的奥基夫等人把月球花岗岩与地球上发现的玻璃陨石（tektite）相联系，尽管许多研究者驳斥这些说法。月球样品 12013 有部分类似于 javanite 玻璃陨石的化学成分。

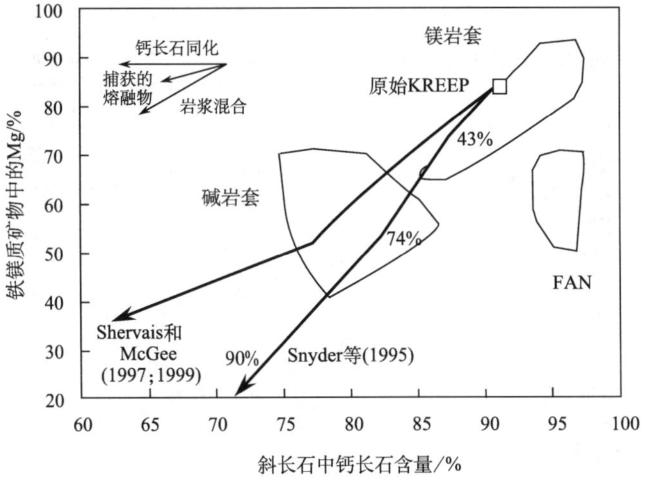

图 5.7　月球高地火成岩组成

斜长石中钙长石含量（An）与共存的铁镁质硅酸盐中的 Mg 相关，FAN 即斜长石（钙长石）岩套

表 5.2　高地岩石的矿物组成

	斜长石	辉石	橄榄石	钛铁矿
斜长岩 anorthosite	90%	5%	5%	0
橄长岩 troctolite	60%	5%	35%	0
苏长岩 norite	60%	35%	5%	0

角砾岩是月球高地最普遍的岩石（图 5.8），在月海中也常见。月球角砾岩的范围很广，从玻基斑岩熔融岩石（glassy vitrophyre melt rock）到富玻璃的角砾岩，到月壤角砾岩（regolith breccia）和碎屑角砾岩（fragmental breccia）。月壤角砾岩实质上是因陨击而石化的月壤，特点是玻璃屑比例大，黏结性差，含镍、碳和稀有（惰性）气体多（这是因为流星体和太阳风粒子的辐射所致）。碎屑角砾岩是在厚的抛出物覆盖层下熔结成的，有不同程度的热变质和淬火，变质作用随温度或深度增加而增大，玻璃脱玻化，稀有气体逐渐丢失。玻基斑岩大多是玻璃岩石，代表填充大型陨击构造的陨击熔融覆盖片，含靶岩碎屑，主要是被陨击熔融的。玻璃角砾岩由陨击抛出物的熔融形成。它可能含有靶区的丰富碎屑，处于矿物碎屑与玻璃接合在一起的基质中。这些角砾岩的一些碎屑是较老角砾岩的碎片，记录着陨击角砾化、冷却和陨击的反复历史。月壤角砾岩类似于玻璃角砾岩，但很少或没有玻璃（熔融）跟它们接合在一起。如上所述，富含这些角砾岩的盆地，其形成的陨击几乎都早于所有月海玄武岩火山活动，所以月海玄武岩的碎屑是非常少的。一旦发现这些碎屑，就代表所保留的月海玄武岩火山活

动是最早阶段的。

图 5.8　高地角砾岩（67015 样品）

熔合于 40 亿年前，其切片显示先前岩石碎屑，其中一些碎屑本身又是角砾的

月海玄武岩

月海的岩石是由熔岩流结晶形成的，在化学和矿物（主要由辉石和斜长石组成）方面类似于地球的玄武岩，但有许多重要差别，故称作月海玄武岩。月海玄

武岩的铕（Eu）相对于其他稀土元素（REEs）有很大的负异常。有时可以在一种特定的玄武岩发现非凡的钾含量，谓之 VHK（甚高钾）玄武岩。

按地球玄武岩的分类标准：暗的铁镁质喷出岩，主要矿物由单斜辉石类和斜长石组成，月海岩石可定为玄武岩（图 5.9），但其化学成分不同于地球玄武岩。跟地球玄武岩对比，月海玄武岩一般贫含碱金属（约地球玄武岩的 10%）和铝（Al_2O_3含量低），SiO_2与钙（CaO）较高；富含 FeO（质量分数大多≥16%，约为地球玄武岩的 2 倍）、MgO（最小含量大致近于地球玄武岩平均）和铬（约为地球玄武岩的 10 倍）；不含水（地球玄武岩中基本都含水）；有富含 TiO_2的，也有贫 TiO_2的（表 5.3）。月海玄武岩中富含铁矿物（辉石＋橄榄石＋钛铁矿）

图 5.9　月海玄武岩与切片（15016 样品）

结晶年龄 33 亿年，切片显示其构造和成分：斜长石（条形黑-白晶体），辉石（灰条形）、橄榄石（亮的近圆形），钛铁矿（不透明）

(表 5.3)，总量超过贫铁的斜长石。月海玄武岩含有少量鳞石英和方石英，反映了高温（1100～1300 ℃）下的结晶过程。月海玄武岩是由月球表面以下 150～450 km 深处的超铁镁质岩石经部分熔融而形成岩浆，其后上升到月球表面而形成的火山岩。月海玄武岩中存在金属铁和 FeS，不存在 Fe_2O_3，这表明，比起地球火成岩来，它们是在还原的环境下形成的。

表 5.3 月海玄武岩的矿物组成

	斜长石	辉石	橄榄石	钛铁矿
高钛 high titanium	30%	54%	3%	18%
低钛 low titanium	30%	60%	5%	5%
甚低钛 very low titanium	35%	55%	8%	2%

与地球玄武岩相比，大多数月海玄武岩更暗（即富集铁镁硅酸盐，匮乏长石）。不同地点乃至同一处的月海玄武岩在成分和结构上也有差别，这可能是因为它们的来源区、厚度变化及各自熔岩流的冷却率不同（图 5.10）。月海玄武岩在颗粒大小、多孔度和成分上常有差别。差别最大的元素是钛，其他一些主要氧化物差别不大。根据钛含量的高低，月海玄武岩被分为高钛（High-Ti，TiO_2（质量分数）＞6%，如阿波罗 11 号和 17 号样品）、低钛（Low-Ti，1.5%＜TiO_2（质量分数）＜6%，如阿波罗 12 号和 15 号及月球 16 号样品）、甚低钛（Very low-Ti，TiO_2（质量分数）＜1.5%，如月球 24 号样品）三组。

克里普（KREEP）玄武岩是月球上另一个重要的岩相，富含钾（K）、稀土元素（REEs）和磷（P）。克里普岩首次发现于阿波罗 12 号采自风暴洋中部的样品，后在阿波罗 14 号采自弗拉·毛罗建造（Fra Mauro Formation）的角砾岩中也找到了高地的富 KREEP 岩屑，因而一些学者又称它为弗拉·毛罗玄武岩。KREEP 玄武岩不同于月海玄武岩，被认为是晚期岩浆洋残存物的月幔熔融物——ur-KREEP。克里普岩含 SiO_2（约 47%）和 Al_2O_3 较多，而 FeO 含量介于月海玄武岩与高地岩石之间；在矿物组成方面，含斜长石较少，含辉石较多。这一区域的原岩可能大多是苏长岩（norite）或辉长岩（gabbro）。KREEP 岩浆可能由月壳斜长岩类的部分熔融所形成（因而类似于地球的安山岩喷发），像填充月球表面低平区的月海火山活动那样，KREEP 火山活动也是一种喷出火成岩过程。在月壳大多区域，含铁矿物与斜长石的比率可能随深度增加，例如，暴露在南极-艾特肯盆地的岩石比正常高地岩石富集辉石。虽然高地物质约占月球表面的 80%，但高地结晶岩的实例却很少，高地一般被角砾岩覆盖。对高地岩石的认识是基于月土和角砾岩中的岩屑、母岩和月土熔成的玻璃。高地岩石含丰富的斜长石（70%～99%），尤其是富钙的钙长石（月球上很少有富钠的斜长石）。

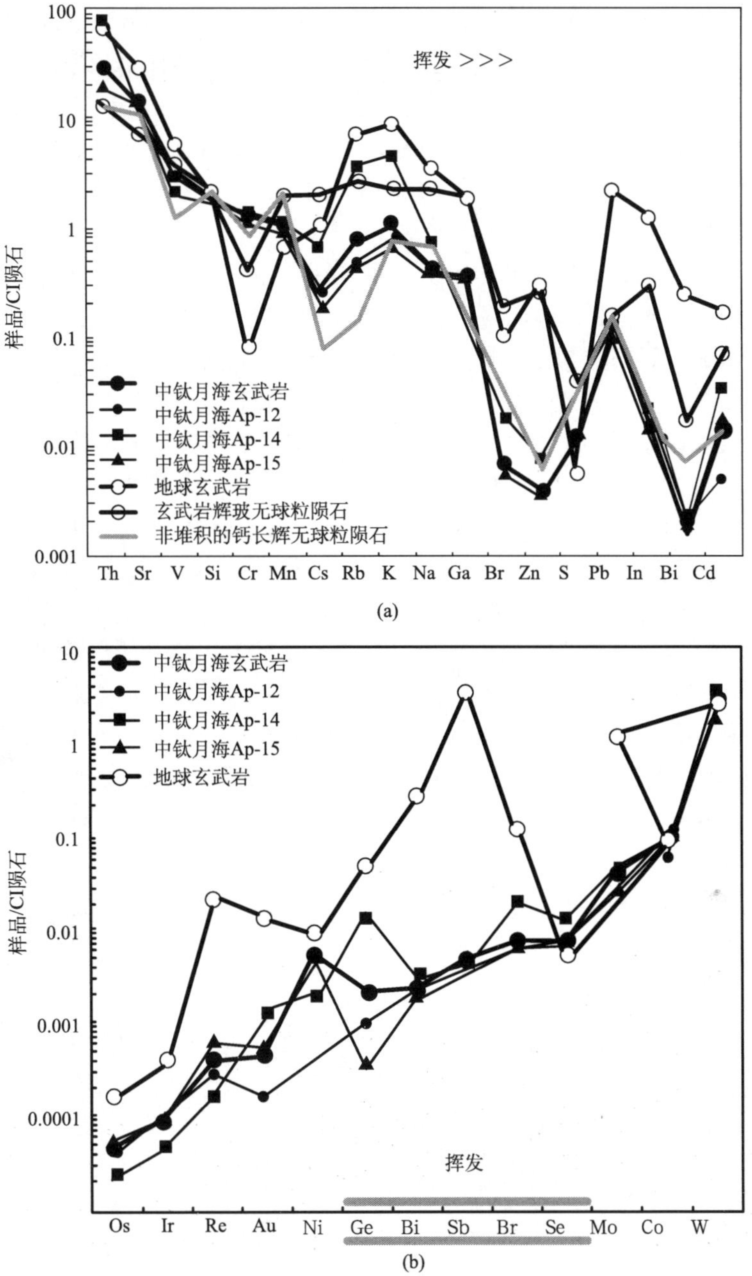

图 5.10　月海玄武岩与地球玄武岩的挥发（a）和亲铁元素（b）浓度比较

研究月球的学者常称高地月壳为“长石质的”（主要矿物型）或“斜长岩的”（主要岩石型）。

月球岩石可以根据其中的铁或铝含量进行化学分类。和月海玄武岩相比，高地斜长岩富 Al_2O_3和 CaO，但贫 FeO、MgO 和 TiO_2；高地斜长岩几乎全部由富钙斜长石组成，约含 35%的 Al_2O_3；还有成分介于斜长石与辉石之间的辉长岩；橄长岩是另一种重要、但很少见的高地岩石型，它是富含橄榄石和斜长岩的粗粒岩（含或不含尖晶石），其 Al_2O_3含量介于斜长石与弗拉·毛罗玄武岩之间，MgO/FeO比率大。

综合飞船探测和采回样品的分析结果（图 5.10），月球岩石匮乏挥发性元素（铷、铅、铋、砷、汞、铜、镉、钡、铯、锌、氯、溴、钾、钠）和亲铁元素（金、银、铂、铱、锇、铼、镍、钴、锗），而富集难熔元素（钍、钴、铬，稀土元素）。

基于月球勘测者的 γ 射线资料，把月壳及其下面的月幔划分为具有独特地球化学、地球物理等地质特性的不同地体（terrane）。最广延的两个是风暴洋KREEP 地体（PKT）和长石高地地体（PHT）。长石高地地体约覆盖月球表面积的 60%，主要有古老的斜长岩岩石（推测是低铁斜长岩岩套）组成，特性是月壳的钍浓度 1～3 ppm。

总之，月球岩石主要由四种矿物（斜长石、辉石、橄榄石、钛铁矿）组成。高地岩石主要由斜长石组成，因而富铝钙，基本上包含了月壳中的全部铝和大部分钙。月海岩石主要由辉石、橄榄石、钛铁矿组成，因而富铁镁钛，几乎包含了月壳的全部铁、镁、钛。因此，在月球样品中，钙铝浓度跟铁镁浓度有反相关关系。

第六章　月球陨石

行星际有众多绕太阳运行的小天体，除了小行星和彗星之外，其余的统称为“流星体”（meteoroid）。实际上，小的小行星与彗星跟大的流星体之间并没有严格界限。流星体在运行过程中若经过地球附近，就会受地球引力作用而高速闯入地球大气，跟大气摩擦而把动能转化为热能，流星体烧蚀而丢失物质，这些物质和附近大气因温度升高而发光，呈现为“流星”现象。较大的流星体在穿过大气时，仅其表层烧蚀，而其残体落到地面上就成为“陨星”或“陨石”（meteorite）。人们直接观测到陨落过程并且收集到的陨石称作陨落陨石（fall meteorite），虽然未见陨落过程而找到其岩石矿物和化学成分有别于地球岩石的称作发现陨石（find meteorite）。近年在南极地区和热带沙漠地区收集到的陨石中，发现了来自月球的“月球陨石”（lunar meteorite，lunaite）。

发现和命名

较大流星体陨落到地面过程中，常在地球大气中发生爆裂，成为“陨石雨”落下，因而可以收集到多块陨石，这些陨石一般都按降落地（或发现地）给予统一命名，而各块再加编号。然而，对于那些没有见到陨落过程、只是在同一地区分别收集到的各块陨石来说，命名就较难了，一般分别给予命名。美国收集的陨石常用发现地缩写命名：ALH＝Allan Hills，EET＝Elephant Moraine，LAP＝LaPaz Icefield，MAC＝MacAlpine Hills，MET＝Meteorite Hills，PCA＝Pecora Escarpment，QUE＝Queen Alexandra Range；类似地，在非洲西北和利比亚 Dar al Gani 收集的陨石缩写为 NWA 和 DaG。

月球陨石大都是在非洲、亚洲阿曼的干燥沙漠地带和南极地区发现的，尚没有报道看见陨落过程的月球陨石。在这些地区，有些地质作用可使得陨石汇集，或者因为那里地球岩石稀少而易被发现。美国和日本的考察队在南极地区收集到了大量的陨石样品，近年来中国南极科考队也收集了很多南极陨石样品。第一块被确认来自月球的陨石——Allan Hills 81005（ALH 81005）（图 6.1）是 1982 年 1 月 18 日在南极地区发现的。但实际上日本考察队早在此三年前（1979 年）就收集到了三块月球陨石 Yamato 791197、Yamato 793169、Yamato 793274，只是它们在 1982 年之后才被确认是来自月球的。因此，最早发现的月球陨石应该是 1979 年 11 月 20 日找到的 Yamato 791197。到 2013 年，经分析研究确认出 177 块“月球陨石”（见 Meteoritical Bulletin Database），它们都不大，最大的一块是 Kalahari 009（13.5 kg），其次是 Dar al Gani 400（1.425 kg），LAP 02205（1.226 kg），而小的仅几克，所知的月球陨石总质量约 61 kg。

图 6.1 月球陨石 ALH 81005，白色碎块是斜长石

有些陨石是可以配对的（图 6.2），即来自同一个流星体（陨石）的碎块样品。例如，Yamato 82192、Yamato 82193、Yamato 86032 三块陨石来自同一个月球陨石。某几块可配对的陨石是由于一个陨石在地球大气中发生分裂，后又随南极冰川运动搬运而大致一起被发现的，而且它们的裂面也匹配，例如，大约 15 块 Dhofar 陨石都是同一陨石的碎块。但 5 块 LAP 02××× 因各有融壳和破

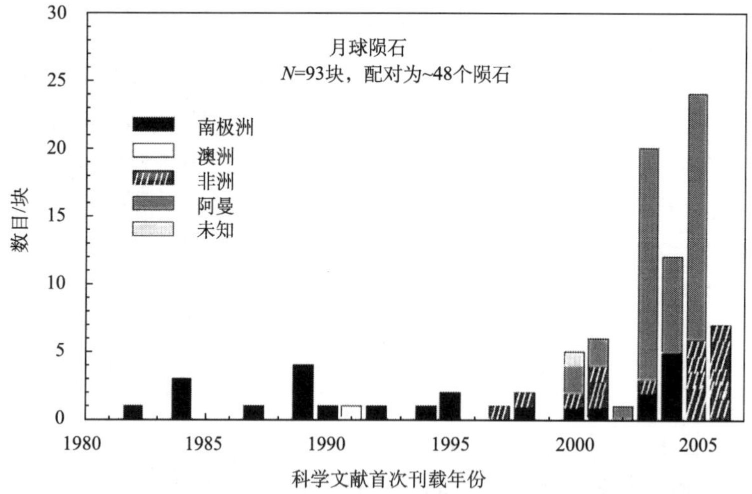

图 6.2 93 块月球陨石样品报道，配对为约 48 个月球陨石

碎面而不好配对。

相对于其他类型的陨石而言，月球陨石更像某些地球上的岩石。仅从手标本来鉴定月球陨石的难度非常大。首先要鉴定它确实是来自太空的陨石，这主要看它有没有在穿过地球大气时烧蚀所留下的熔壳。如果陨石中有白色岩屑（斜长岩），那么是月球陨石的可能性就很大，因为其他类型的陨石几乎不含这样的岩屑。但例外的是钙长辉长无球粒陨石（eucrite）也含这样的岩屑。

另一明显特征是某些月球陨石的熔壳有很多气孔，这是因为月球岩石长期受太阳风照射而富集了很多太阳风粒子，当月球岩石穿过地球大气层时发生烧蚀，导致其表面物质熔融，其中的太阳风粒子以气体形式逃逸，使熔壳上留下很多气孔。其他类型的陨石缺乏多孔的熔壳。但是，很多月球陨石没有熔壳，特别是在沙漠找到的月球陨石，它们的熔壳被风沙削蚀掉了。在这种情况下，单从矿物和岩石特征来鉴定月球陨石就非常困难，需要仔细分析矿物和化学成分后才能确定。

鉴定

月球陨石的主要鉴定判据是：主要元素和微量元素化学成分、同位素组成、矿物组合和岩石结构。月球陨石与从月球上取回的月球岩石样品相似，这些特征有别于其他类型的陨石或地球岩石。因为月球岩石的形成具有某些独特性，月球高地主要是由钙长石组成（在小行星、其他行星和卫星上都很少见）。陨击可以使月壤的粉状细粒物质结合为月壤角砾岩，使深处岩屑结合为碎屑角砾岩。大多月球陨石是月壤角砾岩（高地陨石）。月球碎屑角砾岩陨石中的碎屑大多为斜长石角状碎屑，角砾结合紧密而坚硬。一般陨石因含铁镍金属而具有磁性，月球陨石含金属铁很少（$<0.1\%$）且几乎没有磁性。

有些月球陨石是结晶的月海玄武岩、月海玄武岩组成的角砾岩、或由月海和高地两种物质组成的角砾岩（如 QUE 94281）。图 6.3（a）是长石质月球陨石，是提供背面长石质高地岩体的第一个样品；图 6.3（b）是混合长石质-月海玄武岩的融合角砾岩月球陨石；图 6.3（c）是结晶的玄武岩的月球陨石。虽然没有熔壳的玄武岩质月球陨石跟地球玄武岩很相似，但在显微镜下，它们的矿物组合和岩石结构特征有显著的差别。月球陨石缺乏某些矿物（如没有含水矿物和碳酸盐矿物，石英少，钠含量低），而富集另些矿物（如富钙钛矿物）。

同月球岩石样品一样，月球陨石也可以按铁或铝的浓度进行分类。一级化学分类用三个参数：①氧化铝的浓度，常用 Al_2O_3 的质量分数（%）；②镁与铁的比率，常用 MgO/FeO 的质量的百分比（%）或 MgO/(MgO+FeO) 的物质的量分数（%）；③某种不相容元素［包括磷（P）、钾（K）、钇（Y）、锆（Zr）、铌（Nb）、稀土元素（REE）、铪（Hf）、钽（Ta）、钍（Th）、铀（U）］的浓度，常

图 6.3　月球陨石

(a) Dar al Gani (DaG) 400 切片，陨击熔融角砾岩和钙长辉长岩的很多小岩屑固结在细粒基质内；(b) NWA 4472 切片，玄武岩和陨击熔融屑固结在细粒基质内；(c) Miller Range (MIL) 05035，34 结晶玄武岩切片，跟大多月海玄武岩比较，其总成分甚低钛和贫 KREEP

用月球勘探者测量的钍（Th）浓度。

对于角砾化的月球陨石，另一个有用参数是亲铁元素［镍（Ni）、金（Au）、铱（Ir）］的浓度，这些元素几乎都是来自陨击的小行星（陨石）。有高浓度亲铁元素的月壤角砾岩也常含有高浓度的置入太阳风气体。这些角砾岩由成熟的月壤组成，即很多细粒物质长时间暴露在月球表面而吸收太阳风和受到陨击的微陨石侵染。具有低浓度亲铁元素的月球陨石必然是主要由月球深处物质的碎屑或陨击融化角砾岩组成，因而没有被微陨石侵染。

贫铝富铁的月球陨石来自月海玄武岩（如 NWA 032）或角砾岩（EET 87521/96008），而富铝贫铁的月球陨石来自长石质高地（图 6.4）。大多数来自月球高地的陨石也含一些月海的玻璃球粒和玄武岩碎屑组分，有的（如 Yamato 791197）甚至还含较多的月海物质，它们在化学成分上接近月球高地（长石质）陨石的高铁组分。有些混杂型月球陨石（如 QUE 94281）是由月海玄武岩和高地斜长岩两种碎屑组成的角砾岩，含中等浓度的铁和铝，它们可能来自月海和高地的边界（阿波罗 15 号和 17 号采回的月壤样品都是这样混杂的）。

由于月球岩石主要有四种矿物，飞船采回的月球样品在 $FeO+MgO$-Al_2O_3 图上位于一条直线上（图 6.5，图 6.6）。如果一个陨石的化学成分在此图上的代表点也位于该直线上，那么它就有可能来自月球；如果偏离该直线很远，那么就肯定不是月球陨石。

对于地球岩石，通常用岩石中的二氧化硅（SiO_2）含量作为化学分类的参数。对于月岩来说，二氧化硅参数并不合适。在月球上，因为：①没有富集 SiO_2 或别的氧化硅多形变体的岩石；②在月球岩石（尤其角砾岩）中，三种主要矿物（辉石、橄榄石、斜长石）的 SiO_2 平均浓度都大致相同的；③在高地岩

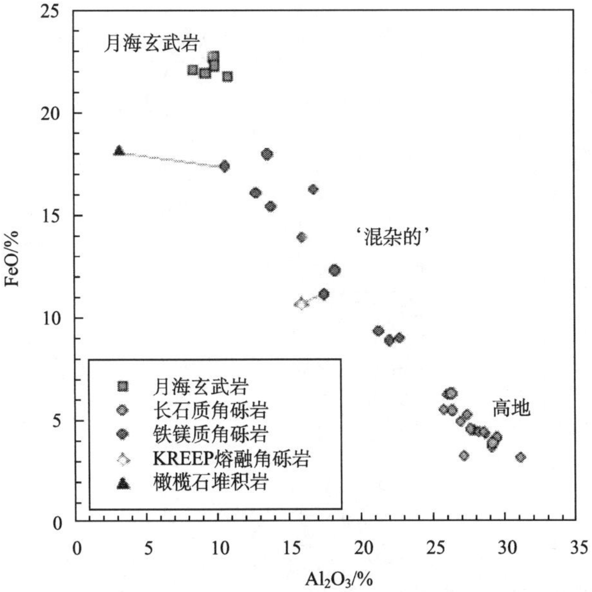

图 6.4　从 FeO 和 Al_2O_3 的浓度来判别月球陨石来源区

图上每点表示一个月球陨石；两点连线的由两不同岩石型组成的一个陨石

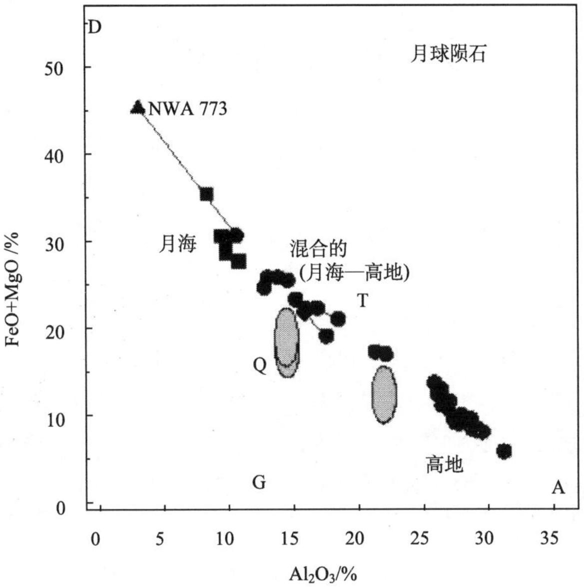

图 6.5　月球岩石 FeO＋MgO-Al_2O_3图

月球陨石代表点应位于月球样品的直线上

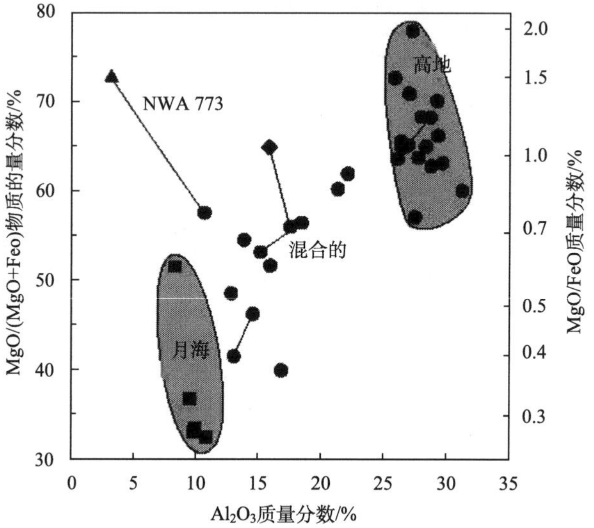

图 6.6　月球岩石 $MgO/(MgO+FeO)$-Al_2O_3 图

月球高地岩石的镁/铁（MgO/FeO）比率大于月海玄武岩。每组月球陨石的镁/铁比率有一定范围。MgO/FeO 比率跟橄榄石/辉石比相关。例如，高地长石质陨石中，低 MgO/FeO 陨石的橄榄石少，而橄榄石随 MgO/FeO 增多。NWA 773 大部分是橄榄石堆积

石中，钛铁矿一般只是少量（<3%），因而月岩中 SiO_2 浓度变化很小。月球陨石中，SiO_2 浓度变化范围也很窄（43%～47%）。因此，通常用变化范围大（3 倍）的 Al_2O_3 浓度作为划分月球岩石的主要化学参数（图 6.7）；类似地，也可用变化范围大（10%～20%）的 CaO 浓度做化学分类参数。SiO_2 或 CaO 浓度超出月岩范围的岩石几乎肯定不是月球的。另外，月球岩石的 FeO/MnO≈70，这跟其他陨石不同，这也是鉴别月球陨石的重要参数之一；地球岩石的 FeO/MnO 范围很大，但地壳的平均 FeO/MnO 比月球的小。

月壤角砾岩月球陨石内的岩石和矿物碎屑揭示出新型月球岩性，存在以前未知的矿物。这样的例子包括 ALHA 71005 富集尖晶石矿物，该样品关联到最近遥感观测到月球表面存在大量反常的尖晶石矿物，赋予月壳岩浆过程以新的意义。在 Dhofar 280 内发现新型铁硅酸盐矿物 hapkeite（Fe_2Si），揭示月壤内存在复杂的空间风化过程。

月球陨石含有捕获的太阳风气体特性。例如，ALHA 81005 陨石呈角砾构造，角砾碎块主要由富钙斜长石、低钙辉石和橄榄石组成，其矿物和玻璃都跟月球高地岩石符合，它捕获的太阳风气体（$^4He/^3He=2600$，$^{20}Ne/^{22}Ne=12.5$，$^{40}Ar/^{36}Ar=1.8$）也跟月岩一致（而不同于地球的气体），因此判断它来自月球高地。MAC 88104 和 MAC 88105 陨石作为一个月球陨石的两块，也是斜长岩质角

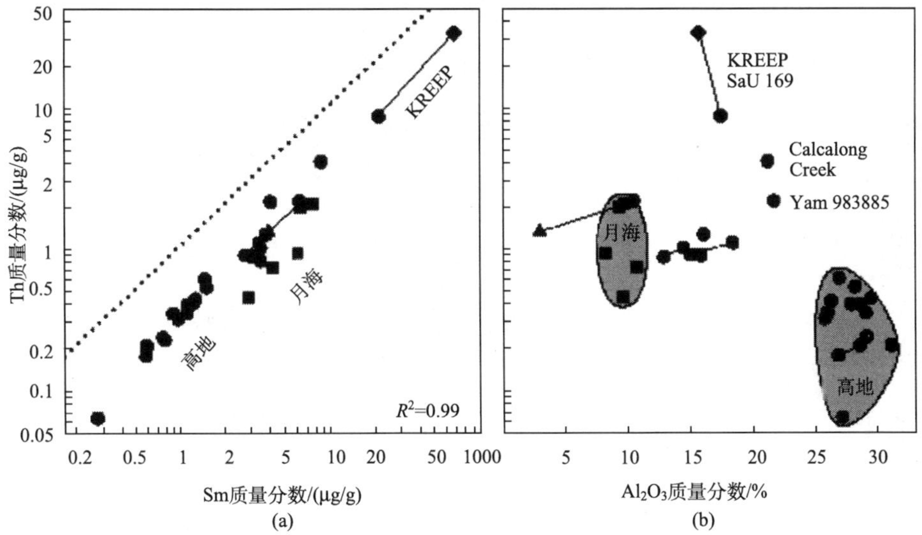

图 6.7 月岩主要化学参数

月球陨石的不相溶元素钍（Th）浓度范围很大（对数标度）。月球陨石的不相溶元素浓度较高，有别于其他陨石。SaU 169 既不是来自月海、也不是来自高地，而是来自风暴洋的 KREEP 区

砾岩，也来自月球高地。Asuka 31 陨石是辉长岩堆积岩（含钛极低），来自月海玄武岩。从同位素年代分析得出，所有月球陨石均是在过去 2000 万年（结晶年龄）内抛出的，大多在过去 10 万年内离开月球，多数进入绕地球轨道运行并最终陨落到地球上；有的在月-地空间运行上千万年，有的不到 10 万年；有的落地年龄仅几千年，有的达 17 万年；有的曾遭遇 2～3 次陨击事件；有的离开月球就进入绕太阳轨道运行很久，最终跟地球轨道交叉而陨落到地球（图 6.8）。月球陨石的氧同位素特征与地球样品一致，在同一质量分馏线上（图 6.9）。

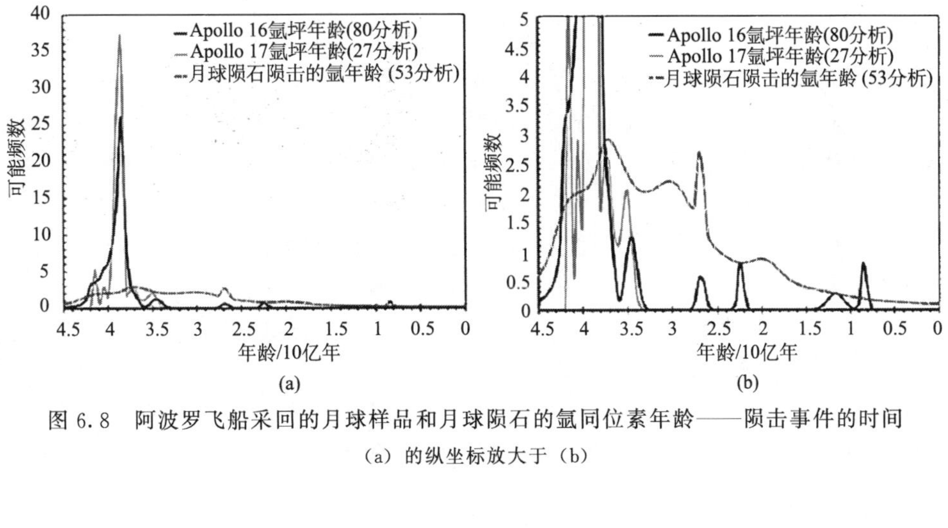

图 6.8 阿波罗飞船采回的月球样品和月球陨石的氩同位素年龄——陨击事件的时间

(a) 的纵坐标放大于 (b)

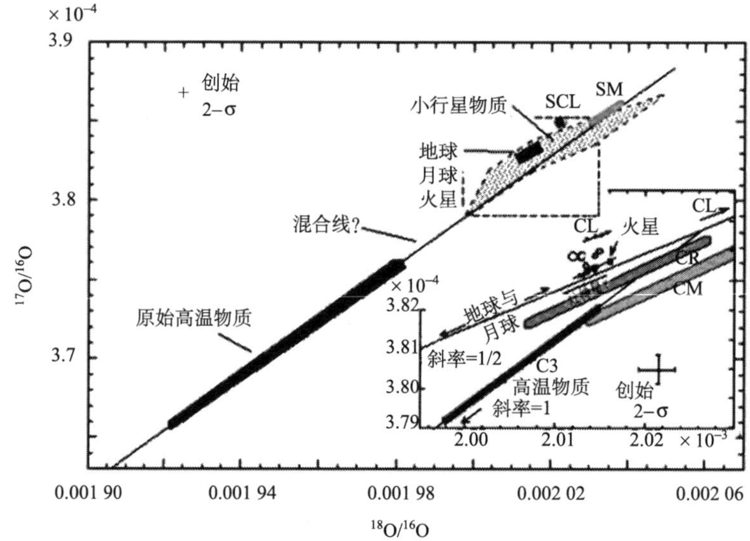

图 6.9　太阳系各天体的氧同位素

来源区

虽然在地球上发现月球陨石只是近 30 年来的事，但在地球漫长的历史上肯定陨落了很多月球陨石。有人估计，每年陨落到地球上质量 10～1000 g 的月球陨石总共达几万克或几十万克，但它们不容易被发现和识别。月球陨石的一个重要研究内容就是要确定其来源区，为研究月球地质演化提供重要信息。迄今，只有飞船从月球正面有限区域的少数登陆点取回了月球岩石和月土样品，这些样品的地理位置和地质背景都有详细记录。但阿波罗号和月球号的采样点主要集中在月球正面的月海区，该区面积只占月球表面的 5%左右，且是地球化学方面的异常区，样品不具有全月球代表性。月球勘探者的 γ 射线和中子谱仪探测发现，月球表面在化学分布上是很不均匀的，阿波罗飞船系列登陆点都在月球正面雨海附近一个化学异常区的“热斑”（hot spot）及其附近。这个热斑（有时称为风暴洋 KREEP 区，简称 PKT）的特征表明，过去的月海-高地的划分在地球化学意义上并不妥当。因为阿波罗计划（尤其 12 号、14 号、15 号）采集很多源自 PKT 地区的岩石既不是月海玄武岩、也不是高地长石质角砾岩，而是具有中等浓度（约 10%）FeO 和高浓度天然放射元素钾（K）、钍（Th）、铀（U）的“KREEP 岩”（常常是陨击熔融角砾岩），而且除了钾还含有高浓度的“不相容元素”（稀土元素、磷）。在已发现的月球陨石中，只有一个富含钍（33 ppm）的月球陨石 Sayh al Uhaymir 169 是来自 PKT 区的。Calcalong Creek（含有 4 ppm Th）也可能源自 PKT 附近。其余的月球陨石（含 Th 很低，<1 ppm）可能来自远离 PKT 区。月球陨石是月球表面受陨击作用而飞溅出来的岩石样品，它们随机地分布于月球表面，包括月球正反两面和两极地区，更具有代表性，这就补充了阿波罗飞船所采样品的不足，因而研究月球陨石就可以更全面地认识月球表面物质组成特征以及所经历的地质事件。

月球陨石大多来自月球表面细粒物质组成的角砾岩，这些细粒物质是被多次陨击而混合的，因此，一个角砾型月球陨石的化学成分和矿物组合要比单个非角砾化（火成）岩石更代表其源区。斜长质的月球陨石含 FeO 很低（3%～6%），完全跟典型斜长岩高地符合，比阿波罗样品更好地代表了高地月壳的化学成分和矿物组合。另外，玄武质的月球陨石（尤其是 NWA 773）也提供了不同于阿波罗号和月球号所采样品的月海玄武岩。

月球陨石的 FeO 浓度代表了它们源坑的频数分布，跟克莱门汀号探测器得到的全月球 FeO 浓度频数分布对比（图 6.10），可以合理地推断：月球陨石是来自月球表面的随机样品，FeO 浓度约 4.5%的频数主峰代表月球背面高地，约 17%的次峰对应于正面月海。

月球陨石各自来源于月球表面的哪个陨击坑？现在还不能确定。根据已有的资料推测，月球陨石可能来自较小的（直径仅几公里）年轻陨击坑。从月球陨石的宇宙暴露年龄来看，它们是近 2000 万年以来（大多是近几十万年）从月球分

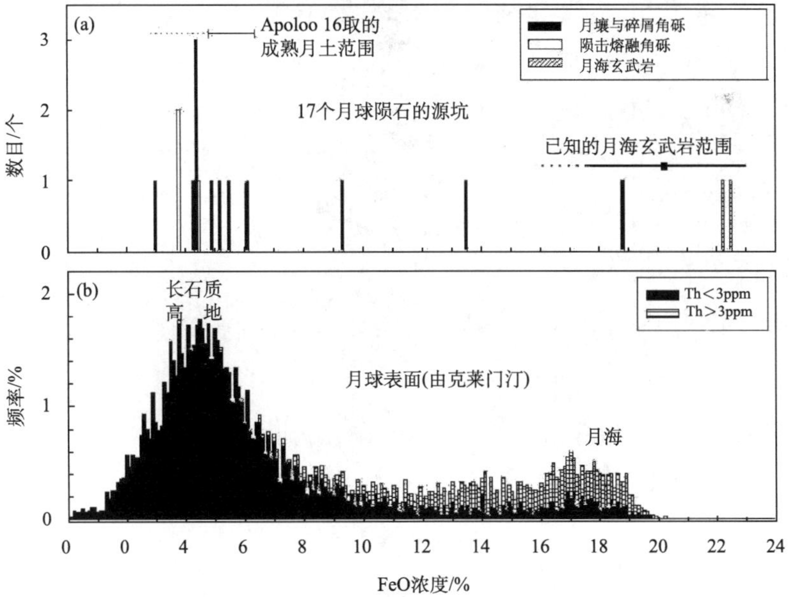

图 6.10　月球陨石（源坑）和克莱门汀号全月球的 FeO 浓度频数分布

批（被陨击）抛出来的。根据月球表面陨击概率和陨击坑的大小分布规律，那时的月球经受的陨击事件主要以小型的为多，产生的陨击坑也较小。理论计算表明，产生直径 450 m 陨击坑的陨击事件就可以抛出月球陨石。然而，月球上这样大小的陨击坑很多，确定某一个月球陨石的源坑是很难的。

同一次陨击事件可能抛射出多块月球陨石。在已知的月球陨石中，有两块 Yamato 793169 和 Asuka 881757 可以搭配成对，称为“YA”陨石，它们是同一陨击事件抛出来的。而 MET 01210 也与“YA”陨石有相似的岩石矿物学和化学成分特征，可能也是那次（“YA”）陨击事件抛出来的。另外，还有 Yamato 793274/981031 和 QUE 94281 搭配的“YQ”陨石，再加上 EET 87521/96008，它们都是在同一次（“YQ”）陨击事件抛出的。NWA 032/479 和 LAP 02×××搭配的“NL”陨石则由“NL”陨击事件抛出的。因此，已知月球陨石的源坑数目就更少了。顺带说明，多次观测到月球表面某些处发生短崭发光、颜色或形貌变化（图 6.11），称为瞬态月球现象（transient lunar phenomenon，TLP），其中有一种可能就是陨击事件。

图 6.11　瞬态月球现象 300 次事件的分布，黑圆是可能的陨击事件

第七章　月球的物理场与内部结构模型

虽然就轨道运动特性而言，月球是地球的卫星，但月球的物理性质跟类地行星（水星、金星、火星、地球）相似，因而认为月球是颗类地天体。虽然无法直接观测到类地行星的内部情况，但可以根据一些观测资料和理论研究，建立类地行星的内部结构模型，推算出它们内部的物质密度、成分、温度等随深度的分布，得出它们都有壳、幔、核的圈层结构。这样的模型往往不是唯一准确的，每种观测资料都是对模型可能范围的约束，资料越多越准确，约束就越严，可允许的模型范围就越小，从而较好地代表实际情况。地球的观测资料最丰富，现在已相当清楚地知道了地球的内部结构。航天时代以来，取得了月球探测的一些新资料，相应地，月球内部结构模型的研究也逐步得到改进。

月球内部结构相关资料

天文资料

如果月球是密度均匀分布的球体，可以由其半径 R、质量 M 计算出转动惯量 $I=0.4MR^2$，或转动惯量系数 $I/(MR^2)=0.4$，但转动惯量系数的实测值为 0.3952 ± 0.0045 小于它，说明月球内部密度随深度而增加。月球表面岩石的密度 2.76～3.4 g/cm^3 和月球陨石的密度小于月球的平均密度，而且不同样品的密度有相当大的差别，说明月球是已分异的天体。跟地球类比，推测月球内部可能有壳、幔、核结构。

重力场和质量瘤

从飞船绕月球的轨道运动的变化，可以得到月球表面和内部的重力场的空间分布，发现了一些重力异常区域。雨海、澄海、危海、史密斯海、湿海、酒海这些盆地都有重力正异常，即重力（加速度）大于平均值，雨海和澄海的正异常最大达 220 mGals（1 mGals=1 cm/s^2）。重力正异常归因于该区比其余地区的物质密度大或更集中，因而称作质量瘤。另一方面，静海、丰富海、云海、汽海、东海几个盆地却是重力负异常。直径 100 km 以下的陨击坑也是重力负异常的。

对质量瘤的一种解释是，密度较大的熔岩流填充了低洼的月海盆地。也有人依据月海填充层较薄（几公里）的事实提出，质量瘤是陨击事件后坑底反弹、形成月幔上涌岩颈的结果。高地月壳基本处于重力均衡，其密度低于内部。陨击盆地下面的较重玄武岩上涌或填充，就形成质量瘤。质量瘤的保留表明，盆地填充时，月球岩石圈已足够厚，其强度可支撑过剩质量，而重力负异常可能原因是陨击溅射出很多物质而后又没有得到足够填充。

月球各区域的重力异常幅度仅 1.6%，没有飞船探测之前估计的那么大。为了更精确地探测月球的重力场分布，美国宇航局于 2011 年 9 月 10 日发射重力恢复和内部（结构）实验室（Gravity Recovery and Interior Laboratory，GRAIL）的潮起（Ebb）与潮落（Flow）孪生重力探测器，两者彼此追逐环绕月球飞行，相距 100～200 km，从两者不同的轨道变化可以推算而绘制出月球的重力场异常的分布，从而推算出引起异常的重力疙瘩所在之处。

月球的磁场

飞船探测表明，月球有约 1～100 nT 的外部磁场，小于地球磁场的百分之一。地球的偶极磁场是地核的“磁流体发电机”机制产生的。月球几乎没有全球的偶极磁场，因而难以推测月核的状况。月球的磁性几乎完全起因于月壳，一般地说，月海的磁场很弱（小于 50 nT）且分布比高地均匀，高地（尤其背面高地）的磁场较强（常大于 300 nT）。陨击坑是磁场最小之处，可能是陨击作用导致了退磁。月球样品的天然剩磁一般为 600～3000 nT，最大达 16×10^4nT，由此推算出 40 亿年前的月球磁场约 13×10^4nT，36 亿年前降为现今的 3000 nT。

月球磁场的成因尚无定论，若源自内部，则 32 亿年前月球应有对流的金属月核。但也有其他可能成因，或太阳强磁场的磁化；或过去月球离地球近而被地球磁场所磁化；也可能是大型陨击事件产生瞬时磁场，其依据是月壳最大磁化区位于巨型陨击盆地的对趾区。例如印度的月神 1 号飞船测绘了危海对趾区（月球背面）的微磁层，其月面大小约 360 km，太阳风流过此微磁层周围，形成 300 km厚的增强等离子体流区域。

因受静电斥力而从月球表面抛出的细尘粒，实际上是漂浮的，这就导致月球夜间形成临时尘埃“大气”，它本身也得到一种模糊风。受全球电荷堆积差别的驱使，漂浮的尘埃自然地从很强的负电夜侧飞到很弱的正电昼侧，这种“尘暴”效应在昼夜界面最强。虽然其细节仍是推测的，但月球勘测者飞船在穿过磁尾期间，探测到月球夜侧电压从－200 V 跳到－1000 V。等离子片是动力学结构，处于经常运动状态，以致飞船经过“尾腔”（图 7.1）时，等离子片有很多时间袭击它，持续几分钟到几小时，甚至几天。

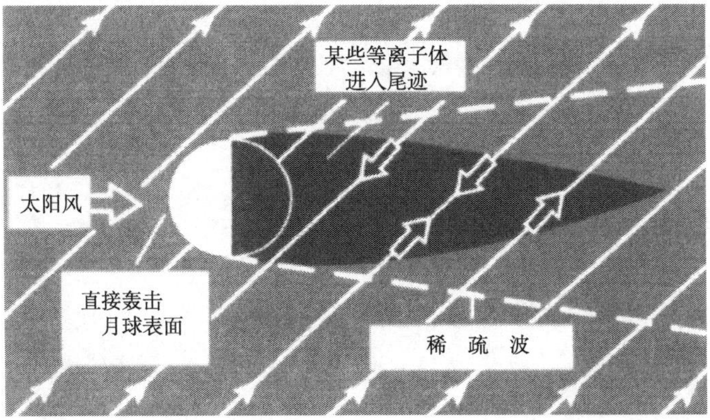

图 7.1　太阳风直接流向月球表面，在背后形成尾腔并填充太阳风等离子体

从月球受太阳风磁场变化的电磁响应，可推求月球内部的电导率和磁导率，进而推断内部结构和温度分布。由电导率或磁导率资料，尚不能说明有电导率非常高的月核（即使有月核，其半径也小于 535 km）。假定月球内部为橄榄石，从电导率推求出深度 1000 km 处温度为 1500 ℃，月球中心温度为 1000～1600 ℃。

月震

地震资料是建立地球内部结构模型的最主要依据。地震波是震源（大小为几公里到上百公里，深 100～750 km）或人工爆炸（如核爆炸）产生的弹性波，主要有体波和面波两大类。体波又分为纵波（P 波）和横波（S 波）两种。好似 X 光透视人体内部，从地震波记录得到 P 波和 S 波在地球内部各层的传播速度，可以得知各层情况。

阿波罗 12 号、14 号、15 号、16 号飞船把地震仪带到月球，建立月震测量网，记录了大量月震。月震有三类：深源月震，震源深度在 700～1100 km，随着月球的潮汐触发的相关周期，反复发生在一些所谓“巢”（nests）区；浅源月震，震源深度小于 100 km，震中与已知的地质特征或地形特征无关，仍是未解之谜；流星体陨击产生的月震。月震仪工作几年中，已记录 7000 多次深震，28 次浅震，1800 次流星体陨击月震。深震次数多，而浅震强度大。跟地震波对比，月震波传播的衰减少，散射程度大。月震比地震少且弱，月震每年有 300～10 000 次，几乎都在里氏震级 3 级以下，最强的仅 4 级，而地球上这样震级的地震每年达 80 万次。月震每年释放能量约 10^{10} J，而地震每年释放 10^{18} J，这又说明月球上很宁静并且构造活动小。图 7.2 绘出月震波的传播示意，图 7.3 给出由月震记录得出的波速与深度的关系。

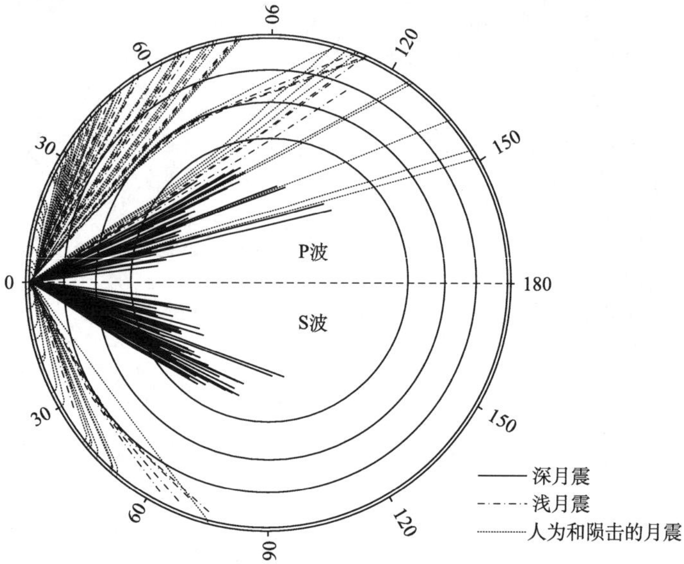

图 7.2　月震 P 波和 S 波传播路径

同心圆是人为间断面，用以建立波速模型

由于月震网仅安置在月球正面，记录的深源月震都是正面半球的，而不知道月球背面半球是否发生深源月震，或许可能发生、但也很弱。在月幔底部，深度 1150 km 之下，月震波强烈衰减，可解释为部分熔融带延续到月幔-月核边界。最近，使用月震数组技术（偏振滤波，双束重叠），识别出以前未知的内部深处反射相，结果符合月球有深月幔部分熔融层、液态的富铁外月核和固态的内月核的结构。

月球内部结构模型

综合分析了从绕月轨道和月面站所获月球地球物理（月震、重力场、磁场等）资料，越来越确证：月球是具有月壳、月幔和月核结构的分异行星体。月壳平均厚度约 40 km，小行星和彗星的陨击事件开掘出月壳很深的物质。深月震发生在表面到中心约一半的深度，说明月幔最深部可能是部分熔融的。跟类地行星的星核所占比率对比，月核是很小的，不到月球半径的四分之一。

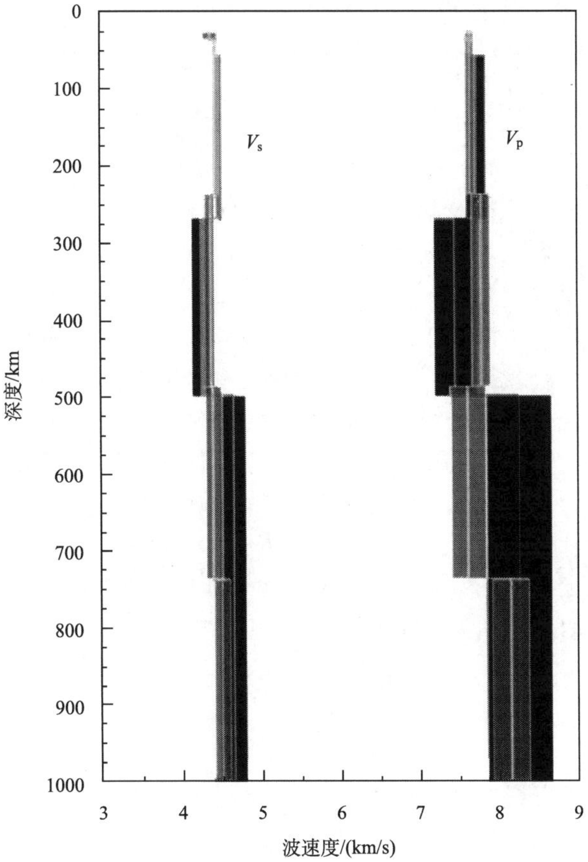

图 7.3　月震波速度-深度关系

月壳

用于解释月球演化和月球样品的两个关键参数是月壳的平均厚度和各处的月壳厚度变化。作为例子，一般认为，月壳厚度是月球初始分异的一个直接副产品，因此它取决于几个因素，包括岩浆洋深度和结晶斜长石的可浮效率。阿波罗12号、14号、15号、16号月震测量站所得资料可以直接提供此量的评估。阿波罗时期的月震资料初步表明，“阿波罗区”下面的月壳约60 km厚。然而，两个研究小组最近的独立分析表明，这个区的厚度小得多，大约30～38 km。现在认识到，全月球的平均月壳厚度大致为40～45 km，厚于“阿波罗区”月壳。然而，一些测量显示，月壳成分也有很大的横向变化和纵向变化，直到克莱门汀号和月球探勘者之后才对此有完全认识。特别是，轨道伽马射线数据和实地热流测量结果表明，产热元素和不相容元素都集中在包含雨海和风暴洋的单一地质省（即风暴洋 KREEP 地体）内。遥感资料显示，周围的高地月壳随深度增加更加显示为铁镁质。

阿波罗月震资料的一个不足是，月震测量站网络只跨越月球正面半球中央的小部分。幸运的是，结合月球表面起伏、引力场和合理假设的月壳和月幔，可以估计阿波罗区以外的月壳厚度，建立全月球月壳的厚度模型。这表明，月壳明显地薄了，且在某些区域（如最大陨击盆地下面）几乎缺失。大型陨击开掘陨击坑的深度可达坑直径的十分之一，这必然使那里的月壳变薄。因此，从月球表面收集的样品，可能有很多源自于月球表面数十公里以下、或许甚至源自于月幔。

月壳厚度模型仍然存在几个棘手的问题。例如，据该模型图预测，背面月壳平均厚于正面月壳，而这是在月壳密度和月幔密度各处一样的假设下得出的。此外，尽管南极-艾特肯盆地是月球的最大陨击结构，而该模型预测，该盆地内仍然有一个薄月壳。这些物质可以代表陨击暴露的月壳深部的潜在物质，或者一个分异的陨击熔融片。再者，该模型的假设可能不合适于月球的此区域，而月幔可能比预测的更接近表面。鉴于该盆地是月球上可辨认的最古老陨击结构，因此该陨击可能发生在岩浆洋结晶终止期。

月幔

阿波罗的月震资料是月幔的结构和成分的主要信息来源。阿波罗月震网测量站在约八年中检测的事件包括 28 次大能量的浅震（体波达到震级 5 级、震源在表面 100 km 以下）、约 7000 次极弱的深震（深度约到月心的半路）。深月震是很神秘的，在某种程度上，它们的发生跟地球引发的月球潮汐相关，涉及很低的应力下降（少于 1×10^5 Pa），它们似乎源自约 300 个“巢”的反复激活，几乎所有这些巢都位于月球正面半球。深月震的分布可能表明，背面半球无月震活动。这样的假设是有可能的，尤其是如果考虑到，几乎所有的月海玄武岩喷发都在正面半球。另外，源自于月球背面事件的震波信号很可能是在最深内部衰减的。支持这一假设的是，月幔最深部分那些剪切波的射线路径似乎不能到达探测器，或许表明此路径带存在着局部熔融。在月幔深度存在一个高衰减带也符合于月球激光测距资料分析（它们表明，总实体“品质因素”（quality factor）Q 约 30，这相当于地球和火星的 Q）。可能符合观测的情况是，目前位于深月幔的很多岩浆填充特征能够缓解地球引潮应力。

阿波罗月震资料的新分析得出，P 波和 S 波首次到达时间更长，而这可以转化为震波速度在月壳和月幔的分布。对此的几个考查引起争论：是否在月幔存在震波间断面。分析表明，间断面可能存在于表面下约 500 km 深，而许多研究者随后假设，这个深度可能代表月球岩浆洋洋底。一个小组再分析这些数据，证实此深度存在间断面是可能的；然而，另一个小组使用不同的数据集进行独立分析，得到了与第一小组矛盾的结果。最近，第一小组使用不同方法的更新反演表明，这些数据符合所用整个月幔元素成分均匀的月震资料，且月幔并不具备任何间断面。

月震学是研究行星体内部结构和组成的最强力技术，却没有得到关于月幔的共识，这有些令人失望。在一定程度上，这些研究提出的可能性范围取决于相关数据。尤其是考虑到深月震的弱性质，首次到达时间的不确定性有时可以超过10秒。而且，目前有两个独立到达时间的数据集，分别使用不同组的分析技术。即使不管现有数据的质量，阿波罗测震网也仅覆盖月球表面的有限部分，其8年工作只代表最大潮汐周期18.6年的部分。考虑到月海火山活动主要发生在正面半球，背面半球的月震属性很可能与阿波罗测震网的观测存在很大差别。

月幔可分为上幔、中幔、下幔三层。上-中幔过渡带位于深度约560 km处，那里S波的速度变小。中-下幔边界约在深度1000 km，其下S波严重衰减，表明物质部分熔融。可能由于中幔与下幔之间的刚性差异，使应力（潮汐形变）集中于深度800～1000 km的深源区。以深度1000 km为界，常按刚性把月球划分为上部**岩石圈**和下部**软流圈**。显然，月球岩石圈（厚度1000 km）比地球岩石圈（厚度100 km）厚得多。

如果已知月球的温度分布剖面，就可以解决深月震的成因以及在深月幔耗散能量的性质。为了约束它，开发了矿物的震播速度和电导率与温度的已知关系的两种技术。用电磁探深技术估计电导率剖面分布。由计算给定温度，可以推测假设的稳定矿物集合体，就不仅可以转化月幔温度剖面，而且可以得到它的成分。不幸的是，当前电磁和月震数据集仅很弱地约束内部温度分布。尽管如此，这些分析仍能表明，月幔主要有橄榄石和斜方辉石（orthopyroxene），还有丰度较少的单斜辉石（clinopyroxene）和石榴石（garnet）。

月核

所有的类地行星都有富含铁的星核，月球也可能有某种形式的月核。特别是从月球的质量、半径和转动惯量的分析，可推测月球有一个富含铁的月核，其半径小于460 km。其他月球物理探测也符合此情况，例如：从电磁测深数据得到月核半径上限约500 km；当月球穿过地球的磁尾时，测得月球有被感应的很弱的偶极磁场，意味着月球存在一个高导电性的月核，其半径约360 km。此外，月球激光测距实验所得的转动特征表明，熔融月核与固态月幔之间的边界正在耗散能量。

如果月球的确有富铁的月核，那么，在其历史的某时，它可以产生偶极磁场吗？某些月岩样品是强磁化的，而月球探勘者的轨道磁测量显示，部分月壳是磁化的。其中，有些可能是存在稳定的内部偶极磁场时，岩浆岩冷却获得磁化。如果这是真的，月球样品的磁化受年龄的约束似乎暗示，这样的发电机可能较晚（约 39 亿年前）启动，且仅持续很短时间。然而，发电机假设的潜在问题是，小的月核难以产生所示的磁场强度。作为替代假设，大的陨击事件可以产生月壳磁化部分的强磁场。支持此假说的证据是，月壳强磁场处似乎跟盆地抛出物相关。而且，某些月壳强磁场处与某些最年轻且最大陨击盆地（诸如雨海、澄海、东海、危海）的对趾点之间存在奇怪的相关性；对此的一种解释是：这些陨击事件产生部分电离的等离子体云，在月球周围膨胀，并在陨击对趾点放大了（内部成因或外部成因的）周围磁场。现在未解决的重要问题是：从轨道测量的磁场是磁化源在表面（诸如陨击抛出物）还是月壳深处（诸如磁侵入）的结果。

现有的证据表明，月球具有一个小的熔融月核，但现有资料不能得到其确切的成分，其成分可能是熔融的纯铁也可能是熔融的硫化铁，甚至可能是富铁和钛的浓密硅酸盐岩浆成分。或许鉴别这些可能性的最好方法是确定月核的震波速度。

总之，基于月球地球物理测量，给出的月球内部结构如图 7.4 所示。月震、重力和地形资料显示，月壳平均厚度 40～45 km，且在最大盆地下面的月壳变薄。月震资料表明，每年在月壳和上月幔发生几次月震活动，这些事件可能是月球冷却和收缩时，应力的缓慢积累所致。虽然有些研究结果符合月表之下约 500 km深的月幔存在月震间断面的推测，但它是否真的存在，目前的月震资料给出的答案还有些含糊。即使存在这一间断面，所探测月震事件的有限空间分布还不允许断定它是一个全月球的特征，还是仅在火山活动的月球正面、阿波罗测震网的下面存在间断面。约 300 个月震“巢”被地球引潮而反复激活。这些“巢”的位置几乎都在正面半球，或许也跟背面无月震相符。月震和激光测高资料表明，在月幔最深部分震波是极其衰减的，或许月幔可能是部分熔融的。如果最深月幔是足够衰减的，正面的阿波罗测震网就不能测量到背面的深月震。几个证据线索符合于月球具有致密的熔融月核（半径小于 460 km）的推测，但月核的成分还未确定。然而，不论月核成分如何，热演化模型显示其温度大概不够低，因而不允许月核某部分结晶来形成较小的固态内月核。

但是，到 2010 年，研究人员利用现代处理方法重新分析了阿波罗的深月震资料，确证月球有半径（330±20）km 的富铁月核：内月核半径（240±10）km，是固态纯铁的；外月核是液态的，密度约 5 g/cm^3，可能还含质量分数 6%的硫。月核的温度为 1600～1700 K。月核外面到半径（480±20）km（厚度约 150 km）是下月幔的部分熔融层。因而，月球内部结构的最新模型如图 7.5 所示。

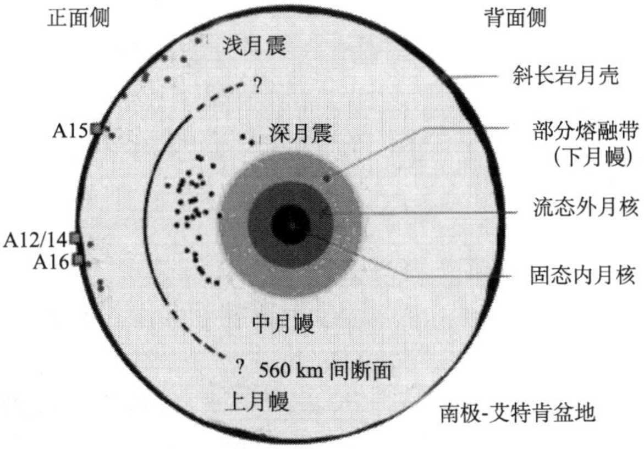

图 7.4　基于地球物理探测资料的月球内部结构

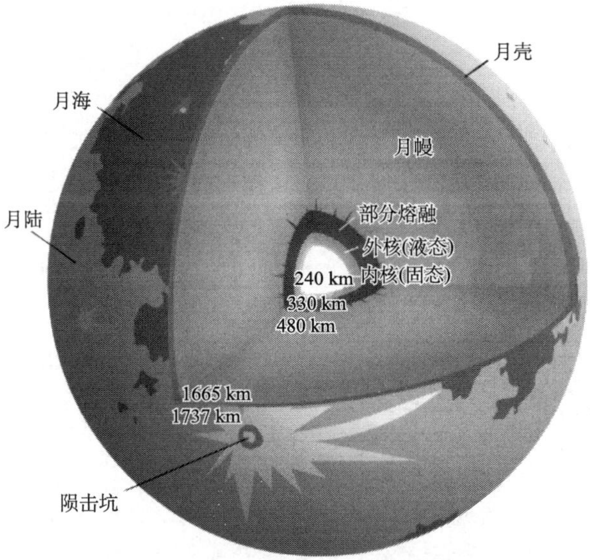

图 7.5　月球内部结构的最新模型

第八章　太阳系起源与行星形成

虽然就轨道运动性质而言，月球是地球的天然卫星。然而，就物理性质而言，月球跟地球以及其他类地行星（水星、金星、火星）类似，也可划归为类地行星。实际上，月球与地球的质量比（1/81.3）、月球轨道角动量/地球自转角动量比都是太阳系卫星/行星中最大的，故也把地-月系称为“双行星”。显然，月球作为太阳系的成员，月球的起源必然是太阳系起源与行星形成总过程的结果之一，而又有一定的特殊情况。因此，首先简要地阐述太阳系起源与行星形成的研究进展情况。

太阳系起源

在人类的认识史中，自古就有关于宇宙发展法则的两种见解。我国古代，有“天不变，道亦不变”（董仲舒《举贤良对策》）与“天行有常，不为尧存，不为桀亡”（《荀子・天问》）两种对立的见解。在古希腊，有“天体永恒不变”（柏拉图等）与“一切皆流，一切皆变”（赫拉克利特等）两种相反主张。1755 年，德国的年轻哲学家康德匿名出版了《自然通史和天体理论——根据牛顿的定理试论整个宇宙的结构及其力学起源》，中译本书名为《宇宙发展史概论》，提出第一个科学的太阳系起源假说——星云假说，但当时印数不多。1796 年，法国数学家、力学家拉普拉斯在不知康德星云假说情况下，在所著《宇宙体系论》中独立提出星云假说并广泛流传。虽然这两个星云假说有差别，但基本观点相同：太阳系所有天体由太阳星云形成，力学规律起主要作用，合称康德-拉普拉斯星云说。由于有一定的观测依据和理论基础，尤其凭借拉普拉斯在数学力学界的声望，该假说在当时得到公认而广泛流传。太阳系起源的星云假说在僵化的自然观上打开了第一个缺口，产生了重大而深远的影响，使人们认识到，天体和自然界一切事物都有其产生、发展和衰亡的演变历史，而不是僵化不变的。

太阳系起源研究有两个基本问题：一个是行星的物质来源；另一个是行星的形成方式。18 世纪中叶以来，提出了几十种论述太阳系起源的学说，它们通常都先对这两个基本问题提出论点和论述。

按照对行星物质来源的看法，太阳系起源学说大致分为灾变说、星云说和俘获说三类。

灾变说认为，行星物质是因某种偶然事件从太阳分出来的，故又称为分出说。可能的事件有：另一颗恒星走近或碰到太阳、太阳爆发等。这些分出物质后来形成行星等天体。

星云说认为，整个太阳系由同一个原始星云形成，中心部分形成太阳，外部物质形成星云盘，在盘中形成行星及卫星等天体。星云说又称为共同形成说。

俘获说认为，太阳形成后，从它经过的星际云或走近的恒星俘获物质，在太阳周围形成星云盘，盘中物质形成行星和卫星等天体。

按照对行星形成方式的看法，主要分两大派：一派认为，先形成巨大的气体原行星，再演化为行星；另一派认为，先形成较小的星子（planetesimal），星子再集聚成行星等天体。此外，也有先形成环系、先形成中介天体等看法。即使同一派中，各家的具体内容和论证也有所不同，其原因在于缺乏充分观测资料，并且在理论验证方面有很大困难。

各学说一般在某些合理的假设下，运用有关理论进行论证和演算，导出一些结果，说明太阳系主要特征的由来及各类天体的形成，即较全面地、系统地和有内在联系地论述以下一些问题，至少是其中多数问题：①环绕太阳的星云盘的形成及其特性（大小、物质分布、温度分布、化学成分等）；②原行星或星子的形成过程；③各行星的形成过程；④太阳系角动量的分布；⑤行星轨道运动的共面性、同向性、近圆性、提丢斯-波得定则（距离规律）；⑥行星在大小、质量、平均密度、化学成分及结构方面的差别；⑦行星自转的起源；⑧行星磁场的起源；⑨行星大气的起源与演化；⑩小行星及小行星主带的起源；⑪彗星及柯伊伯带和奥尔特云的起源；⑫行星的卫星和环系的起源；⑬地月系起源。此外，还有流星体和陨石的来源等。

人类的认识总是不断发展的。虽然我们无法观测到太阳系的形成过程，但是可以综合大量的相关观测资料，通过科学的抽象、合理的假设和推理及理论分析，来探索太阳系各类天体形成演化的一般规律，进而阐明各类天体以及整个太阳系的形成历史，通过更多的观测事实来检验所推理分析的结果，不断修正和完善对太阳系起源的认识。

太阳是一颗普通的中年恒星。近几十年来，恒星的起源与演化研究取得了突破性进展，通过对不同年龄恒星大量资料的综合分析和理论研究，得出了恒星形成演化的一般规律，尤其是太阳型恒星的一生演变历史。太阳系起源虽然是最先提出的天体演化问题，但在两百多年的探讨中，众说纷纭，主要原因是只有太阳系一个“样品”，而且是经历了漫长演化后的现状，很少留下其形成期及演化早期遗迹。现代的太阳系起源研究，一方面，从现有太阳系观测资料出发去逆推可能的太阳系形成过程，火星和水星、尤其月球比地球的演化程度小，保留了较多的古老陨击坑等遗迹，而太阳系小天体（小行星、彗星，尤其陨石）的演化程度更小，较多地保留下形成与早期演化的遗迹，为追溯太阳系形成过程提供可贵线索；另一方面，借鉴恒星形成及其早期演化的资料和理论，来探讨太阳系形成的可能条件和过程，在某种意义上说，行星系就是某些恒星形成过程的伴生结果或“副产品”，尤其是环绕其他恒星的行星或原行星盘的发现和观测研究取得了重大进展。综合两方面资料，提出合理的假设，进行理论研究，导出一些结果，经过观测事实检验而不断地修正和完善，逐步解决太阳系起源各种主要问题。

近 30 多年来，太阳系起源研究进入新发展时期，一是取得大量相关观测资料，二是理论研究不断深入。现代流行的是新星云说，太阳系的形成过程示意于图 8.1。原始（太阳）星云是一个星际云碎裂的气体-尘埃“云核”之一，有初始自转，自吸引收缩变密，中心部分形成太阳。星云收缩中自转变快，惯性离心力变大，外部扁化为星云盘，盘中固态物质聚集形成星子（planetsimal），经吸积（accretion，即相互碰撞并结合）增长而越来越增大，形成行星胎（planetary embryo)，行星胎撞击并吸积增长为行星和卫星等天体。

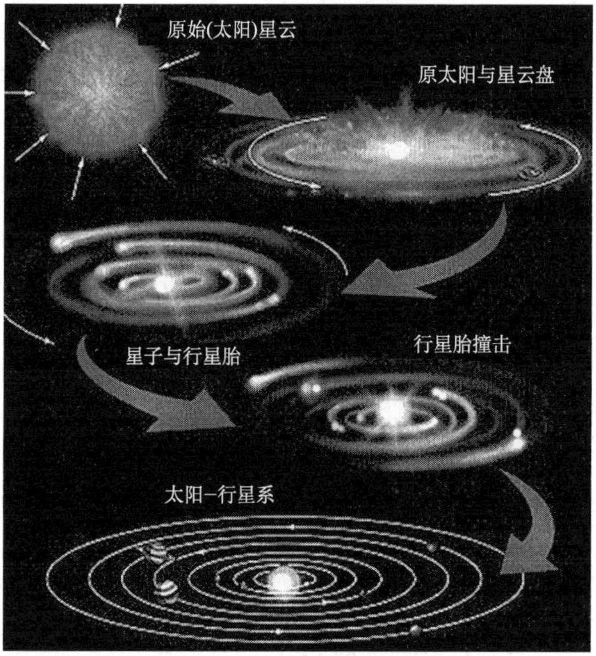

图 8.1　现代星云说的太阳系形成过程示意

陨石中“富钙铝包体”（CAIs）是太阳星云最内区的最古遗留物，从其放射性同位素测定出年龄为 45.68 亿年，常取它为太阳系的标准开始时间。

太阳星云的质量一般从现在太阳系所有天体的总质量（约 $1.002M_{\odot}$）再加上太阳早期的强太阳风及星云盘逃离出太阳系的物质质量来估计，各研究者估计的结果不一，一般估计星云盘质量小于 $0.2M_{\odot}$。现在常采用林忠四郎的最小质量星云盘（MMSN），在类地行星形成区，固态物质的面密度的径向分布为 $\Sigma_S(R)=7(R/1\mathrm{AU})^{-3/2}\ \mathrm{g/cm^2}$，而气态物质的面密度约大 240 倍。作为参考，金牛 T 型星的原行星盘典型质量为 $0.01M_{\odot}$，面密度 $\Sigma(R)=0.8\times(R/100\mathrm{AU})^{-1.5}\mathrm{g/cm^2}$，半径约 1000 AU(天文单位，为地球到太阳的平均距离)。原始星云的半径起初可能有十多万 AU，但物质向中心自由下落而主要密集在几百 AU 范围内。

太阳星云转动的初始角动量应大于太阳系现在的角动量（$3.155\times10^{50}\ \mathrm{g\cdot cm^2/s}$），但不会超过 $10^{53}\ \mathrm{g\cdot cm^2/s}$，否则会形成双（恒）星而不是单一太阳。它来自于星际分子云内部大尺度随机的湍流运动，可能就是今天太阳系角动量矢量方向。在太阳星云演化为太阳和星云盘以及星云盘形成行星的过程中，由磁制动、湍流黏滞和对流等机制而发生角动量转移。对年轻恒星的高分辨观测显示，其原行星盘相当普遍地有环和螺旋结构以及引力不稳定性，太阳星云的星云盘演化也可能发生类似情况。现在研究的星云盘主要是薄盘模型，也有星云盘的三维结构研究，包括多种物理的和化学的复杂过程以及角动量转移到太阳系外的情况，但各阶段具体情况还待进一步研究。

图 8.2 为星云盘的一种模型。一般地说，从星云盘内区到外区，（气体-尘埃）总的面密度和温度逐渐减小，厚度增大。但就固态颗粒而言，类地行星形成区主要固体是尘埃颗粒，“雪线”在小行星形成区外部、星云盘外部依次发生，各种冰物质也冻结为固体颗粒，因此，木星和土星形成区起初就有更多的行星建造材料，而很快吸积为大星子，进而形成行星胎。同时，星云盘中面上下有分层。

行星形成的标准模型

现代一般采用行星形成的标准模型，将形成过程分为四个阶段：①星云盘中的固体颗粒聚集和沉降；②在薄星云盘中面，由固态颗粒聚集形成星子；③星子吸积形成行星胎；④很大的行星胎也常称为原行星（protoplanet），它们撞击而聚集形成类地行星。原地球最终受到称为忒伊亚（Theia，传说中月球女神的母亲）弹体的巨撞击，抛出的物质盘形成月球（图 8.3）。类木行星还吸积大量星云盘气体，并自吸引坍缩为它们的中层和外层。

星云盘基本是宇宙丰度的，由气体和尘埃组成，虽然固体颗粒不是主要组分，但它们是行星的基本“建造砖块”。从固态颗粒聚集形成星子、再聚集为行星体是涉及很多因素的复杂过程（图 8.4），近些年来，实验模拟、理论模型和原行星盘的多种观测都取得了新的进展。

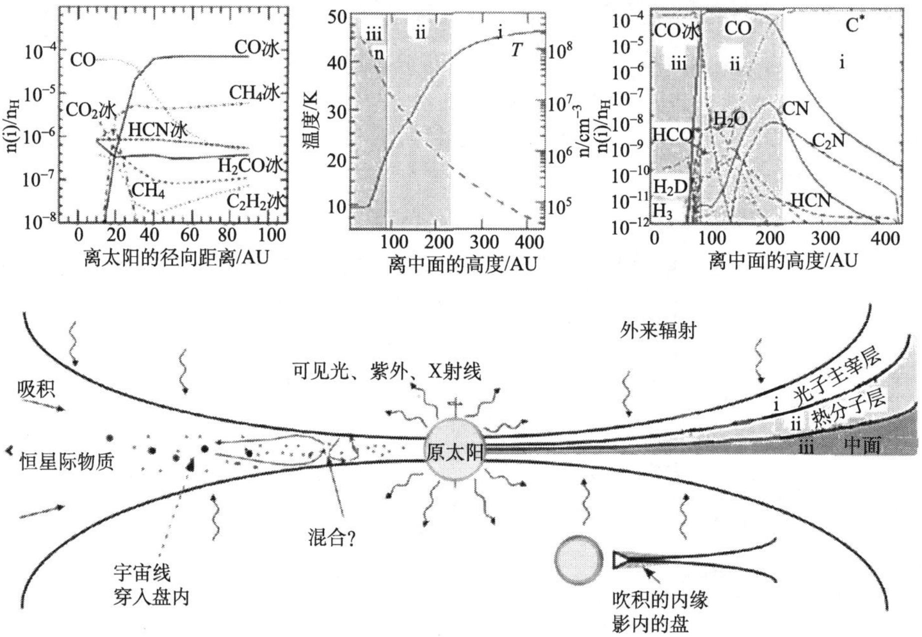

图 8.2　星云盘的一种模型

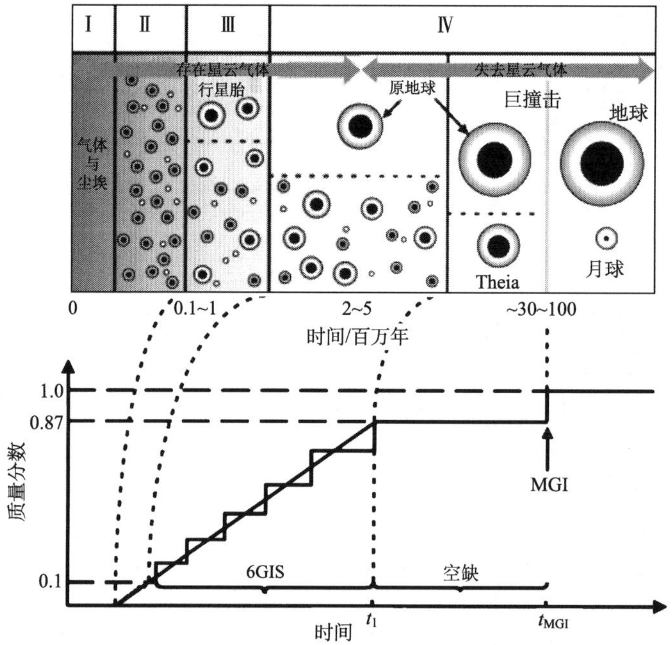

图 8.3　地球形成过程的四个阶段

MGI 为形成月球的巨撞击；GIS 为系列巨撞击

星云盘中的初始固体颗粒很小（约 1 μm）。颗粒碰撞结合而形成几厘米的聚合体。在太阳引力的垂直（盘面）分量和盘物质的引力作用下，尘（冰）颗粒向盘的中面沉降。同时，颗粒之间碰撞可以结合为较大颗粒，即颗粒吸积而增长。于是，尘颗粒边沉降、边增长，在盘中面附近形成密度大的“尘（冰）层”。颗粒很快地（在 1 AU 处约 100～1000 年）增长到米量级大小。但是，由于它们跟小颗粒高速碰撞，漂移到达很热的内区就蒸发而消失，进一步增长却遇到困难，成为“米大小障碍”的未决困难。

星云盘中面的密度大，局部颗粒团可以满足引力不稳定判据而自吸引坍缩，形成 1～10 km 大的固体星子。较大星子受气体影响小，漂移慢，由于有足够引力场而更有效地吸积增长。然而，固体颗粒是开普勒速度的，层间的速度差产生湍流，搅混颗粒层，一直到沉降与湍流达平衡，这就阻碍颗粒密度增大而发生引力不稳定性。但是，实际上，半数的年轻恒星有尘埃碎屑盘，说明发生了星子增长。

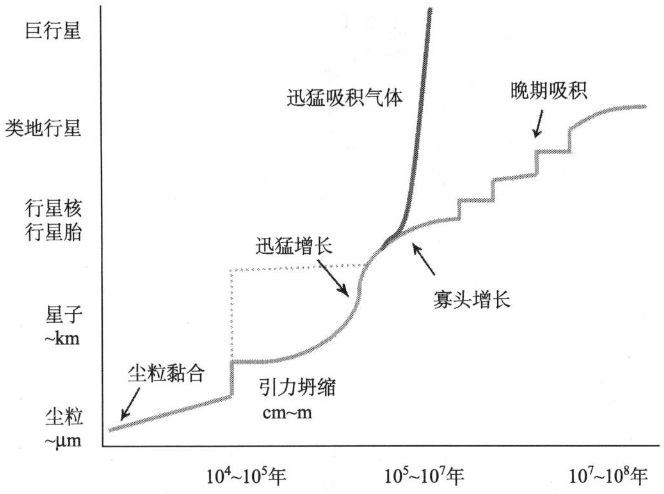

图 8.4　从颗粒到行星的成长历程

当星子达千米以上，它们之间的引力作用就重要了。星子碰撞而结合为大星子，使轨道变圆。半径 R、质量 M 的星子碰撞较小体的质量吸积率为

$$\dot{M} \equiv \frac{\mathrm{d}M}{\mathrm{d}t} \approx \pi R^2 \Sigma_S \Omega f_g, \qquad f_g = 1 + (V_e/V_{ram})^2$$

其中，$\Omega = (GM_\odot/r^3)^{1/2}$是（半径为 r 的）轨道频率；$V_e \equiv 2R(2\pi\rho G/3)^{1/2}$是星子表面的逃逸速度，$\rho$ 是密度；V_{ram}是星子的弥散速度；f_g是碰撞截面的引力聚焦增强因子。吸积时标为

$$\tau_{acc} \equiv M / \frac{dM}{dt} \approx (\Omega f_g)^{-1}(\rho R/\Sigma_S)$$

两种极限增长状况：$V_e \geqslant V_{ram}$，聚焦不重要（$f_g<1$），$\tau_{acc} \approx \Omega^{-1}(\rho R/\Sigma_S)$；$V_e \ll V_{ram}$，$f_g \gg 1$，$\tau_{acc} \approx \Omega^{-1} V_{ram}{}^2 (8GR\Sigma_S)$。前者，因为 $\tau_{acc} \propto R$，"有序"增长；后者，因为 $\tau_{acc} \propto 1/R$，越大的增长越快，"迅猛"增长。

相对速度一般受引力弥散而增大，受撞击而减小。对于含大部分这两种过程的平衡导致特征弥散速度跟 V_e 相当。长程引力相互作用导致动能（动力学摩擦，dynamical friction）和角动量（黏滞搅拌，viscous stirring）的交换与再分配。不同大小的星子之间的动力学摩擦使大星子的速度减小，使小星子的速度增大；同等大小的有 $V_{ram} \approx V_e$，因而初始增长缓慢而有序，但随着时间推移，形成一些较大的星子。从星子到行星胎-原行星的增长过程是很复杂的。类地行星形成于星云盘内区，大星子吸积其所相遇的固态物质而增长，先是较缓慢而有序的。随后，由于小星子相遇而变为偏心的倾斜轨道，更易接近大星子而被吸积，大星子"迅猛"增长为行星胎。对于最小质量星云盘（MMSN）的 1 AU 附近，公里大小的星子仅约一万年就吸积而迅猛增长到 $10^{-3} M_E$（地球质量）。

随着行星胎迅猛生长，周围可吸积的物质减少，胎生长逐渐减缓。大行星胎开始超过小的的黏滞搅拌，而减少了的小星子的动力学"摩擦"变弱，导致弥散速度增大。V_{ram} 的增大和面密度 Σ_S 的减小导致大胎的增长减慢到有序速率。但是，当行星胎的质量生长到典型星子的千倍，它的引力摄动就更重要了。于是，行星胎进入"寡头"混沌撞击生长阶段。结果，邻近行星胎在径向的间距变规则，各自吸积其"供养（环）带"的固态物质，孤立寡头质量 $M_{iso} \equiv 2\pi a \Delta a \Sigma_S$。环带宽度以希尔半径表示为 $\Delta a = \xi a \ (2M_{iso}/3M_\odot)^{1/3}$，假定小增长体被寡头搅拌和被气体动力学拖扯而减慢，则有

$$M_{iso} \approx 0.09 M_E \left(\frac{\xi}{10}\right)^{3/2} \left(\frac{\Sigma_{S,\ 1AU}}{7g/cm^2}\right)^{3/2} \left(\frac{a}{1AU}\right)^{3-3\alpha/2}$$

它们的形成时间为，$t_{iso} \approx 0.4 \times 10^6 \left(\frac{7g/cm^2}{\Sigma_{S,\ 1AU}}\right)^{9/10} \left(\frac{a}{1AU}\right)^{(9\alpha+16)/10} \left(\frac{\xi}{10}\right)^{1/10}$

对于最小质量星云盘，在短于星云寿命的时标就形成月球到火星（$0.01M_E$～$0.1M_E$）大小的寡头。盘中若含有多于最小质量星云盘的固态物质，就会在更短时标产生更大质量的寡头。

一旦类地天体的质量达到约 $0.01M_E$ 以上，它们显著地扰动附近气体，形成螺旋密度波。一个行星胎及其螺旋波之间的引力相互作用使行星胎的轨道偏心率和倾角径减小，角动量的转移使轨道半长径长期减小，净结果是行星胎损失角动量而发生 I 型迁移，对于质量 M_P 的胎，迁移时标为

$$\tau_1 \equiv \frac{a}{\dot{a}} \approx \frac{1}{C_a\Omega}\left(\frac{M_{\tilde{N}}}{M_P}\right)\left(\frac{M_{\tilde{N}}}{r^2\Sigma_g}\right)\left(\frac{c}{r\Omega}\right)$$

对于 MMSN 盘，常数 C_a 近于 4.4；Σ_g 是气体的面密度；$(c/r\Omega)$ 是盘的“厚/宽”。密度波减为变圆轨道的时标 $\tau_{acc} \sim (c/r\Omega)^4\tau_1$。$(c/r\Omega) \approx 0.5(a/1\ \mathrm{AU})^{1/4}$ 很短。最后，寡头系统失去稳定，它们的相互作用使得它们的弥散速度变为相当于逃逸速度，进入约 $10^7 \sim 10^8$ 年的混沌增长阶段，即由巨撞击和继续吸积星子而增长为类地行星。

类地行星形成的计算机模拟

虽然类地行星的信息较多，但长时期以来它们形成的过程令人难以捉摸，直到近几十年才有显著进展。一方面，由于取得它们及其前身——陨石的大量化学和同位素的准确资料，从而能约束它们吸积形成演化的年代。另一方面，在理论分析研究的基础上，计算机性能的发展可以准确模拟它们吸积形成的动力学过程。

计算机模拟的一种是统计方式计算，常用平滑质点动力学（smoothed particles hydrodynamics，SPH）方法和网格基（grid-based）方法，长时间跟踪碰撞增长（包括尘粒的碰撞破碎和演化），用于前三阶段的统计是准确的，且大尺度相互作用很小；另一种是直接的 N 体计算，虽然计算费时，但可以跟踪关键的动力学现象。

图 8.5 给出 Kenyon 与 Bromley 的模拟，始于 5 km 星子，假定撞击导致合并，且用直接的 N 体模拟一度生成超过 $0.01M_E$ 的行星，迅猛生长仅在约 10^4 年就导致第一个这样大的行星。图 8.5（a）可明显地见到，在混沌增长阶段，寡头相互摄动到交叉轨道。10^8 年后，在 0.4～2 AU 的三颗行星各含多于 $0.5M_E$，另三颗是少于 $0.07M_E$ 的［图 8.5（b）］。

类地行星形成的数值计算得到几个有益结果。从寡头增长到混沌增长和最后吸积时期在约几百万年到八千万年结束，这跟同位素年代测量建议的地球形成期间相当。同位素年代测量估计类地行星形成晚期的严重陨击发生在太阳形成之后约 $1\times10^8 \sim 6\times10^8$ 年，数值计算表明行星早在这之前已完全形成。遍及混沌增长和扫清星云盘时期，数值计算都得到很多有大偏心率轨道的月球-火星大小的行星体，它们就是撞击地球而产生月球（见下章）的最好“忒伊亚”弹体候选者。更完善的、可以预计质量和偏心率分布的数值模型可以更好地估计这些撞击事件的概率。历史上，检验行星形成模型的只有太阳系，近年发现或未来会发现其他恒星的原行星盘和处于形成各阶段的行星，可以更多地检验行星形成模型。

随着行星胎生长到较大，由于撞击释放的动能和短寿命放射同位素（如 ^{26}Al、

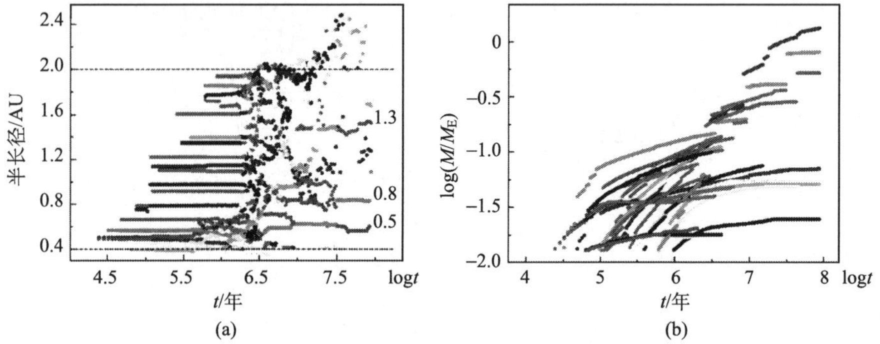

图 8.5　从 5 km 星子到行星形成的混杂模拟，初始面密度 $\Sigma_{S,1AU}=8g/cm^2$

(a) 轨道半长径随时间的演化，到 10^8 年有三颗最终的行星达 M_E 级；

(b) M_P (t)，孤立跳跃指示大事件

^{60}Fe) 的衰变能的加热作用，行星胎温度升高，可以发生熔融和分异。铁与亲铁元素沉降到中心区而形成星核，而较轻的硅酸盐形成幔。由于后来继续吸积物质（约占总质量的 1%），所以地球外部仍有亲铁元素。

类木行星形成的早期阶段跟类地行星相似，从星子开始，随之，迅猛地和“寡头”式地生长。但因“供养带”温度低，处于“雪线”之外，水和其他冰物质凝结为固态，尤其木星和土星区有更多固态物质来形成大的行星胎-星核，更有效地吸积气体，仍致大大超过原来质量，并塌缩为中层和外层及大气。数值模拟表明，在 $1\times10^8\sim5\times10^8$ 年就可以形成木星质量的行星。这四颗巨行星，尤其是天王星和海王星的轨道迁移更显著（图 8.6）。木星胎和土星胎的形成早于并大于类地行星胎，尤其木星的轨道迁移导致小行星区的星子增长停顿，对类地行星的形成也有影响（图 8.7）。

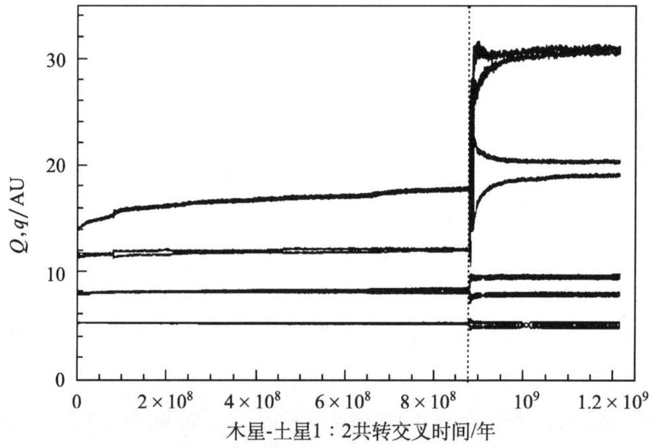

图 8.6　四颗巨行星的轨道（近日距 q，远日距 Q）迁移

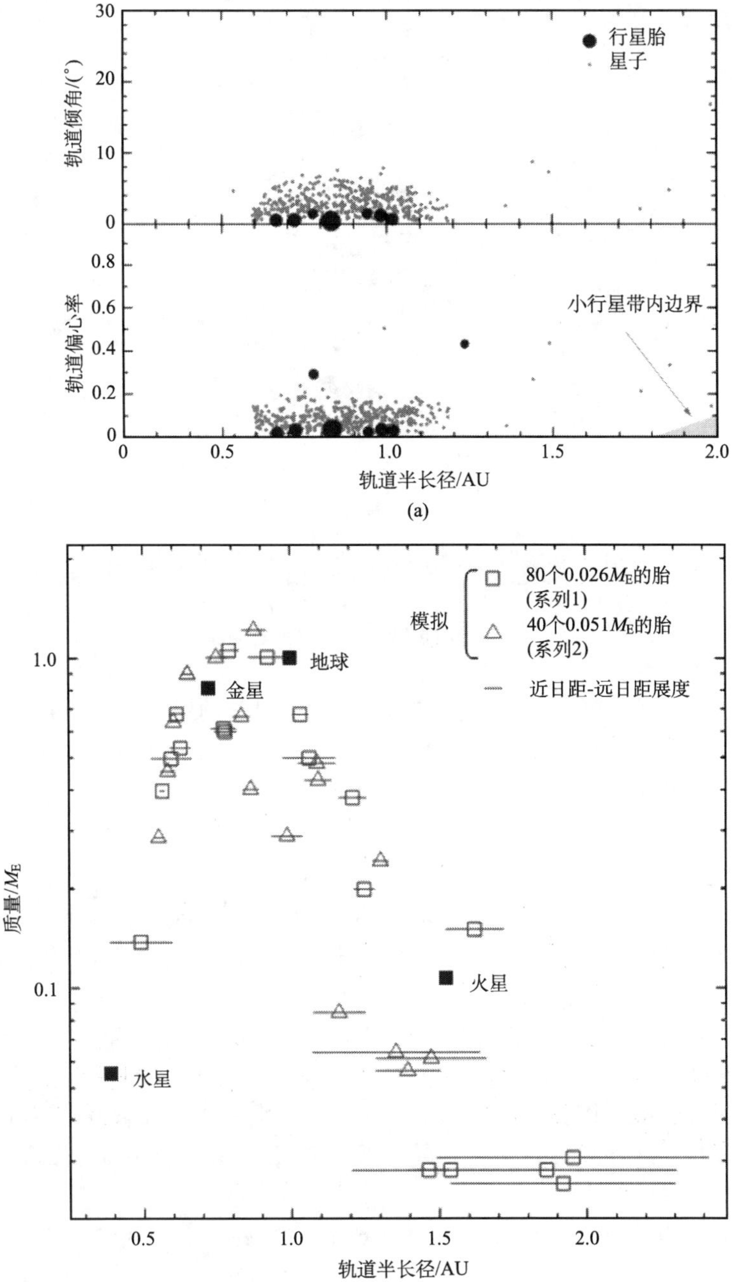

图 8.7　木星的轨道迁移影响类地行星的形成

在行星形成的末阶段，预料盘物质有相当大的径向混合。O'Brien 等取初始盘的可吸积（固态）物质面密度$\Sigma_{S,1AU}=8\ g/cm^2$，图 8.8 给出其四种模拟得到的行星物质成分之源区的结果。

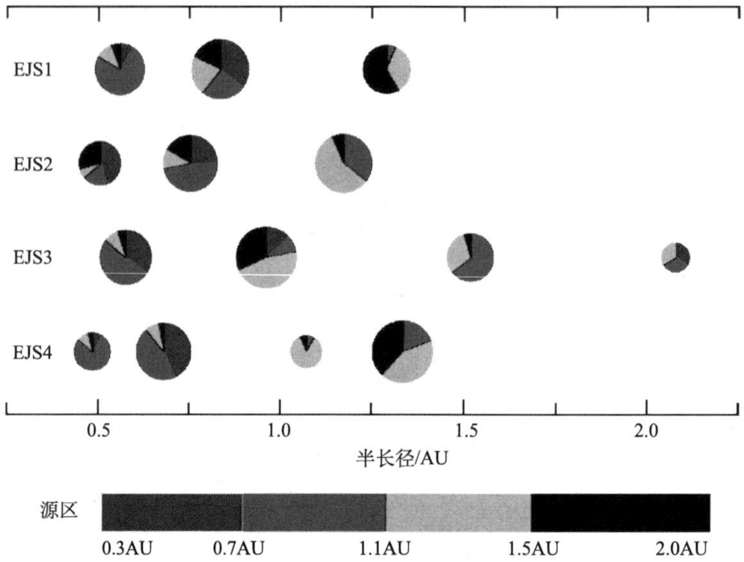

图 8.8　O'Brien 等模拟得到的行星物质之源区

近十年来，一些数值模拟得到行星的质量、自转角动量、轨道性质方面的相似结果：①类地行星的质量和轨道与实际情况相似；②轨道偏心率和倾角略大于实际值；③自转由最后的几次大撞击决定；④行星形成的时标为 $1\times10^8\sim6\times10^8$ 年，与放射性同位素测定结果基本符合。因此，类似于地球和金星的行星是“寡头”撞击生长的必然结果，而火星似乎是遗留的寡头。地球和金星的近圆轨道需要额外的阻尼机制，残余气体盘所施动力学摩擦或引力拖曳是很好的候选。跟气体的其他相互作用驱使火星或更大行星的轨道（迁移）变小。

地球形成晚期的巨撞击

类地行星的吸积增长晚期，该区可能有几十到几百个行星胎，在时标几千万年，最后吸积为几颗类地行星。此期，行星胎之间引力作用导致轨道偏心率变大、轨道交叉和巨撞击。

Wetherill 开拓用统计的蒙特卡罗（Monte Carlo）方法跟踪行星胎轨道，结果显示增长的地球可能遭遇火星质量胎的大撞击。Wisdom 和 Holman 的开普勒问题综合绘图法革新了晚期吸积模型，允许直接 N 体过程积分大于 10^8 轨道而保持能量守恒。推广 Wisdom-Holman 图（WHM）和替代工具，允许明确地跟踪行星胎系统的动力学的和撞击的演化，包括相互共振和关联相遇的效应（这些在以前统计法仅是近似的）。诊断量是角动量亏（AMD），对 N 颗行星的体系，有

$$\mathrm{AMD} \equiv \sum_{k+1}^{N} m_k \sqrt{GM_{\mathrm{S}} a_k} \left(1 - \sqrt{(1 - e_k{}^2} \cos I_k\right)$$

其中，m_k、a_k、e_k、I_k分别是行星的质量、轨道半长径、偏心率和倾角，M_{S}是中央太阳的质量。晚期的 N 体模拟生成行星系的典型角动量亏值高于类地行星实际值的几倍到 20 倍，可能是由于模型所作简化（忽略潜在的共存小天体或残留气体盘的影响）造成的。

一个大的行星胎寡头增长快而成为原地球（proto-Earth），它可能受到 6 个或更多的约火星大小的行星胎的一系列巨撞击。最后一次是形成月球的巨撞击。

地球和月球撞击起源模型的约束

月球起源模型必须符合地球和月球的动力学特性与总成分性质的关键约束。

（1）质量和角动量

月球质量（$M_{\mathrm{M}}=7.35\times10^{22}$ kg）是地球质量（$M_{\mathrm{E}}=5.98\times10^{24}$ kg）的 1.2%。地月系（包括地球自转的和月球轨道的）总角动量为 $L_{\text{E-M}}=3.5\times10^{41}\ \mathrm{g\cdot cm^2/s}$，可能在地月系历史中有些减少，因为太阳的引潮或共振相互作用，以及月球形成事件后有少量物质吸积到地球和月球。最简单情况，形成月球的撞击产生具有角动量 $1.0L_{\text{E-M}}<L<1.2L_{\text{E-M}}$的地月系。

（2）月球的轨道演化与地球自转减慢

月球轨道半长径 $a\approx60\ R_{\mathrm{E}}$。潮汐相互作用使月球轨道变大和地球自转减慢，暗示月球形成时离地球很近、当时地球自转很快。月球形成于离地球最小距离是地球的洛希限 $a_{\mathrm{R}}=2.456\ (\rho_{\mathrm{E}}/\rho_{\mathrm{M}})^{1/3}R_{\mathrm{E}}=2.90R_{\mathrm{E}}$。若月球做半径 a_R 的圆轨道运动，则其轨道角动量应为 $M_{\mathrm{M}}\ (G\ M_{\mathrm{E}}\ a_{\mathrm{R}})^{1/2}\approx0.18L_{\text{E-M}}$，这意味着，有效的撞击至少把约 20%的角动量分配到轨道上的原月球物质。

（3）月球比地球匮乏铁

月球比地球的密度小，可用匮乏铁来解释。月球的铁可能有两个潜在库：含金属铁的月核和含 FeO 的硅酸盐幔/壳。月震和重力场分析暗示月核很小，仅含（0.01～0.03）M_{M}。根据月球成分模型预测，占质量 8%～10%的 Fe 在月球硅酸盐中，与其南极-艾特肯盆地暴露的下月壳物质（约 7%～8%）相当。虽然存在相当大的不确定性，月球的铁总质量不会大于 10%，因此，有效的撞击必导致原月球物质的铁至少比在地球总质量中的铁所占比率（约 30%）匮乏 1/3。

（4）月球的岩浆洋

月壳的斜长岩成分暗示，低密度的硅酸盐矿物组漂浮在几百公里深的月球熔融层——“岩浆洋”的顶上，必须在月球起源中提供足够热量。然而，月球表面缺乏观测到的应力特征，限定了初始熔融月球在冷却时的半径收缩程度。后来再研究的标准解释是：月球内部最初小岩浆洋下面是冷的（即亚固相的），导致整个月球历史的半径收缩≤1 km。

（5）地球和月球的成分对比

地幔与月球成分的相似远多于差异。地球与月球的氧同位素丰度位于同一分馏线上（参见图 6.9），而不同于火星和大多数陨石。标准解释是：氧同位素差异来源于星云盘原先的径向成分带，月球和地球是由原先在同一成分带的物质形成的。同一原因，地球与月球的铬（Cr）同位素成分相似，它们的钛同位素比（$^{50}Ti/^{47}Ti$）也很相近。这暗示着月球或者从地幔物质、或者从已分异的行星大小天体形成。月球与地幔的关键差异在于月球物质较匮乏蒸发温度＜1300 K 的挥发物和月球 FeO 含量较高。

（6）月球和地球的年龄及形成期间

月球样品的放射性同位素测定得出，月球的年龄约 44.2 亿年。地球缺乏如此早的样品，从陨石资料及地球少量线索推断地球年龄为 45.4 亿年。^{182}Hf 衰变为 ^{182}W，半衰期为 9 百万年。Hf 是亲石元素，聚于诸如硅酸盐的含氧化合物；而 W 是亲铁元素，进入金属相中。在行星体的星核形成期间，W 的同位素大多从幔移出，结合到铁的星核，而 Hf 留在幔。因此，已分异行星体的幔有大于太阳系总成分的 Hf/W 比率。新近的测量修正了太阳系初始 $^{182}Hf/^{180}Hf$ 丰度和球粒陨石的 W 同位素成分，推定地球在 1 千万年吸积其总质量的 63％和地核的形成在 3 千万年完成。月球有类似的 Hf-W，导出形成时间 2.5～3 千万年。这些时间受到诸如吸积物质与地幔的同位素平衡程度假设所影响。若吸积物质的均衡不理想，则行星吸积、巨撞击和地核最终形成在间隔时间 1～5 千万年。从其他诸如 U-Pb，I-Xe，，Pu-Xe 同位素系也得到很宽的相似形成时间 1～10 千万年。因此，动力学和地球化学导出的一致形成时间对存在大撞击主宰的晚期吸积延滞提供了重要支持。

巨撞击模拟

若弹体的质量 M_{imp} 与（弹体＋靶体）总质量 M_T 的比率为 $\gamma \equiv M_{imp}/M_T$，撞击参数 $b \equiv \sin\xi$（ξ 是靶表面法线与弹体轨迹的交角）。若掠撞时 $\xi = 90°$，$b = 1$，且靶体（原地球）无自转，则撞击的角动量为

$$L_{imp} = bM_T^{5/3} f(\gamma)\left[\frac{2G}{(4\pi\rho/3)^{1/3}}\right]^{1/2}\left(\frac{V_{imp}}{V_e}\right) \approx 1.3 L_{E\text{-}M}\, b\left(\frac{M}{M_E}\right)^{5/3}\left(\frac{\gamma}{0.1}\right)\left(\frac{V_{imp}}{V_e}\right),$$

$f(\gamma) \equiv \gamma(1-\gamma)[\gamma^{1/3} + (1-\gamma)^{1/3}]^{1/2}$，$\rho$ 是弹体的密度，$V_e \equiv [2GM_T/(R_{imp} + R_{tar})]^{1/2}$ 是相互逃逸速度，V_{imp} 是撞击速度。若 $M_T \approx M_E$、$V_{imp} \approx V_e$ 的一次掠撞得到角动量 $L_{E\text{-}M}$，则弹体的最小质量 $M_{imp} \sim 0.08\, M_E$。若弹体在很远处相对于靶

体有速度 V_∞，则有更大的撞击速度 $V_{imp}{}^2=V_e{}^2+V_\infty{}^2$。即使一次撞击提供地月系角动量的最简单情况，也有候选 b、M_T、γ、V_{imp} 的多维参数空间。对于 $V_{imp}\gg V_e$，撞击造成反弹、剥蚀，甚至碎裂。而 $V_{imp}\approx V_e$，积极地耗散撞击导致形成引力束缚的聚集物。因此，低速的反复撞击可以吸积增长为越来越大的行星体。然后，应选择满足可以产生相当大质量的贫铁月球约束参数。考虑撞击前弹体或靶体有自转，进一步加宽参数的潜在“空间”。为了使撞击而抛出的物质到地球束缚的轨道，需要考虑两种非弹道效应：一是抛出物质之间相互作用或与靶行星非球变形作用而造成的引力矩；二是与蒸发关联的压力梯度。

21 世纪以来，卡诺普（Canup）作了一系列形成月球的撞击模拟，形成月球的撞击模型常用平滑质点流体动力学（SPH），一个天体用大量的球形重叠质点表示，各质点给定成分物的质量，由密度权重函数（“核”）和质点的特征径向尺度（平滑长度 h）规定三维空间分布，容易跟踪物质和成分的演变历史。在现代应用中，调节各质点的平滑长度，保持跟其他质点最少重叠。对于撞击，由于引力、压缩变热和膨胀变冷、激波耗散，各质点的运动学（位置和速度）演化和状态（内能，密度）变量演变，忽略物质强度和辐射过程。

模拟结果准确度的关键要素是数字分辨，新近模拟 $N=10^5$ 质点就避免孤立了，尤其改进了铁的问题。不断总结和改进撞击模拟，筛选出更符合约束的模型（图 8.9，$L_{imp}=1.25L_{E\text{-}M}$、$0.70\leqslant b\leqslant 0.5$、$1.00\leqslant(V_{imp}/V_e)\leqslant 1.10$ 撞击的 M_T-γ 相空间限），在两条曲线之间的撞击可以产生合适质量的贫铁月球，右下是撞击时间早的（$M_T=0.65M_E$，$\gamma=0.3$），左上是撞击时间晚的，后者能够得到正确总质量的地月系。

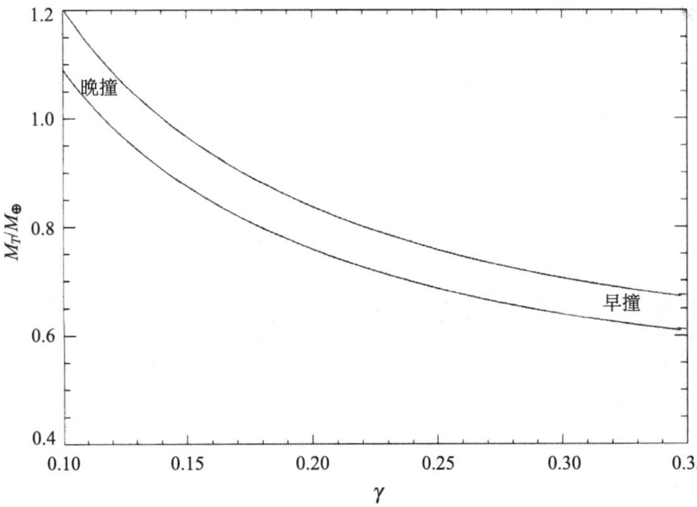

图 8.9　$L_{imp}=1.25L_{E\text{-}M}$. $0.70\leqslant b\leqslant 0.5$、$1.00\leqslant V_{imp}/V_e\leqslant 1.10$ 的撞击相空间 M_T-γ 限

第九章　月球的起源

由于月球与地球的关系密切，尤其他们的起源存在联系，月球起源的研究备受关注。由于地球已经历了严重的演化，其形成和早期演化的遗迹丧失殆尽；而月球的演化程度较小，保留下一些形成和早期演化的遗迹，为探讨月球的起源提供了线索，也可为地球及类地行星的起源和早期演化提供借鉴。

早在康德和拉普拉斯的星云说中，就谈到了行星的卫星起源问题。1880 年，达尔文（G. H. Darwen，著名生物学家达尔文的次子）提出，月球是从地球分裂出去的。随后，论述月球起源的文献越来越多，在争论中不断发展，概括起来，有三类：分裂假说（fission hypothesis）、俘获假说（capture hypothesis）、共同吸积假说（coaccretion hypothesis），也有兼顾的其他假说。20 世纪 70 年代，两个小组独立地提出月球起源的巨撞击假说（giant impact hypothesis，GIH）。直到 1984 年的月球起源讨论会讨论各种月球形成理论后，撞击理论才引起重视，30 多年来，新的撞击模拟在很多关键问题取得重要进展，特别是探索更符合地球和月球的化学和物理性质的模型。

月球起源的早期假说

分裂假说与核爆炸说

分裂假说（图 9.1）认为，地球形成早期呈熔融态，即使仅考虑地球和月球的角动量，当时地球自转的周期也只有 4 小时，加上太阳的引潮作用，地球的自转周期可缩短到 2 小时。因而，地球赤道区物质出现隆起，发生自转不稳定，使在赤道面上的一部分熔融体分离，或者说这部分熔融物质在地球高速自转情况下从赤道区被甩了出去，甩出去的物质在地球附近的星际空间冷凝，聚集而形成月球。一些支持这种假说的人还认为，地球上的太平洋就是分裂出月球后留下的“疤痕”。但实际上，太平洋的年龄仅约 2 亿年，远少于月球样品年龄——40 多亿年。分裂假说更困难的问题是，需要地球早期自转角动量大于地-月系角动量实际值几倍。

2010 年初，梅耶尔（Meijer）与维斯特伦恩（Westrenen）又提出了一种新的分裂假说——核爆炸说。他们根据一种核裂变理论提出，月球是由于地球自身的一次核爆炸而从地球分离出去的。他们的理论计算表明，快速自转的地球赤道

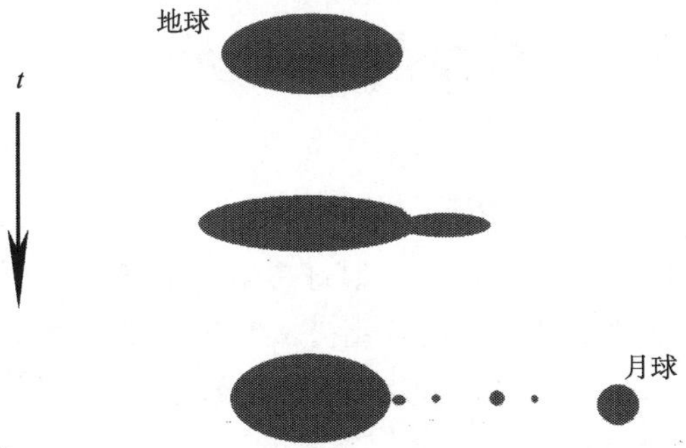

图 9.1　分裂假说示意

面的核-幔边界，放射元素浓度足够大，可以发生一种超临界核反应而产生核爆炸，其能量使得地球的硅酸盐等物质被蒸发并喷射出去，形成绕地球进行轨道运动的月球。此假说可以解释为何地球和月球有同样的轻元素和重元素的同位素成分。当然，这种理论很难检验。但是，地球确实存在天然的核反应堆，其遗留物就是如今开采的铀矿。要想证明他们的理论，需依靠未来的月球探测带回月球更深内部的物质样本。

俘获假说

俘获假说（图 9.2）认为，地球和月球处在太阳星云的不同部位，由化学成分不同的星云物质凝聚而形成。月球原来的运行轨道与地球的轨道面交角很小（约 5°），当月球运行到地球附近时，在地月距离为 10 个地球半径的范围内，月

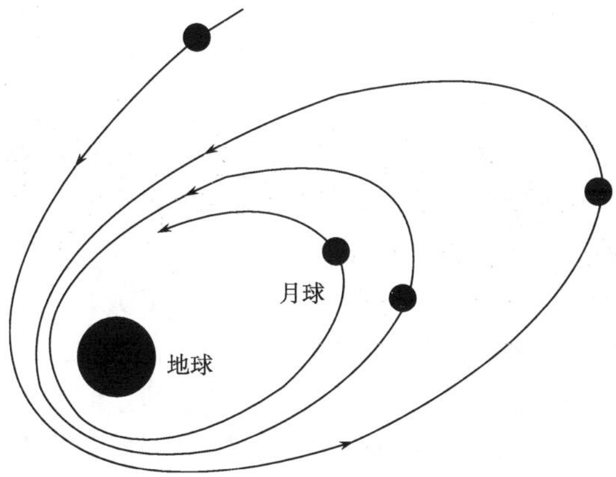

图 9.2　俘获假说示意

球可能被地球俘获而成为地球的卫星。俘获假说的重要问题是难于解释为何月球比地球匮乏铁，以及地球与月球有同样的氧同位素。

共同吸积假说

共同吸积假说（图 9.3）认为，在地球吸积形成期间，也形成环绕地球的盘，盘物质聚集而形成绕地球转动的卫星——月球。或者通俗地说，地球和月球是共同吸积形成的“双行星”。这类假说的主要问题是难于解释地月系角动量及很小的月球铁核等问题。

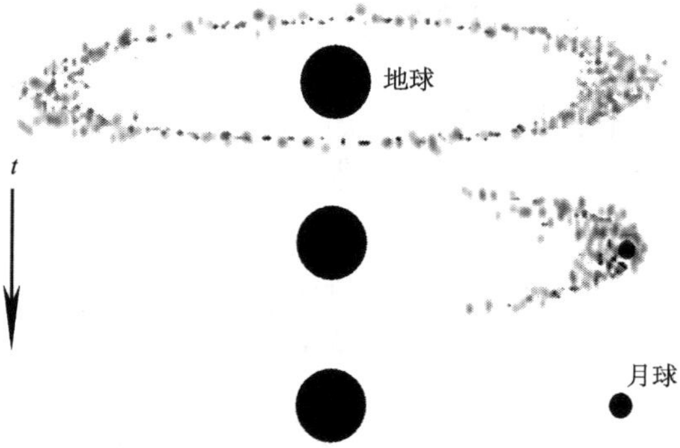

图 9.3　共同吸积假说示意

还有某些介于或兼顾两类的假说。每个假说都有其特色并有一些观测资料佐证，但也遇到不少困难和异议。在《太阳系演化学》（戴文赛等）的第十一章“月球的起源和演化”评述了一些有代表性的假说，限于篇幅，这里不再赘述。

巨撞击假说

哈特曼（Hartmann）和戴维斯（Davis）提出，一颗月球大的天体撞击早期地球，撞出的幔物质环绕地球运行，它们最后聚集形成月球，谓之“巨撞击假说”，也称为“大撞击（The Big Whack）假说”。

卡梅伦（Cameron）和沃德（Ward）提出，更大的弹体（火星大小，质量$\geqslant 0.1M_E$）掠撞地球，可以解释地球的初始快速自转。起初，这种巨撞击假说受到反对，认为这样的巨撞击及其结果是不大可能的，但这类假说可以更好地满足月球起源的约束，并符合行星形成的标准模型，因而发展为当代流行的月球起源学说。

巨撞击的成功模拟

21 世纪以来，形成月球的巨撞击的多种模拟广泛发展，尤其是卡诺普的一些相当成功的模拟。其 SPH 模拟成功的一例是：弹体质量为 $0.13M_E$，靶体（原地球）质量为 $0.89M_E$，撞击参数 $b=0.7(\xi=45°)$，撞击速度 $V_{imp}=1.05\ V_e$（或 $V_\infty=3$ km/s）；弹体和靶体都是分异的，各含质量 70%的镁橄榄石和 30%的铁；撞击前，原地球相对于弹体是逆向自转的，自转周期为 18 小时。如图 9.4，在撞击面向下看，各图依次是以下时间序列的情况：（a）0.32 小时；

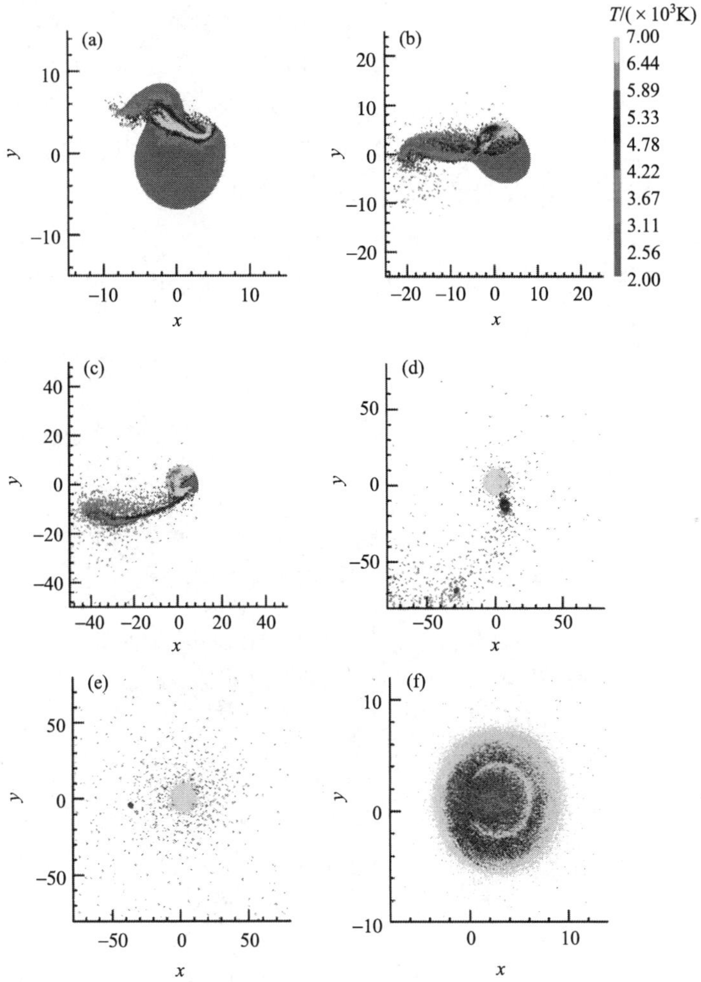

图 9.4　弹体巨撞击原地球，抛出物聚集为月球的模拟

距离单位为 1000 km

(b) 0.86小时；(c) 2.2 小时；(d) 10.3 小时；(e) 31.3 小时，最后行星（地球）-盘系统（计及逃逸物质后）含 1.01 M_E，角动量等于现在的地月系角动量；(f) 是地球最终热状态的特写，在地球内部的高温物质部分浅灰色环是来自弹体核心的铁被吸积进地核的。掠过靶体的弹体原来物质几乎在原轨迹面上形成拉长结构［图 9.4 (b)］。由于这些物质经历开普勒运动，缠绕为大致相似于拖尾的旋臂［图 9.4 (c)］。臂的内部（主要由弹体的铁心组成）常再结合成大丛并再撞入地球，穿过此结构的引力矩使得臂外部获得角动量，在其内部跟地球再撞击而失去时，臂的外部到达轨道［图 9.4 (d)］。绕转盘含 1.4M_M，其质量有 7% 铁和 85%的弹体物质［图 9.4 (e)］。在绕转质点中，50%的轨道近地点在洛希限外。最终的盘含有一个约 0.5M_M的完整丛，可能就是月球的前身。在大多情况，类似丛的近地点在洛希限内，以致在初始撞击后，约 20 小时左右内被潮汐瓦解。随后，月球吸积的 N 体模拟得出，有或没有大的初始丛的盘恰在不到 1 年就形成单个卫星，因为它们忽略了盘的热演化，该模型可能低估了月球的吸积时标。巨撞击给予地球巨大能量，$E_{imp}/M_E \approx 5\times10^{10}$ (γ/0.1) (V_{imp}/10 km/s) erg/g，这比岩石的熔解热（约 10^9 erg/g）大得多。图 9.5 显示该模拟所得靶——原地球内的初始和最终温度，初始温度用表面温度 2000 K 非压缩原地球

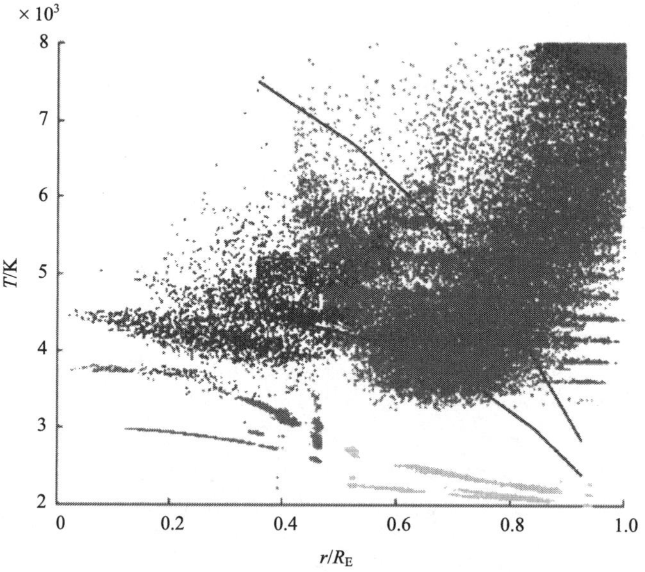

图 9.5　撞击模拟得到的原地球的温度-深度分布

起初，撞击前的原地球的铁和硅酸盐质点以灰色和浅灰（下部）表示，黑（上左）和淡黑色（右）显示模拟后阶段（31 小时）的原地球原有物质，而深黑（上右）是原地球吸积源自弹体的硅酸盐。原地球吸积了弹体铁核的大部分，其撞击后温度极其高（超过 15 000 K）。黑线为三种（$MgSiO_3$，MgO，FeO）下地幔岩浆洋模型的固相线和液相线

的绝热得出，后来用 SPH 确定这达到可压缩的流体静态（热开始情况）。即使靶内部起初是亚固态，原地球大多加热到混合的固体熔融态，原地球外部约 1000 km的物质完全熔融。外推到撞击前处于固相的原地球的合理初始条件，地幔是完全熔融的。

考察作为参数 b、(V_{imp}/V_e)、γ 函数的撞击结果的一般趋势。对于倾斜的高速撞击（$b>0.7$，$V_{imp}/V_e\geq1.2$），弹体的大部分逃逸，而仅小部分质量留在绕转盘；对于低速（$V_{imp}/V_e\leq1.1$）撞击，因为 b 增大导致弹体的较大部分掠过靶体而有效地扭转到束缚轨道，盘的质量普遍增大。$b>0.75$ 的撞击产生大质量的盘，会形成富铁的月球。对于固定的 b 和 (V_{imp}/V_e)，增大弹体质量参数 γ 典型地增大最后的盘质量。

图 9.6 给出三种自转靶体受撞击的模拟结果，它们可产生铁含量少于 10%

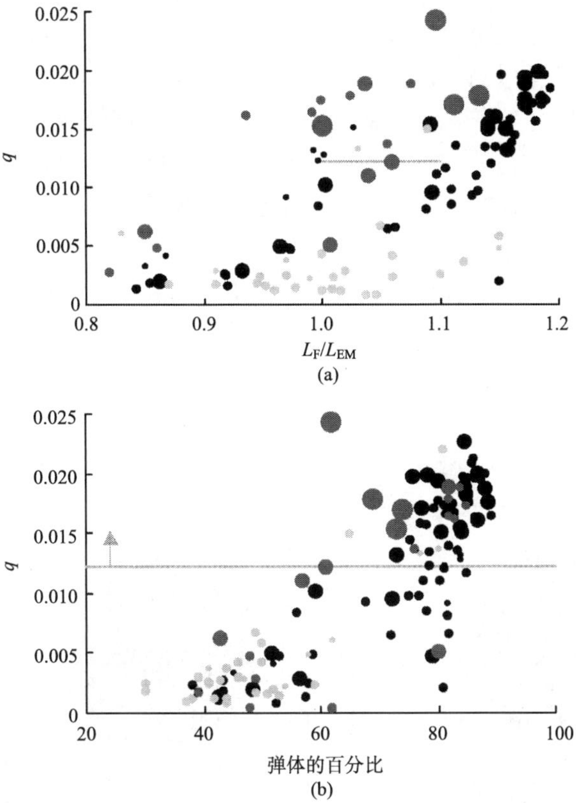

图 9.6　产生匮乏铁（质量小于 10%）盘的 SPH 撞击模拟结果

q 是卫星/行星质量比。符号圆的大小标示弹体质量（小的，$\gamma=0.11$；中等的，$\gamma=0.13$；大的，$\gamma=0.15$；超大的，$\gamma=0.20$）。符号圆的灰度指示撞击前的靶自转状态（黑-无自转，深灰-逆向自转，浅灰-顺向自转）。(a) 假定原月球盘没有质量逃逸，q 与最终的行星-盘系角动量 L_F，横线是现在的地月系角动量。(b) q 与盘质量来自弹体的百分比的盘，并得到卫星/行星的质量比 q 及其最终角动量和盘质量源自弹体的百分比。无论撞击前靶体有没有自转，成功形成月球的情况要求 $V_{imp}/V_e \leqslant 1.1$ 且 $0.65 < b < 0.75$。可形成月球的足够大质量盘主要（60%～90%）来自弹体的幔[图 9.6（b）]。若撞击前，靶体原地球逆向自转，可允许大些的弹体（约 $0.2M_E$，图 9.6（b）深灰圆），以提供匹配于地月系角动量（图 9.6（b）黑圆）。顺向自转的靶体的某些受撞击情况可以产生 $L_{col} \approx L_{E\text{-}M}$ 的盘，但其质量不足(图 9.6（b)浅灰小圆)。成功的撞击模拟否决了地球在撞击前有低倾角、快速顺向自转。

成功形成月球的撞击模拟定义为，产生形成月球的足够质量的贫铁盘，地球最终近于质量 M_E，而最终的地月系角动量近于 $L_{E\text{-}M}$，这要求：①弹体是已分异的，其质量为 $0.11 \sim 0.2M_E$；②撞击是较低速的，$V_\infty < 4$ km/s；③撞击角在 40°～45°；④弹体的质量是类似于晚期“寡头”的；⑤撞击速度上限相对于吸积模拟中所见的胎-胎撞击的中等相遇速度。对于随机取向的撞击最可能的撞击角 ξ 是 45°，所有撞击约有 15%是 $40° \leqslant \xi \leqslant 50°$ 的。

为了回答原月球物质来源和撞击历程的问题，按各质点的终态（即盘、逃逸、落到行星）作追踪模拟质点追溯到弹和靶-原地球（见图 9.7），盘物质大多来自弹前部的撞击交面区，此区下面的弹质点因加热大而逃逸；跟各质点经历的峰值温度变化($\Delta T \equiv T_{max} - T_0$)比较，显然可见，最终成为盘的弹体质点一般是未直接撞击原地球而加热最少的。这说明撞击几何和引力距在轨道配置中起主要作用，而蒸发起次要或间接作用。得到满足约束的模拟结果都跟此类似，75%～90%盘物质来自于弹体。

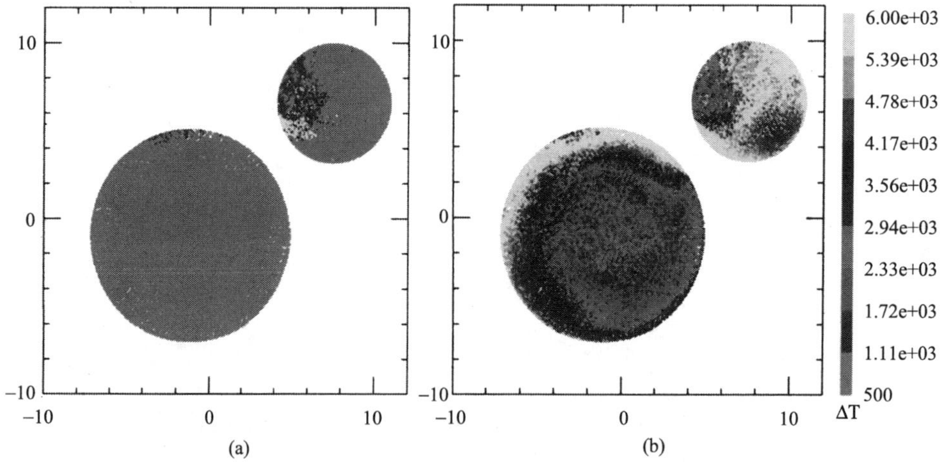

图 9.7　追溯月球物质的来源

(a) 模拟质点追溯到弹体和原地球，盘物质大多来自弹体前部区；(b) 各质点经历的峰值温度变化 $\Delta T \equiv T_{max} - T_0$

一个重要问题是，如何使所形成的月球跟地球有同样的氧同位素，这似乎要求弹体与原地球有同样的成分，或撞后的原月球和原地球的物质混合而均衡化。

形成月球的撞击应当是 $V_{imp}/V_e \leqslant 1.1$ 的，这就对弹体在撞前轨道有约束。例如，假定原地球在圆轨道绕太阳公转，弹体在同一轨道面（半长径 a_{imp}、偏心率 e_{imp}）椭圆轨道公转，若弹体在其轨道近日点撞原地球，要求 $a_{imp}(1-e_{imp}) \approx a_E$ 和 $V_\infty \leqslant 4$ km/s，$V=[(GM/a_{imp})(1+e_{imp})/(1-e_{imp})]^{1/2}$，则需要 $a_{imp} \leqslant 1.4$ AU；类似地，若弹在其轨道远日点撞击原地球，则需要 $a_{imp} \geqslant 0.8$ AU。这意味着，弹体与原地球形成于星云盘的同一区，符合氧同位素约束。

对于给定的 γ，条件 $b \approx 0.7$ 的撞击导致最贫铁的盘，对于 $V_{imp}=V_e$，盘质量“峰”与 γ 成正比

$$\left.\frac{M_d}{M_T}\right|_{max} \approx 0.015\left(\frac{\gamma}{0.1}\right)$$

改写为取 $b=0.7$、$V_{imp}=V_e$ 的新式 $M_T/M_E \approx 1.2(L_{imp}/1.25L_{E\text{-}M})^{3/5}(0.1/\gamma)^{3/5}$，得到对给定 γ 和 M_T 的原月球盘“峰”质量的估计，

$$\left.\frac{M_d}{M_L}\right|_{max} \approx 1.46\left(\frac{L_{imp}}{1.25L_{E\text{-}M}}\right)^{3/5}\left(\frac{\gamma}{0.1}\right)^{2/5}$$

这比 V_{imp} 刚超过 V_e 得出的盘质量略大些。

总之，撞击模拟得到以下关键结果：①引力矩和撞击几何是原月球物质盘的主导因素；②巨撞击显示一致的动力学趋势，$b \geqslant 0.5$ 的低速撞击一般产生显著数量的盘物质，在 $0.5 \leqslant b \leqslant 0.8$ 范围，盘质量、角动量和铁含量都随 b 增大；③形成月球的撞击性质典型情况是 $b \approx 0.7$ 的低速（$V_{imp}/V_e \leqslant 1.1$）撞击，对于 $M_T \approx M_E$、$L_{imp} \approx L_{E\text{-}M}$ 的晚期撞击，弹体的质量约火星质量（$0.1 < M_{imp}/M_T < 0.15$），在形成月球事件后，地球还吸积 $\leqslant 0.05M_T$；④原月球物质大部分（75%～90%）来自轨道接近 a_R 或其外的弹体物质，对于 $L_{imp} < L_{E\text{-}M}$，盘最大质量约 1.5～$2M_M$，温度约 3000～4000 K，质量的 10%～30%是蒸汽；⑤簇或盘的某些模拟中见到含月球质量相当部分的一些簇，这是应用 SPH 方法的人为效应，还不清楚月球成分是否跟撞击直接形成月球或经由盘而形成相符合，大多模拟情况是，a_R 内的大簇剪切为盘，而 a_R 外为簇。

尽管 SPH 方法模拟很成功，但是追踪轨道物质演化的能力仍受限制。甚至一些物质沉降到地球和盘之后，由于质点交换角动量与弥散，轨道物质继续随时间减少。只要模拟时间比黏滞特征时标短得多，盘中的角动量转移是极少的。

盘的演化与月球吸积

撞击模型证明，巨撞击容易抛出约 1～$2M_M$ 物质到绕地球的轨道，那么，这

些物质在多长时标和怎样演化为单一的月球呢?

考虑固体物质组成的原月球盘，其洛希限 a_R之内的部分很快扩展。大质量原月球盘的黏滞受热量制约。盘物质受撞击事件加热，产生部分蒸汽，熔融，黏滞扩展也发生自加热，单位表面释放的附加引力势能为 $\dot{E}_v \sim (9/4)\sigma\nu\Omega^2$。盘扩展期间，单位质量释放的总能量为 $\Delta E \sim \dot{E}_v \tau/\sigma = (9/4)(r\Omega)^2 \sim 5\times10^{11}(a_R/r_d)$ erg/g，这超过硅酸盐的蒸发热($J_v \sim 10^{11}$ erg/g)，盘发生部分蒸发。蒸汽抵制引力不稳定，使扩展减缓——相当于减少黏滞，直到黏滞耗散与冷却达到平衡。

对于标准固体吸积模型的一个挑战是，在洛希限附近，引潮效应抑制聚集。1995 年，Canup 和 Esposito 提出在 $t \sim T_K$附近的一种“质点盒”统计模型，平均而言，约 $0.85a_R$以内不可能发生吸积，而在约 $1.3a_R$之外，引潮不怎么限制碰撞增长；在这两者之间的洛希带，发生受限的吸积。把这种模型用于原月球盘，若初始盘在 a_R外有约 M_M的物质，就最有可能形成 1 M_M月球。

原月球盘的一种 N 体模拟示于图 9.8，顶图为初始 10^4 质点在 $0\leqslant t\leqslant 10T_K$的分布；到 $T_K=2\pi/\Omega$ (a_R) 约 7 小时，初始盘外边界半径 $r_d\approx a_R$之内含 $4M_M$物质；至少在 1 星期内，盘就扁化和黏滞扩展；一旦物质到 $a_R=2.9R_E$外，很快就吸积到一些小月球，它们又使内盘物质散布到地球上；不足 1 年后，形成质量 $0.85M_M$、轨道半长径 $a_M\approx1.4a_R$的绕转大月球。

这些模拟的最普遍结果是：形成一个偏心率和倾角都很小、$a_M\approx1.2a_R\sim1.3a_R$的单一大月球；若初始盘在径向很延展，有可能形成两个大月球，但由于引潮作用和它们相互作用，最终也成为一个大月球。

此外，很多撞击模拟不会形成这样的大质量和凝结的原月球盘。虽然有这样的不足，N 体模拟结果揭示出初始盘的质量和角动量跟形成的月球质量之间的重要关系。假定吸积最终结果是形成质量为 M_M、轨道半径为 a_M的一个月球，对于给定的盘质量 M_D和角动量，可以由守衡关系来评估 M_M。盘物质有三种可能命运：跟地球碰撞、被月球吸积、逃逸出该系统，即 $M_D=M_{col}+M_M+M_{esc}$、$L_D=L_{col}+L_M+L_{esc}$。

给定月球轨道角动量 $L_M\approx M_M(GM_E a_M)^{1/2}$和 N 体模拟得到的典型 L_{col}和 L_{esc}值，得到

$$\frac{M_M}{M_D}\approx1.9\left(\frac{L_D}{M_D\sqrt{GM_E a_R}}\right)-1.1-1.9\left(\frac{M_{esc}}{M_D}\right)$$

对于各种初始盘，模拟得到的 (M_M/M_D) 值范围是 0.1～1.55，普遍符合此关系。(M_{esc}/M_D) 典型值为百分之几，它在 (L_D/M_D) 较大时也增大。对于图 9.8 绕转盘 (L_D/M_D较大)，对于 (M_{esc}/M_D)＝0.05，此式预计， (M_M/M_D)＝0.86 或 $M_M=1.4M_L$。此关系是普遍合理的，但有例外，例如盘物质与地球相互引潮

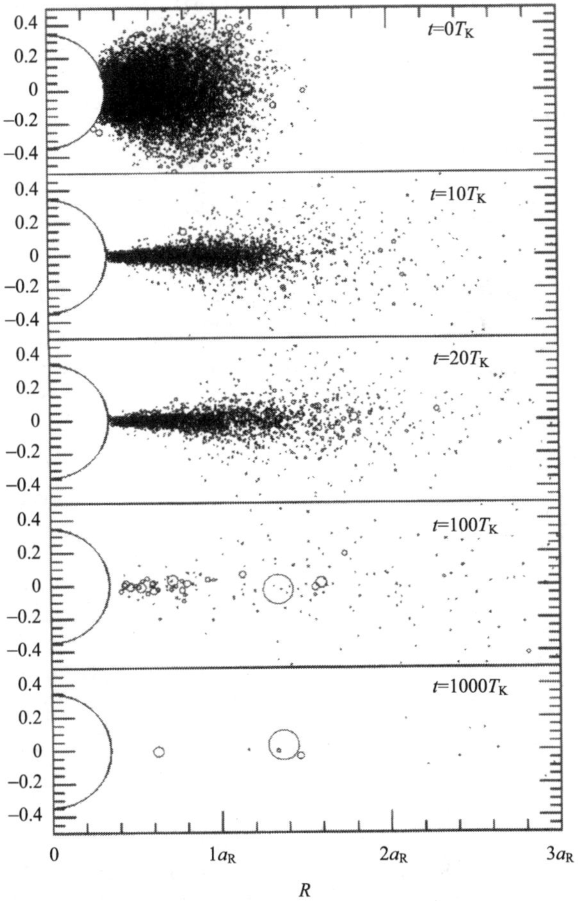

图 9.8　原月球盘 N 体吸积模拟的时间序列

圆圈所示“质点”正比实际相对大小

作用导致月球在短于月球吸积时标的共振矩，致使（M_M/M_D）值大于它的计算值。

模拟得到月球吸积时间为几个月，比辐射冷却时间短得多。而且，月球的单位质量吸积能[$3(GM_L/R_L)/5 \sim 2\times10^{10}$ erg/g]足以加热冷硅酸盐到熔点。因此，月球起初是热而熔融的，必然产生岩浆洋。

月球轨道倾角问题

追溯引潮演化的地球-月球-太阳体系可以提供月球起源的约束，尤其重要的是现在月球轨道对黄道的倾角 $I\approx5°$。由于扁的地球和太阳的引力矩作用，月球轨道法线绕垂直于“拉普拉斯平面”的法线做轴作进动。对于近的卫星，拉普拉斯平面近于行星的赤道面；对于离远的卫星，拉普拉斯平面近于黄道面。包括引潮相互作用使得对于拉斯平面的轨道倾角减少。而月球以前在轨道半长径 $a \leqslant 10\ R_E$时，其初期轨道对地球赤道面倾角 $I \geqslant 10°$，这是月球起源的一个难题。

(1) 撞击不是月球轨道倾角的起因

月球轨道倾角常因撞击形成事件而残留下来，或后来地球再受撞击所致，但都是受限制的。最可能的情况是，若巨撞击前地球自转很快，则撞后的地球自转矢量与抛出物绕转盘法线之间会有偏差。然而，由于跟扁形地球相互作用而盘物质轨道进动，盘演变为对称于赤道面，于是导致月球轨道倾角很小。可产生倾角的最有利撞击也会造成破碎，再吸积会使月球趋向拉普拉斯平面。总之，撞击不是月球轨道倾角的起因。

(2) 月球轨道倾角可能源于月球与盘的共振

Ward 和 Canup 在 2000 年提出，新形成的月球与洛希限内的 0.5～$1M_M$盘相伴共存 10～100 年，它们之间的共振相互作用导致月球的轨道倾角。月球的周期性摄动激发出盘内的波，而波式可以显著地修改月球轨道。盘内的波发生于局部平（均）运动与月球的平运动之比近于两个整数比（共振）的地方。涉及平面摄动的 Lindblad 共振而产生螺旋密度波；涉及跟月球轨道倾角有关摄动的垂直共振导致螺旋扭转波。他们指出，新形成的月球在 $a \geqslant a_R$，起初跟洛希限内的相伴盘有很多共振。因为共振矩使月球向外迁移，其平运动共振（每种共振都发生在月球处于轨道一定的位置）也向外迁移，最后离开盘。在最强的共振（即零级或一级的月球轨道偏心率 e 或倾角 I）中，最内的、因而最后迁移出盘的是 3∶1 IVR（内垂直共振）。一旦月球迁移到 $2.08r_d$（r_d是盘的外边界半径），就只有最强共振留在盘。这时，质量 M_M的月球，a 和 I 的增大率为

$$\frac{\mathrm{d}a}{\mathrm{d}t}=\frac{3T_{\mathrm{IVR}}}{M_M a\Omega},\qquad \frac{\mathrm{d}I}{\mathrm{d}t}=\frac{T_{\mathrm{IVR}}}{M_M a\Omega\sin I}\left(\frac{3}{2}\cos I-1\right)$$

其中，T_{IVR}是 3∶1 IVR 的矩。图 9.9 显示 3∶1 盘扭转波和月球轨道演化。

(3) 月球轨道倾角起因于太阳共振

如果盘矩不足以产生月球轨道倾角，它也可能由后来的一系列动力学事件产生。Touma 和 Wisdom 在 1998 年提出，在月球远离地球的引潮演化中，由于遇到跟太阳共振而改变月球轨道倾角。首要的是月球轨道运动的“出差”(evection) 共振，即月球近地距的进动周期近似于地球绕太阳公转周期。起初，洛希限内的盘影响月球的进动速率，“出差”共振位于月球轨道之外。随着盘的耗散，一旦盘的质量减少到约 $0.1M_M$，“出差”共振就移到 $10R_E$内。于是，月球从 $a=3.5R_E$远离地球过程中被俘获于“出差”共振，导致轨道偏心率 e 增大。若“出差”共振产生足够大的 e，月球下次在 $a \sim 6R_E$混合的偏心率-倾角“混合

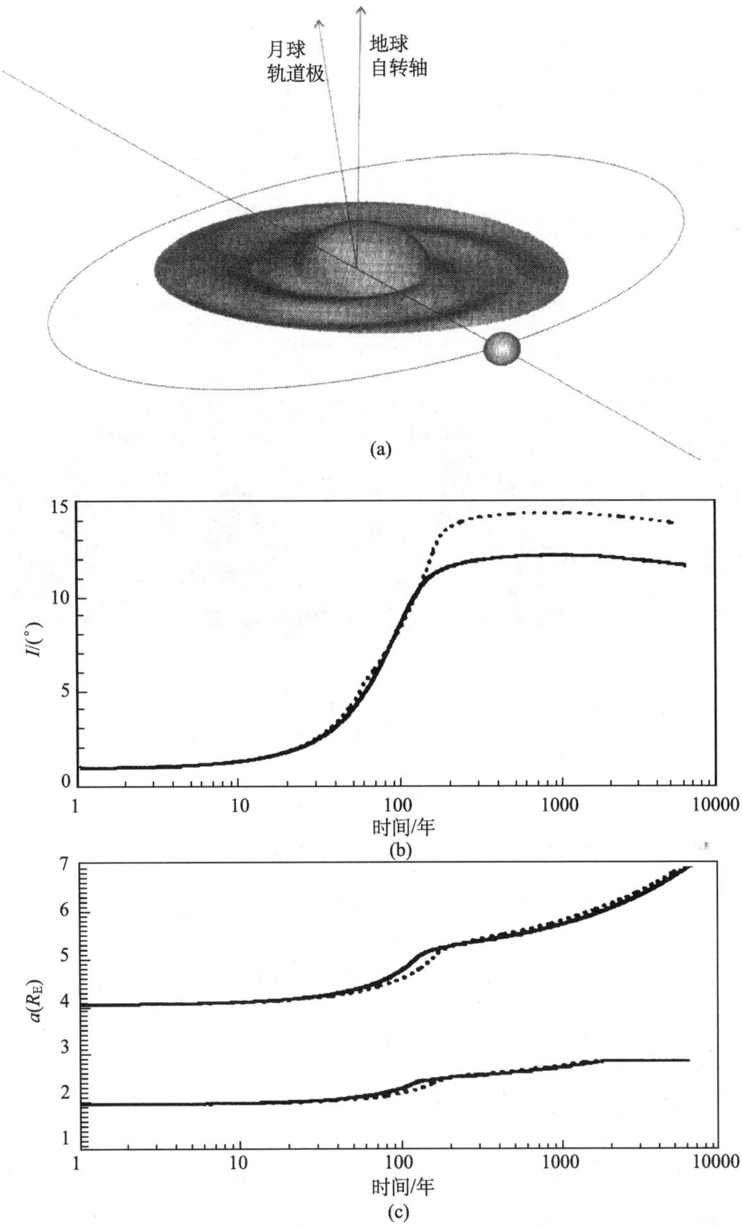

图 9.9　3∶1 IVR 产生扭转波（上，示意）和月球轨道的倾角 I 和半径 a（盘外界半径 r_s）演化

M_d（$t=0$）$=0.75M_M$的盘初期黏滞扩展时间 37 年（实线）和 50 年（虚线）

差”（the eviction）共振。首次向外，无俘获地通过“混合差”，产生2°～3°倾角。若此时月球耗散率（潮汐加热）显著增大，“混合差”产生的偏心率-轨道迁移方向瞬时逆转。然后向内运动经过“混合差”导致俘获，激发 9°～13°倾角。随着偏心率继续由引潮作用而减少，月球脱离此共振，又逆转移向，保留倾角继续外移。

最新的巨撞击模拟与结论

近年的撞击新模拟都允许角动量损失并得到合理的氧同位素，可分为标准的、小的、大的弹体三类（图 9.10）。

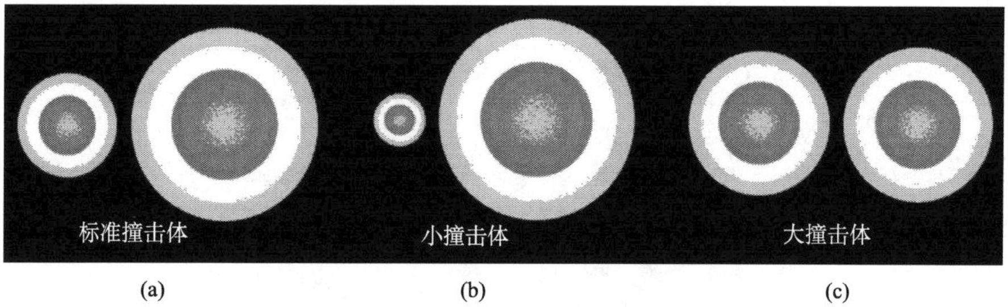

图 9.10　形成月球的巨撞击三种新模型例子

（a）标准撞击体，地球最终质量的 10%；（b）小撞击体，地球最终质量的 5%；（c）大撞击体，地球最终质量的 45%

在 2012 年 11 月 23 日，*Science* 杂志 338 期发表瞿克（M. Cuk）和斯特瓦德（S. T. Steward）和卡诺普两篇最新的序列撞击模拟。瞿克和斯特瓦德的模拟主要是采用小的弹体撞击快速自转的原地球，后来因跟太阳引潮共振而减慢，形成月球的物质大多来自地球。而卡诺普的新模拟改用大的弹体撞击原地球，两者混合而变为成分相当。同时，柳菲尔（A. Reufer）等模拟用的是标准弹体，形成月球的物质也大多来自原地球。

瞿克与斯特瓦德的模拟

他们取消了撞击后角动量跟现在角动量相当的假定，并取原地球吸积后期自转很快，小弹体撞击这样的原地球能够产生主要来自地幔物质的盘并形成月球。后来，在月球的潮汐演化期间，由地球轨道周期与月球近地点进动周期之间的共振而损失角动量，以达到现在的状况。

他们用“平滑质点流体动力学”（SPH）模拟不同质量的已分异（2/3 为硅

酸盐幔，1/3 为铁核）弹和靶的高速撞击。假定撞击时原地球（靶）几乎完全形成（约 $1M_E$）且自转周期约 2.3 小时（相应的自转角动量为现在地月系角动量的 1.9～3.1 倍；弹体质量≤ $0.10M_E$，撞击速度 V_i为逃逸速度的 1～3 倍，撞击于地球赤道面；模拟计算多种撞击情况，得到撞击后 1～2 天的绕地球转动盘的性质。后来的吸积使得地球和月球的化学差异增大。成功的撞击情景，弹体质量 $0.05M_E$，以速度 20 km/s、撞击参数 $b=-0.3$（负值表示逆地球自转）撞击质量 $1.05M_E$、自转周期 2.3 小时的原地球，撞击后的行星有热的大规模大气，逐渐衰弱为转动维持的蒸汽主宰盘，由足够角动量的 SPH 质点界定，它们的等价圆形开普勒轨道半径在行星的洛希半径外。盘是致密的，其 85%质量在洛希限内。由 1 g/cm^{3}密度线估计行星的赤道半径和极半径。撞击后的硅酸盐大气的质量为行星的百分之几。在示例中，盘内的铁核物质<1%，预料形成的月球为 $1M_M$。弹体提供盘质量部分仅 8 %，留在地球内的弹体为 2%，因此，盘与地球成分差别仅 6%，在同位素资料允许范围内。他们没有模拟月球从盘吸积形成过程，而近似地采用上节（盘的演化与月球吸积）末所得 M_M/M_D与 L_D的关系，忽略盘演化期间的逃逸质量 M_{esc}，要求盘质量分数的≤10% 来自弹和靶的铁核。

弹体质量≤$0.1M_E$、以 1～$3V_{esc}$（V_{esc}约 10 km/s）撞击质量 M_E、自转周期 2.3 小时的原地球，可以产生以地球抛出物质为主所形成月球潜在盘。这些巨撞击典型地导致弹体和净抛出的原地球物质发生部分吸积。对头的和略逆（地球自转）向、以撞击速度 $1.5V_{esc}$～$2.5V_{esc}$的撞击最后成功产生月球形成盘。这些撞击中，弹体幔物质分散在地球与盘之间，跟正向撞击（更多的弹体幔物质沉淀在盘内，更多地幔物质推入逃逸轨迹）比较，物质逃逸少。很宽范围的撞击角和速度都可以产生潜在的月球形成盘，其性质接近所需的特征。对于这里考虑的撞击速度和弹体质量，45°或更大撞击角的撞击是撞而逃（hit-and-run）事件，不足以产生可形成月球的大质量盘。速度超过 $3V_{esc}$的对头撞击开始相当大地减少行星的最终质量。

如果原地球的自转周期是 2.5 小时和 2.7 小时，比起来，受巨撞击产生的盘质量就会小于上述 2.3 小时所产生的盘，顺向撞击自转较慢的原地球所产生的盘就会有较大比例的铁核质量。这些结果意味着，对于角动量少的撞击情况，潜在形成月球事件的范围更窄。若加以弹体自转而增加总角动量，巨撞击成功地产生来于慢自转行星物质的盘。由于这些剥蚀的巨撞击碎屑带走角动量，所以行星的自转周期减少。因此，不要求在撞击之前或之后的地球自转状态近于分裂。但是，模拟提示，当撞击事件（来自弹与靶的自转及撞击几何）的总角动量近于稳定限时，容易形成主要来自地幔物质的、质量足够大的盘。

形成月球的候选撞击事件的动能若有前面情况两倍以上，就足以蒸发相当多的硅酸盐。因此，硅酸盐大气和富蒸汽的盘比以前模拟的质量更大和更热。从大气到洛希限，来自弹-靶的质量比是均一的。盘含有来自弹幔和靶幔的挥发成分和难熔成分，这两种成分在盘吸积为月球期间分离，因而月球匮乏挥发物，具体情节还有待模拟。

他们的模拟产生的地月系有过多的角动量，角动量如何丢失而演化到现在的角动量？他们用基于太阳系动力学常用“辛映射方法”的“定制的轨道积分器”，模拟地月系的早期潮汐演化，包括相互进动、月球和地球的潮汐以及太阳的摄动。当月球近地点进动周期等于地球轨道周期时，发生月球与太阳之间的“出差共振”，可以相当多地减少地月系角动量。在俘获到此共振后，月球轨道长轴绕离地球-太阳连线 90°摆动，而月球近地点进动周期固定于 1 年。月球形成后马上遇到“出差共振”，且俘获效率是共振发生时月球轨道半长轴（随地球扁率增大而增大）的强函数。在离地球距离较大时，太阳的引力摄动较强，而更重要的是，月球的潮汐进动较慢，足以有效地俘获。甚至地球自转周期为 5 小时，只要潮汐演化很慢（意味着地球的潮汐质量因素 Q 大到约 10^4；Q 是潮汐能量耗散为天体内的热量的逆量度），俘获也是可能发生的。

图 9.11 是对于标准潮汐质量因素 $Q\approx100$，地球自转周期 2.5 小时的演化模型，模拟发生在约 $7R_E$ 的强俘获到“出差共振”的过程。月球被俘获到此共振后，其轨道继续向外演化，而保持不变的进动周期，这导致轨道偏心率很快增大；直到地球和月球的潮汐之间达到平衡，但这时的准确偏心率跟模型有关，因为地球和月球的力学性质不确定。图中虽然用的是标准卫星潮汐参数，但其他 Q 值也得到相似结果。

地球和月球的潮汐之间总存在相当的平衡周期，月球以大致不变的偏心率滞留在“出差共振”。此时期，地球潮汐转移角动量给月球轨道，于是地球自转变慢。月球潮汐不能从月球轨道移走角动量，但太阳可以通过“出差共振”吸收角动量。由于此共振以地球轨道周期耦合着月球的近地点和偏心率，月球的轨道角动量可转移为地球的轨道角动量。共振锁定的月球轨道转移角动量给地球的日心轨道。实际上，此过程造成地球-太阳距离略大。

随着地球自转变慢，地球扁率减小，而对于均衡偏心率的“出差共振”位置缓慢内移。终于，月球轨道半长径变到 $5R_E$ 内，而月球维持相当大的偏心率，地球自转周期变慢到约 6 小时。这是模拟中共振锁定时的典型点。共振结束的理由是简单的：一旦地球自转速率与月球轨道运动速率变到相当，月球在近地点的潮汐加速就减弱。换言之，在近地点的月球追上地球的隆起，减少地球潮汐作用的效率。于是，月球潮汐成为主宰并把月球推离共振中心，导致共振摆动振幅越来越大。一旦摆动超过共振宽度，月球轨道在较低偏心率方向激发该共振，月球潮汐减小偏心率，而地球潮汐再启动月球远离的潮汐演化。随着月球远离同步轨道，其偏心率稳定下来，继续标准的潮汐演化。

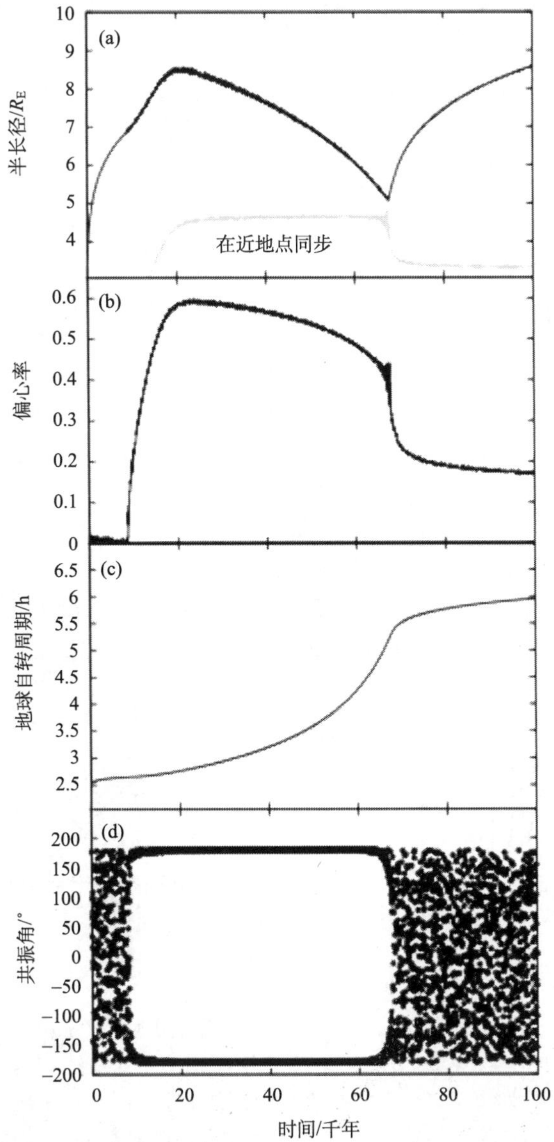

图 9.11 始于地球自转周期 2.5 小时，月球经“出差共振”的潮汐演化

月球在 9 千年、半长径 6.8R_E被俘获到共振［图（a）］，保持共振直到 9.8 万年月球几乎达到在近地点同步地球（灰线）。在此期间，月球轨道长轴锁定于离地球-太阳连线 90°。首先，月球在此共振内向外演化［图（a）］，而偏心率增大［图（b）］，直到偏心率稳定和较慢的内迁移结束于约 5R_E。在共振锁定期间，地球自转大为变慢［图（c）］，自转周期几乎到 6 小时

图 9.12 模拟几种地球自转及潮汐质量因素的地月系总角动量演化。俘获到“出差共振”和激发接近现在角动量的预报模型依赖于很多参数，其中有些是约束很差的。只有在地球和月球内的潮汐耗散率在它们平衡最佳值的 50%内，地月系演化到现状的潮汐演化率范围才会很宽。潮汐平衡要求地球和月球有相似的耗散因素 Q 或地球的 Q 大于月球（假设液态）一个量级。

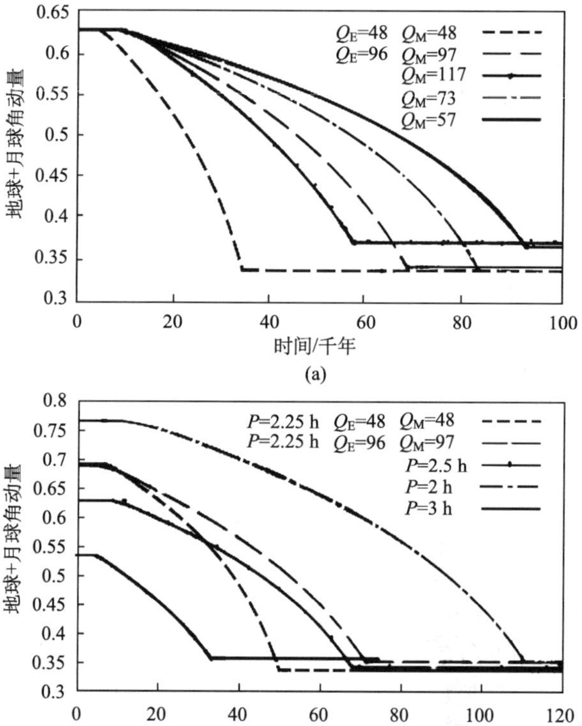

图 9.12　对于不同模拟参数，在月球潮汐演化期间地＝月系总角动量的变化

（a）模拟始于地球自转周期 2.5 小时及地球的和月球的潮汐质量因素（Q_E，Q_M）；（b）模拟始于地球自转周期 2 小时、2.25 小时、2.5 小时、3 小时。地月系现在的角动量为 0.35 单位（$\alpha M\ [GMR]^{1/2}$，α 无量纲转动惯量系数）

他们的潮汐演化模拟跟以前得到月球轨道倾角大的流行模型一致，且类似地要求撞击后对地球的倾角小（<10°）。跟“出差共振”相互作用不会激发月球倾角，而任何的月球初始倾角都会在演化期经共振而减少些。因为直到月球远离到 $7R_R$ 或更远，月球才不跟“出差共振”相互作用，该模型相容于倾角与盘相互作用假设，也符合后来由暂时内迁移产生倾角及俘获到混合共振。

巨撞击期，地球自转快，影响地球增长的所有过程，包括地幔对流的颠覆速率。在太阳系形成的1亿年时间内，形成月球的撞击不会破坏地幔下部所建立的主要化学库。同位素约束要求月球形成发生在地球吸积的末期，但准确时间仍不确定。虽然SPH技术普遍低估物质的混合，该模拟表明，在重力再均衡期间，来自地球被撞击半球较冷和较密的地幔下部物质与来自撞击半球的及上地幔物质没有很好地混合。撞击后的地球是稳定分层的，上地幔比下地幔的熵高些，抑制深对流混合。因此，形成月球的情节不破坏原地球内的先存化学分异。

卡诺普的新模拟

卡诺普的新模拟采用与靶体质量相当的大弹体撞击原地球，可以产生与地幔同样成分的盘，以符合地球与月球的成分相似性，也是由于跟太阳共振而从地月系移走相当多的角动量。

卡诺普所采用的弹体和靶体（原地球）是具有铁核和上覆硅酸盐幔的分异体，以30万SPH质点代表弹体和靶体，作了“平滑质点流体动力学”（SPH）撞击的系列模拟。其中一个模拟是很成功的，采取了弹体和靶体的总质量为$1.04M_E$，弹体占总质量$\gamma=45\%$，撞击参数$b=0.55$，低速（$V_\infty=4$ km/s）撞击；各质点赋予成分（星核质点为铁，幔质点为纯橄榄石）和相应的物态方程，在因重力、压力和激波耗散而演化中，追踪它们随着时间的演化；色标尺指示质点温度，红色>6440 K；三维模拟的所有质点被叠置；时间为小时，距离单位为1000 km；开始撞击后，很快地再撞、合并和转动；它们的铁核迁移到中心，而合并的结构发展为棒状和旋臂；旋臂缠绕，最后散布为含3倍月球质量的盘，其硅酸盐成分和最终行星差别小于1%。由于近对称的撞击，弹和靶物质近似成比例地贡献于最终盘的各处。用质量和角动量守恒，假定盘最终形成单一的月球于规定距离$3.8R_E$，采用上节（盘的演化与月球吸积）末所得M_M/M_D与L_D的关系来估计月球的质量。

为了量化盘和行星的成分差别，定义来自靶体幔的盘和行星的硅酸盐质量分数F_d与F_P的百分差别为，$\delta f_t \equiv [F_d/F_P-1]\times 100\%$。对于$\gamma=0.3$、0.4、0.5的大弹体撞击，得到的$\delta f_t$绘于图9.13，弹体（$\gamma$）大的撞击导致最终盘和行星之间成分更匹配。对于$\gamma \geqslant 0.4$，某些盘有足够的质量和角动量来形成月球和几乎跟最终地球同样的硅酸盐成分；另一些甚至含有更多来自靶体的硅酸盐（$\delta f_t>0$）。预料在$0.5 \geqslant \gamma \geqslant 0.4$范围有很多如图9.13的成功情况。如果弹体是类火星成分的，从氧、钛和铬的同位素严格约束，估计δf_t分别小于2%、10%和42%。如果弹体成分更类似地球，氧同位素约束可放宽δf_t到10%～15%，可以产生贫铁月核和满足此约束的候选模拟有15种之多，撞击参数范围很宽，$0.35 \leqslant b \leqslant 0.7$；对于随机取向的撞击，约40%的撞击是$b$在此范围的；撞击速

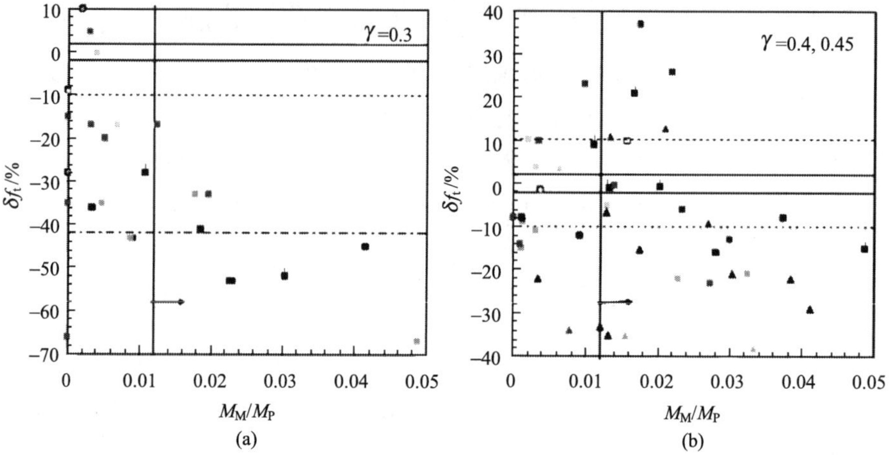

图 9.13 模拟产生的盘与最终行星之间的成分差别 δf_t 及各盘吸积形成的月球-行星质量比 M_M/M_P

(a)$\gamma=0.3$；(b) $\gamma=0.4$(三角)和 $\gamma=0.45$(方块)。不同灰符、相应于 $V_{mp}/V_{ESC}=1.0$，1.1，1.2，1.3，1.4，1.6，1.8，2.0。小方框是包括撞击之前有自转另个模拟。形成近似月球质量要求 $M_M/M_P>0.012$，竖直实线之右。满足地球-月球成分相似所需 δf_t 由水平线指示，氧（实线）、钛（虚线），铬（点虚线），假定弹体是活性成分的

度在范围 1.0～1.6 V_e。

这些模拟未考虑撞击之前弹体和靶体的自转。如果撞击之前的自转轴跟撞击的角动量有相当大差别，所产生的盘质量和角动量在很宽范围类似于没有自转的情况。但是，对于撞击之前自转轴跟撞击角动量矢量理想对齐的极端情况，也可能得到相似结果。

卡诺普的新模拟跟其以前的标准（γ 为 0.1～0.15）形成月球的撞击大为不同，新模拟产生更热的盘，含 50%～90%质量的蒸汽，盘质量也大。新模拟可以去除弹体与靶体之间的成分不匹配，或地球与盘撞击后平衡；但产生的地球与盘的系统角动量大于现在的地月系角动量，这需要月球形成后经俘获到“出差共振”来转移走角动量。

结论

地球在吸积形成的末期受到大弹体的巨撞击，抛出的物质形成月球，这种月球起源的巨撞击理论可以最合理地解释地月系的角动量和月球的异常成分特性。近 20 多年来的动力学模拟得到以下的关键结论。

（1）在类地行星吸积晚期普遍发生大撞击

现代数值模拟技术继续支持较早的研究结果，发现在形成类地行星体系中可以有形成月球的多种潜在撞击。令人惊奇的是，在其他恒星的行星系统可以直接观测到这样的撞击。

（2）符合地月系情况的单次撞击

巨撞击原地球而产生恰当的原月球盘，具有地月系的总质量和更多的角动量。撞击参数也是关键约束，可以产生足够大质量的贫铁月球。

（3）撞击产生的物质吸积到单个月球

中心大致在洛希限外的绕转物质最常见的是聚集为单个的月球。若形成多个约月球大小的卫星，则因轨道的引潮演化和相互作用而在动力学上是不稳定的。

（4）月球的轨道倾角的起因

月球轨道倾角是以前撞击说的难题。上面讨论了三种（撞击、盘矩、太阳共振）可能解释，实际上，归根结底，轨道倾角也是撞击导致的结果。

虽然动力学的一些模型取得成功，但有相当宽的参数范围，在符合月球和地球的物理和化学性质等方面还有一些问题需要进一步深入研究，包括弹体来源、月球形成的时标和热过程的作用、撞击起源的月球化学意义等。

第十章　月球的地质过程和年代学

月球地质学主要是从其表层遗留下来的片断记录来重建地质演化史。由于缺乏大气和水圈作用，月球的地质演化过程较地球上简单得多。月球的地质研究依据的是地球上的望远镜观测、绕月飞船的探测、采回的月球样品以及地球物理资料的结合。月貌和采回样品的研究表明，月球的主要地质过程是陨击和火山活动。陨击留下了岩石和矿物屑及玻璃熔体等证据，陨击角砾岩也很普遍（尤其高地区域）。月海玄武岩样品表明，月海盆地被火山熔岩流覆盖。

月球的地质过程

陨击成坑过程与剥蚀

月球表面有大量大小和年龄不同的陨击坑（参见图 4.6）。陨击成坑是月球的最重要地质过程，其机制来自于试验和理论研究，包括从已知陨击坑、化学爆炸坑或核爆炸坑、火箭轰击的野外观察，高速子弹射击的实验模拟，用合理计算机程序的坑形成系列物理模型，来研究陨击成坑的机制。

一个陨击坑的形成过程是一系列的快速现象，从陨落的弹体撞到行星体表面（靶）开始，到抛出碎屑落到坑周围终止，可以分为以下三个阶段（图 10.1）。

（1）接触和压缩阶段

当弹体撞到靶体时，撞击速度是超声的，弹体的动能以激波（冲击波）形式传递于靶体及弹体。激波的传播可以从质量、动量、能量守恒导出 Hugoniot 方程组来数值模拟计算。

弹体接近月球的速度范围从逃逸速度（2.4 km/s）到约 70 km/s，最典型的从 16 km/s 到 20 km/s。弹体撞击月球靶岩时，其动能转化为分别在弹体和靶岩快速（超声速）传播的两个激波，激波的压强达几百万帕，它产生的形变应力比岩石强度大几个量级。当激波阵面通过岩石后，压强突然减少，大部分岩石就蒸发了。从第一接触点开始，两个激波分别压缩弹体和靶岩物质。以弹体与靶岩接触点为中心，超高压半球呈轮胎式扩展，总的外轮廓为半球。弹体和耙岩存在的自由表面（即外表面接触空气或行星际介质）不能维持应力状态，因而在激波过后就发育稀疏（弛豫）波，使严重受激的弹体和靶岩发生蒸发和熔融，它们的混合物以速度几千米/秒喷射。喷射几乎跟弹体撞击靶岩同时开始，常常到弹体完全压缩时结束。

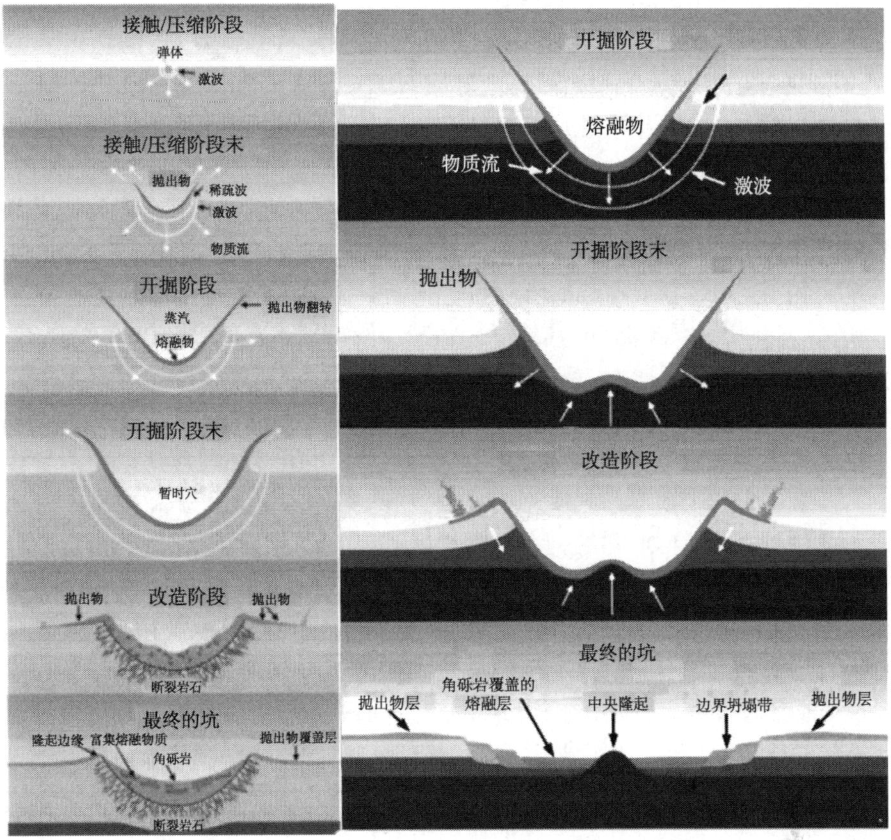

简单坑的形成　　复杂坑的形成

图 10.1　陨击坑的形成过程

当弹体中的激波到达它的后端时，稀疏波从后面反射，以声速通过遭受激波的弹体，使其物质去压缩到近零压。因为遭受激波的物质初始压强很高，弹体可能完全熔化或蒸发（取决于退压缩），稀疏波通过后很快就作为蒸汽羽或火球离开坑。此阶段持续时间为激波与随后稀疏波通过弹体的时间，对于 10 m 到 1 km 的弹体，典型值为 1～100 ms。

（2）掘坑或抛射阶段

从弹体后端来的稀疏波释放高压，若初始压强很高，弹体和靶区物质就蒸发。蒸汽羽或火球绝热地向上和向外膨胀而抛射。同时，靶岩中的激波向深处传播，并逐渐衰减为以声速传播的应力波。激波后面的稀疏波使物质退压缩，触发亚声掘坑流开扩坑。取决于能量大小，掘开物质持续几分钟，掘开物质向下到约1/3瞬时坑穴深度。坑深度下面的靶物质被向下推，而上层物质被向上举，形成坑壁或坑缘。部分抛射物又落回坑内，更多的抛射到坑外而成为沉积覆盖层。

小陨击坑（月球上，坑直径 $D\leqslant 15$ km）的坑缘典型高度 h_{rim} 为坑直径 D 的1.04倍，即 $h_{rim}\approx 1.04D$；坑深度 b_{dr}（底到缘）约为坑直径 D 的1/5，即 $b_{dr}\approx D/5$。对于大陨击坑，重力造成包括坑缘和坑坍塌的各种形态变化，上述关系不成立。

从坑中掘出的岩石和碎屑抛出速度远小于压缩阶段的喷流。它们沿着近于抛物线的弹道向上和向外抛出，形成向外扩张的“抛出物幕”。掘坑先是从撞击点附近抛出的速度最大（到几千米/秒），随后从扩大坑抛出速度减少，典型为100 m/s，直到耗尽陨击能量，最后的坑直径比弹体大得多。抛出物落下，形成坑周围的抛出物覆盖层，延续到2倍多坑半径远，甚至形成放射状沉积的很长“辐射纹”。有些抛出的岩石又撞击出月球表面的“次生坑”。

掘坑阶段结束时，形成“暂时坑”（transient crater），其形状取决于弹体的大小、速度、成分、陨击角度和月球的重力以及其表面的物质和构造。坑直径 D 跟弹体的动能 E 有如下“标度律”（scaling law），$D\propto E^{1/3}$；更普遍的经验“标度率”（单位：m、kg、s）是，$D=1.8\ \rho_m^{0.11}\rho_p^{-1/3}g_p^{-0.22}\ (2R)^{0.13}\ E^{0.22}(\sin\theta)^{1/3}$，其中，$\rho_m$ 和 R 是弹体的密度和半径，ρ_p 是月球靶岩的密度，θ 是陨击对地平的角度。由此可见，典型陨击坑直径大致是弹体的10倍。实际上，弹体的大部分动能用于开掘陨击坑，仅小部分用于加热和熔融表面物质，坑内熔融物冷却再结晶或形成玻璃。用于加热和熔融表面物质的能量跟弹体的质量、速度以及弹体物质和表面物质的成分和状态有关。例如，弹体的动能越大，表面物质的孔隙度越小，熔融得越多，陨击沙地比陨击岩石产生的玻璃多。

（3）坍塌和改造阶段

在陨击坑开掘后，还要受到地质过程的改造。月球的重力使过剩块体下滑。坑底受压缩物质弛豫而反弹。坑的最后形状取决于它的原来形态、大小，以及月球重力和所涉及物质的性质（强度、熔点、黏滞性等）。

复杂坑的特征是有中央峰和边缘阶梯。月球上直径 D 为15 km到80 km的复杂坑，中央峰高度 h_{cp} 大致有 $h_{cp}\approx 0.0006D^2$。月球上复杂坑的中央峰高达3 km，常低于坑缘。中央峰的宽度大致是坑直径的20%。坑直径大于140 km的，由山脉环取代中央峰。某些复杂坑兼有中央峰和山脉环。

类似于一滴水撞入液体造成反弹的波环和峰，掘坑过程一结束，坑内残余碎屑马上向中央下移，坑底受压缩的岩石反弹而可能导致中央峰或山脉环的形成。

一旦掘坑抛射全部物质，坑缘就会滑塌，因而，坑底被填充，坑壁变为阶梯地形，坑直径增大。观察表明，因为受陨击的岩石变得像流体，在固结之前就形成这些地形。

规模更大的严重陨击造成直径 300 km 以上的坑，称为陨击盆地，且因其外围有多个山脉环而称为多环盆地。广延抛出物形成多丘地形——“建造”（Formation），例如，雨海周围的弗拉·毛罗（Fra Maruo）建造，酒海周围的 Janssen 建造。

随后的很长时间，坑还发生进一步改造。剥蚀和微陨击会削掉坑缘，使坑变得平坦。坑的均衡调整也很重要，由于掘坑抛出大量物质，坑底上涌。后来的火山活动和构造活动会严重改造陨击坑形态，火山岩浆会通过陨击产生的裂隙或变薄的月壳涌出，填充陨击盆地底部。

总的说来，陨击事件有以下特征：①主陨击坑，由弹体撞击直接形成；②抛出物覆盖层，从坑抛出的碎屑沉落到坑缘外，远达坑直径 2 倍多，覆盖层情况跟表面之下的靶岩性质有关；③次生坑和坑链是主坑抛出的高速岩块再撞击表面而形成的；④辐射纹，主坑放射状抛出的高速岩粉沉落而成，达数倍坑直径远；⑤角砾和熔融玻璃，是陨击的高温高压熔融的矿物碎块黏合所成；⑥表土，是微陨击和抛出碎块破坏表面岩石的粉末；⑦聚焦效应，大陨击产生的强震波经月球内部物质会聚而聚焦对趾区，改造那里的月貌，例如，月球雨海的对趾区；⑧剥蚀和破坏作用，大陨击有足够能量来剥蚀，甚至造成灾难性地破坏。

以上是陨击缺乏大气的月球情况。对于有大气的行星，陨击情况有一些修改，例如，小的陨落体可能在大气中完全烧蚀掉而不撞击表面；大些的弹体或者到低空爆裂为多块，霰弹式撞击表面，造成陨击坑链；或者像原子弹那样低空爆炸而危害很大区域，也可以造成大而浅的坑。一般来说，大弹体通过行星大气也会减速和烧蚀掉小部分。有人提出，具有中央上涌和直径-深度比约 10∶1 的大陨击坑是彗星（而不是陨石或小行星）陨击形成的，当密度小的彗星高速撞击表面时，释放的能量留在附近，造成更有效的侧向掘坑。

月球早期受小行星或彗星的陨击，不仅产生巨大的月海盆地，而且其作用和影响范围很大。最典型的雨海陨击事件（图 10.2），约发生在距今 39 亿年前。据推算，一个直径约 100 km 的小行星（或直径 20 km 的彗星）陨击了雨海区，开掘出雨海盆地，溅出物飞出盆地外 500 km，形成弗拉·毛罗建造（地层）及次生坑链，也造成雨海周围的环形构造（山脉系、断裂等），陨击产生的月震波通过内部聚焦而影响另半球对趾区月貌，盆地区月壳减薄也为后来的岩浆喷发准备了条件。

由于月球缺乏大气，大大小小的流星体不断陨击月球表面，严重地改造其表面，形成大量陨击坑及遍布的月壤。陨击使月球表面物质发生纵向和侧向（抛出物沉积）再分布，基岩被改造，也使月壤岩化而形成月壤角砾岩。

飞船采回的月球样品中也有大量陨击变质的证据，陨击过程是在改造月球表

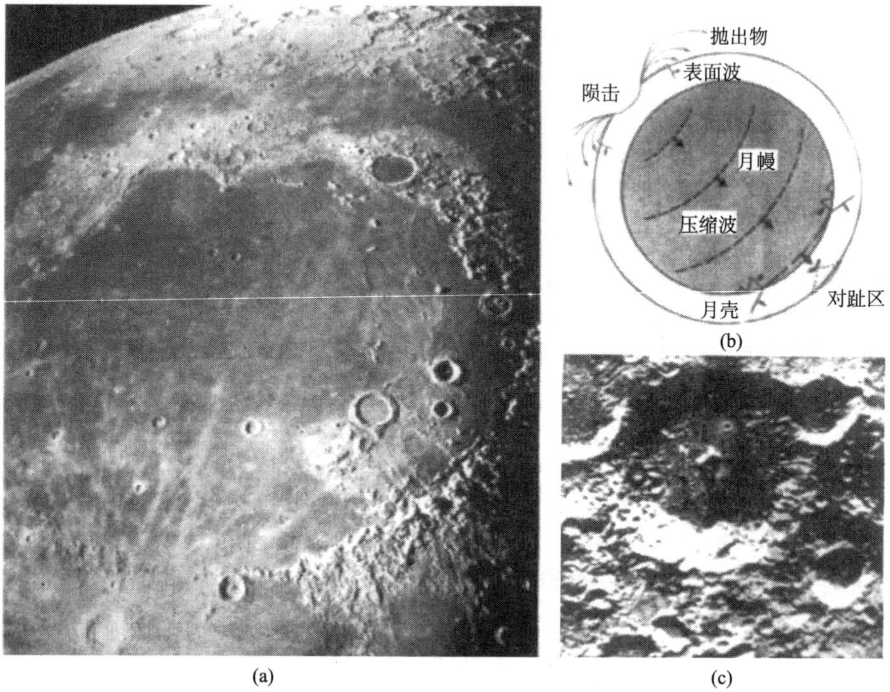

图 10.2　大型雨海陨击事件产生的震波经月球内部“聚焦”影响到对趾区（b）
（a）雨海；（c）对趾区有很多断裂地块

面中起最重要作用。月球表面年龄越老的区域，陨击越严重，近 31 亿年以来陨击事件逐渐减少。

至今月球表面仍常被陨击，月震仪记录每年陨击 70～150 次，相应的流星体质量为 100 g～10^3 kg。流星体的流量 N（陨击到每年、每平方公里表面的质量 m 克以上流星体数目）为 $\log N = -1.6 - 1.16 \log m$ ，这比地球上测出的流星体流量低 1～3 个数量级，是因为月球重力比地球重力弱。

由于月球缺乏大气，微流星体（宇宙尘）可以直接轰击月球表面，在岩石、矿物颗粒及玻璃球的表面上留下微陨击坑，其大小从 1 μm 到 1 cm 以上（相应的宇宙尘质量为 10^{-8}～10^{-2} g），微陨击坑的周围一般有放射状断纹或贝壳状同心击裂带。宇宙尘的不断轰击造成小规模的侵蚀、电离、蒸发和侧向搬运，但垂直混合作用很小。各种岩石上的微陨击坑产生率可以从记数和暴露年龄求出。近百万年来，直径 0.05 cm 以上的微陨击坑产生率为 1.2～10/(cm^2 · Ma)。取 5/(cm^2 · Ma)估算，质量为 10 g、100 g、1000 g、10 000 g 月球火成岩，平均保留时间分别为 190 万年、460 万年、1030 万年、2200 万年。侵蚀速率约 1 mm/Ma，混合和均匀化仅限于最上层的 1 mm。

由于太阳风粒子直接轰击月表物质，其溅射作用也在慢慢地侵蚀月球表面，侵蚀率约每百万年 0.1 mm，约为宇宙尘侵蚀率的 10%。尤其表现显著的是，太阳风注入气体氩（^{40}Ar）到表面，而表面又排出钾（^{40}K）放射衰变生成的^{40}Ar，导致老于 37 亿年的月面区的$^{40}Ar/^{36}Ar$ 比率较高（图 10.3）。

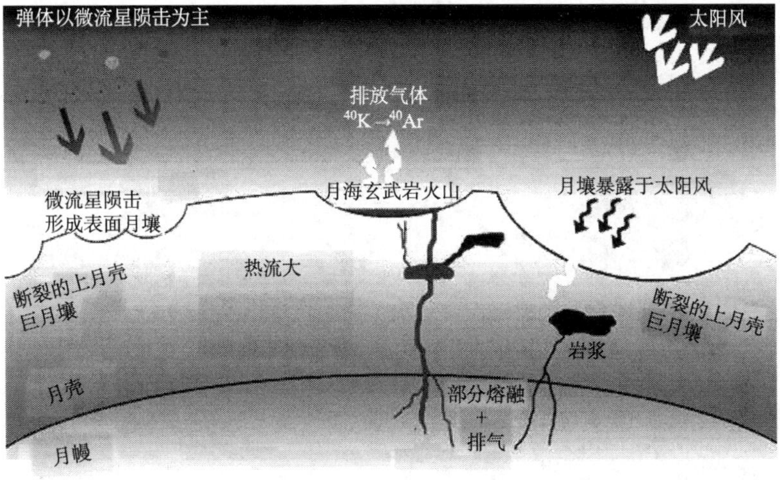

图 10.3　陨击和太阳风作用以及火山活动改造月球表面

太阳辐射直接照射月球表面，导致矿物颗粒最外层几毫米的铁被部分地还原成金属，散布在微陨击熔融玻璃中。太阳风辐射也导致月球表面的光学性质改变，磁性及反照率逐年减小。

太阳系和银河系的宇宙线粒子不断轰击月球的表面物质，产生核反应和粒子径迹，有时使颗粒外表几微米转化为非晶质物质。由此产生的同位素（稳定的和放射性的）效应和粒子径迹，常用来确定月表物质暴露于宇宙线下的时间（暴露年龄）。月土暴露年龄一般约 4 亿年，个别颗粒达 17 亿年，月岩暴露年龄为 1 百万年到 7 亿年以上，这与结晶岩的保存时间计算结果一致。

火山活动

火山活动也是月球的主要地质过程（图 10.3，图 10.4）。月球吸积形成初期造成外部岩浆洋，冷凝出月壳，放射性元素（铀、钾、钍）衰变再加热下月壳和上月幔，造成一系列部分熔融物的岩浆室，热的岩浆略轻于周围岩石，因而沿陨击造成的断裂通道上升。岩浆上升中，周围的和上面的岩石的压强减小，使得岩浆排出气体，形成到表面的岩浆流常见的气泡。玄武岩岩浆流填充盆地底部，形

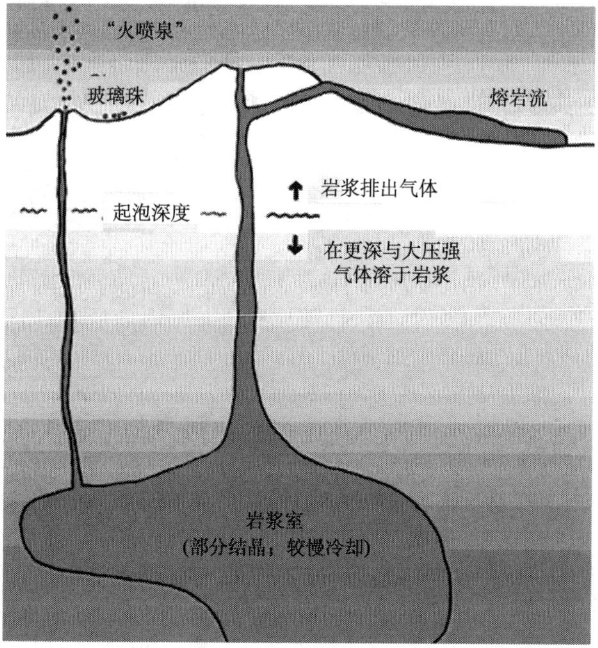

图 10.4 月球玄武岩火山活动的熔岩流和喷发（"火喷泉"）

成月海。或者岩浆以"火喷泉"形式喷发，生成大量玻璃珠（图 10.5)，由于月球的重力场弱，它们散布到更大区域，有些成为阿波罗 15 号和 17 号飞船采集的绿色和橙色玻璃珠。月海玄武岩来自深部熔融和喷发的岩浆，在距今 39 亿～32 亿年多次喷发并固结。在地球上，火山活动常形成火山山脉。但月球上却不同，由于熔岩的黏滞率低，火山熔岩流大规模填充陨击盆地，成为月海（低地）平原，估计深达 5 km，广延的熔岩流造成蜿蜒悬崖、蜿蜒月溪、月海脊、暗晕坑等特征，其他区的火山特征很少。

月球上的大规模火山活动在 30 亿年前就停止了，之后仅有少量火山活动，例如，望远镜目视观测到的局部瞬变事件——局部月面模糊、颜色变化（发红光）和亮度变化，可持续几秒到几小时。这些现象常发生在陨击坑边缘、中央峰和月海盆地边缘，大约有 200 处发生过 1300 多次瞬变事件，其中 400 次以上发生在三个陨击坑（阿里斯塔克、柏拉图、阿尔芬萨斯，参见图 10.6)。在瞬变事件的光谱中鉴别出一些气体分子（包括氢和碳），有人解释为气体放电或火山活动，也有人解释为太阳辐射使硅酸盐和气体发光。阿波罗 15 号和 16 号指令舱上的粒子质谱仪探测了月表^{222}Rn（氡 222 是铀衰变产生的，其半衰期 3.7 天）的分布。这种气体仅 1～2 星期就可从月球内部逸出，氡逸出区附近可能有火山活动。结果表明，氡富集于阿里斯塔克坑及一些月海边缘。于是，瞬变事件可能是挥发物（沿断裂）放出，并使月尘腾飞而导致局部月表模糊和发红光，同时逸出氡。

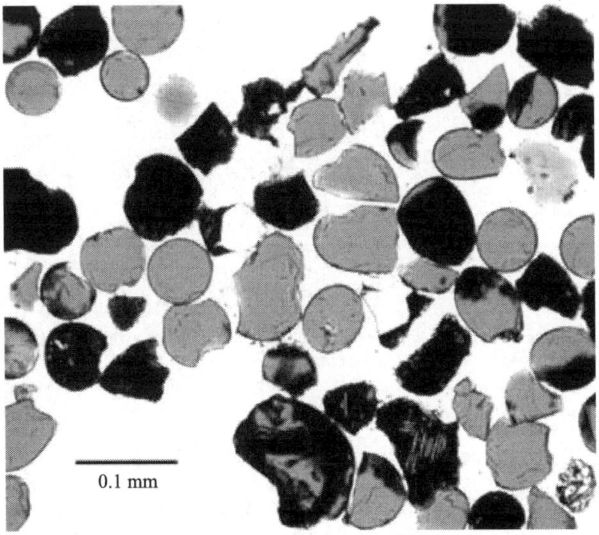

图 10.5　阿波罗 17 号登月点的沉积物薄片

包括很多橙色火山玻璃珠，暗球是同样成分的、但有结晶的不透明钛铁矿。有趣的是，这些橙色玻璃珠及阿波罗 15 号登月点的绿色珠含少量水

图 10.6　阿尔芬萨斯暗晕（箭头所指）坑

构造活动

月球的构造活动是其表面受力所导致的变形。这些力可以是内因的（如冲断层）或外因的（如陨击造成的断裂）。虽然月球没有地球板块构造那样的大规模构造活动，但月球仍有以下四种构造活动。

（1）陨击造成的构造活动

如前面所述，陨击激波可以造成表面下的岩床断裂，导致坑壁坍塌。明显地表现在盆地外围的径向断裂（如 Cauchy 月溪）或同心断裂（如澄海周围的弧形月溪）。

（2）跟火山活动有关的构造活动

如前面所述，从月幔喷出的熔岩比所覆盖的月壳重，凝结的月海岩石造成下面岩床的应力，产生月海脊和弧形月溪。当熔岩覆盖坑或盆地边缘时，也产生月海脊。因而，月海脊是多种构造过程的结果。

（3）潮汐作用所致的构造活动

地球对月球的潮汐作用也是相当大的，致使月球不是理想的圆球，导致月球"同步自转"，并引发月震及表面下面的断裂。

（4）内力所致的构造活动

月球长期冷却，导致塑性月幔收缩，但刚性月壳不随着收缩，从而产生局部应力场，最终以冲断层释放。

总之，月球的主要构造活动是跟陨击和火山活动相关的，而且又相互影响。相对于地质过程极其复杂的地球而言，月球的地质过程较简单，易于较孤立地研究单一地质过程而揭示其规律，尤其是揭示陨击在类地天体及其起源演化中的重要作用。

块体坡移

月球的大陨击坑的内壁反照率大，这里可能有新鲜暴露的基岩和最近才堆积的岩屑沉积。从照片上可以见到，在许多陡的坑壁附近分布着赤裸岩崖、断裂岩块、滑塌岩块及倒石堆乃至岩块沿坡滚跳而留下的痕迹（图 10.7），说明块体坡移（mass wasting，包括塌方、岩屑滑移、滑塌、蠕动）是改造陨击坑及其月貌的重要地质过程。

总之，陨击和火山活动是形成与改造月球表面的最主要地质过程，同时伴生构造作用，又受块体坡移改造，在小尺度上还受微陨击及太阳风侵蚀，还有地球对月球的引潮作用造成月震。由于缺乏大气圈和水圈，月球上没有流水、冰川、

图 10.7　月球的典型小陨击坑，显见块体坡移的一些特征

波浪及风的侵蚀作用和沉积作用，更没有地球那样的板块构造活动，近 30 亿年来火山作用也基本停止了。

月球岩石的绝对年龄

测量月球样品的放射性同位素含量，可以确定它们形成至今经历的时间——绝对年龄。应用地质学的叠置原理和切割关系，可以得出月球表面各地质单元形成的先后次序——相对年龄。于是，可以把样品所在单元的相对年龄标定为绝对年龄，进而推定月球表面各地质单元的年龄。

岩石或地质事件的绝对年龄主要用放射性同位素衰变“钟”来测定。众所周知，原子核由若干质子和中子组成，质子数目决定原子序数并规定其所属元素种类，而中子和质子的总数目决定原子的质量数。原子序数相同而质量数不同的原子为同位素。有一些同位素（母核）是不稳定的，会自发地发生放射性衰变，生成新的同位素（子核），如：^{87}Rb 衰变生成^{87}Sr、^{235}U 衰变生成^{207}Pb。放射性同位素有严格的衰变规律，不受外界条件（温度、压力、化学变化等）影响，它一从母核生成就开始有规律地衰变，好像上了发条的钟有规律地走动一样。

若母核生成时的数目为^{k}P，经过时间 t 衰变后生成子核数目为^{i}D，则衰变规律给出 $^{i}D={}^{k}P\,(e^{\lambda t}-1)$，式中的 λ 是衰变常数。半数母核衰变所需时间称为

“半衰期”，$\tau=0.693\ 15/\lambda$。测定绝对年龄常用的放射性衰变及半衰期列于表 10.1。

表 10.1 放射性同位素的半衰期

母核—子核	半衰期/年
$^{87}Rb \rightarrow ^{87}Sr + e^{+}$ （正电子）	4.88×10^{10}
$^{232}Th \rightarrow ^{208}Pb + 6\ ^{4}He$	1.40×10^{10}
$^{235}U \rightarrow ^{207}Pb + 7\ ^{4}He$	7.04×10^{8}
$^{238}U \rightarrow ^{206}Pb + 8\ ^{4}He$	4.47×10^{9}
$^{40}K \rightarrow ^{40}Ar + e^{+}$	1.25×10^{9}
$^{147}Sm \rightarrow ^{143}Nd + ^{4}He$	1.06×10^{11}
$^{129}I \rightarrow ^{129}Xe + e$ （电子）	1.7×10^{7}
$^{26}Al \rightarrow ^{26}Mg + e$	7.4×10^{5}

若某一地质事件时在封闭体系（如岩石、矿物）的子核初始数目为$^{i}D_0$，则此事件的年龄由下式计算，$^{i}D - {^{i}D_0} = {^{k}P}\ (e^{\lambda t}-1)$ 。为了提高测定精度，常用测量放射性同位素^{i}D 与稳定同位素^{j}D 数目比值来求年龄(^{j}D 与时间无关)，即 $\left(\frac{^{i}D}{^{j}D}\right)-\left(\frac{^{i}D_0}{^{j}D_0}\right)=\frac{^{k}P}{^{j}D}(e^{\lambda t}-1)$ ，这是斜率为($e^{\lambda t}-1$)的直线方程，其截距($^{i}D_0/{^{j}D_0}$)是初始的同位素数目比值。对于具有同样年龄、但不同($^{k}P/{^{j}D}$)的两个以上样品(例如，同一岩石中的几种矿物)，以测定值($^{i}D/{^{j}D}$)、($^{k}P/{^{j}D}$)为两个坐标画在图上，可得到平均的直线——“等时线”，由其斜率及衰变常数就可以算出绝对年龄。例如，“钐-钕法”测得月球斜长岩的等时线年龄为(44.56±0.40)亿年，初始($^{143}Nd_0/^{144}Nd_0$)=0.506 859±0.000 071(图 10.8)。“铷-锶法”测得月球岩石样品 14310 的等时线年龄为(39.3±0.40)亿年(图 10.9)。对于“钾-氩法”($^{40}K \rightarrow ^{40}Ar + e^{+}$)，由于子核氩是不易跟其他化学元素化合的气体，若岩石形成时不含^{40}Ar、且^{40}K 衰变的^{40}Ar 全部封闭于岩石内，则得到的是岩石形成年龄；若后来受到加热事件而丢失^{40}Ar，则得到的是加热事件年龄——“气体保留年龄”。

周琴等（2010）分析研究了飞船采回的月球样品和月球陨石的同位素年龄测定资料，结果表明：高地岩石的年龄为 38 亿～45 亿年，其中铁斜长岩是最古老的［Sm-Nd 等时线年龄为（44.561±0.40）亿年］，镁岩套的年龄为 41.8 亿～44.3 亿年，克里普石英二长闪长岩的年龄达（43.65±0.30）亿年；月海玄武岩的年龄为 30 亿～40 亿年，主要集中在 31 亿～39 亿年，高钛玄武岩形成似乎较早（阿波罗 11 样品为 35.5 亿～38.8 亿年，阿波罗 17 样品为 35.6 亿～39.3 亿年），而低钛玄武岩形成较晚（30.8 亿～33.7 亿年），但有些高铝和富钾的低钛玄武岩的形成年龄近于高地岩石。

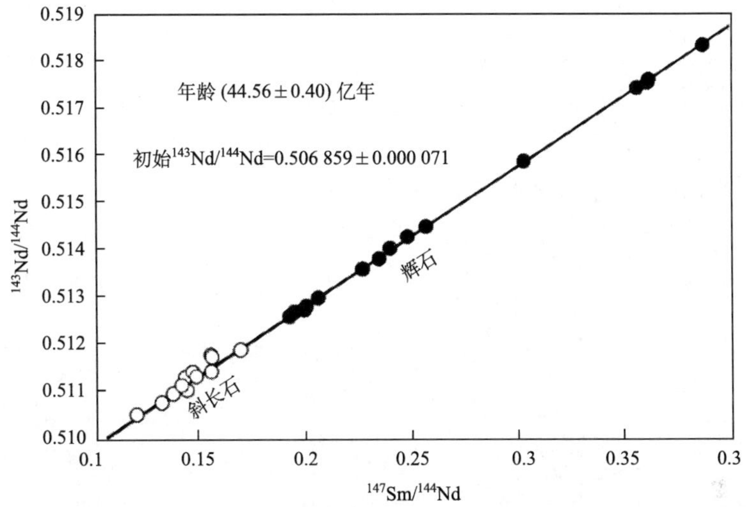

图 10.8　月球斜长岩的钐-钕等时线年龄

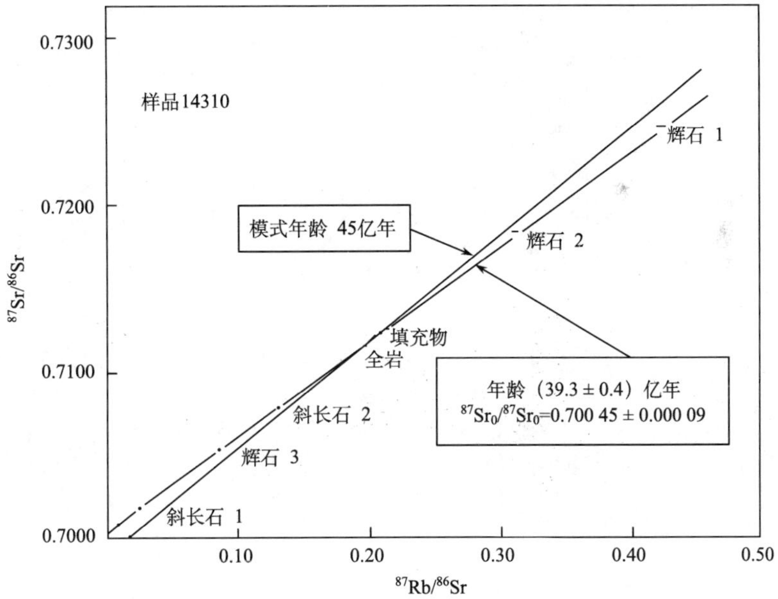

图 10.9　月球岩石样品 14310 的铷-锶等时线年龄

月球地层与相对年龄

地层学把地形解释为三维的物质单元，每个陨击坑或盆地不可作为孤立地形，而作为沉积源，这些沉积为：①层状或板状，②具有限的、通常变化的厚度，③侧向连续在有限区域，④留于其他单元上，⑤被额外单元或自由表面限定上界。其沉积格局或受较老单元阻碍、或受较年轻单元叠置、或被后来的构造横切而中断，简言之，由叠置和切割关系可以确定各地形单元的先后年代次序关系——相对年龄（图 10.10，图 10.11），由月球表面的摄影就可探索地质历史。

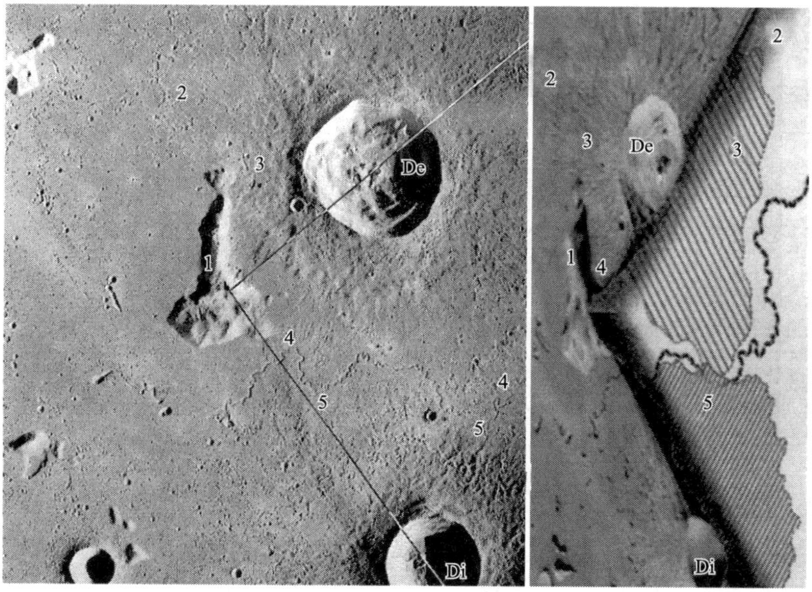

(a)　　(b)

图 10.10　陨击坑 Delisle（De，25 km）与 Diophantus（Di，18 km）、月海物质和雨海盆地的地层关系

雨海的山丘作为岛屿而突出于月海表面（1），月海单元（2）被 Delisle 抛出物（3）覆盖；另一个包含蜿蜒月溪（4）的月海单元弯转 Delisle 抛出物。Diophantus 的次生坑叠于成溪的月海单元和 Delisle。(a) 阿波罗 15 号帧 M-2076；(b) 沿左图折线绘制包括地质交叉截面的剖面

月球年代学

月球探测的最重要成果之一，就是准确地测定出几处的放射绝对年龄，并跟相对年龄研究一起，确定陨击坑年代关系，建立了月球（陨击）年代学模型。

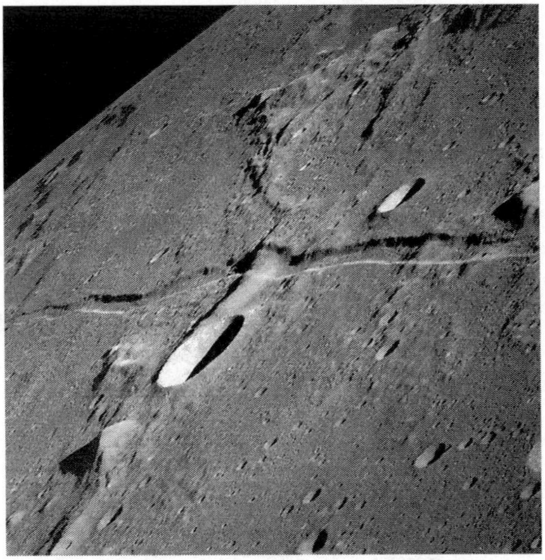

图 10.11　横切像的是 Ariadaeus 月溪（长 220 km，深 0.8 km）一段
下侧有新形成的 Silberschlag 陨击坑（13 km）。右上暗片是较老的 Boscovitch
陨击坑的底部

识别采样单元上的陨击坑，并关联到放射同位素的绝对年龄，陨击年代学以给定单元所有 $D \geqslant 1$ km 的陨击坑累计总数 $N(1)$ 表示，常归化为陨击坑的密度（即，平方千米面积的坑数），各值相应于一个年龄 T（以 10 亿年为单位），实例示于图 10.12，可拟合方程 $N(1)=5.44\times10^{-14}(e^{6.93T}-1)+8.38\times10^{-4}T$。

近年，用 LROC（月球会合轨道器摄像机）的 WAC（广角摄像机）和 NAC（窄角摄像机）拼合图像，以更高的分辨再考查阿波罗号和月球号的定标点，拟合新的 $N(1)$ 值到已测放射年龄，而导出修正的月球年代。以阿波罗 15 号登月点的示例，登月点在雨海东边缘的哈德莱月溪附近，雨海盆地形成于 39.2 亿年前，估计熔岩填充在 33.0 亿年前；登月点北—北东有年轻的 Autolycus 陨击坑（直径 150 km），为年代研究的陨击坑计数中应扣掉诸如一些来自它的次生坑；最后得出该区的 $N(1)$ 跟再考查阿波罗的结果重叠（图 10.13）。所有采用点的 $N(1)$ 也符合或略大些。

阿波罗号和月球号采样点缺乏 39.2 亿年之前的和约 10 亿～30 亿年前的样品，陨击坑计数作了共识的外推拟合，对 35 亿年之前，函数 $N(1)$ 随时间指数式减小，而后线性拟合。采用 $N(1)$ 与时间 T 更好拟合关系，$N(1)=\alpha[\exp(-\beta T)-1]+\gamma T^2+\delta T$，新结果（图 10.14）为 $\alpha=1.79\times10^{-40}$，$\beta=22.4$，$\gamma=1.62\times10^{-4}$，$\delta=1.04\times10^{-3}$。如果改正月球的极端成坑不对称性，则 $\alpha=$

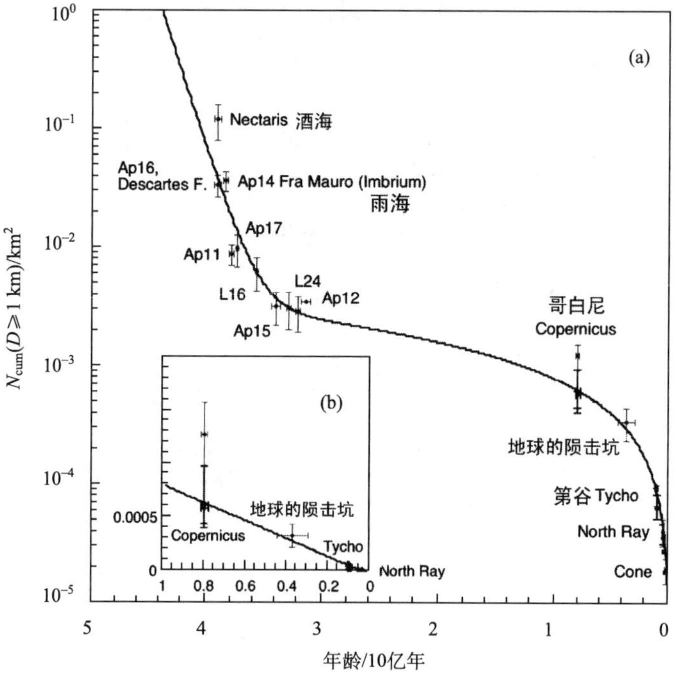

图 10.12 在每 km^2 面积的各年龄的 $D\geqslant 1$ km 陨击坑累计数目 N_{cum}

(a) 对数标度；(b) 线性标度

6.23×10^{-41}，$\beta=22.6$，$\gamma=1.77\times 10^{-4}$，$\delta=9.10\times 10^{-3}$。跟以前使用的 Neukum 等（2001）拟合比较，新结果主要有三：其一，较小的 α 表明，先前的线性项、现在二次项主宰月球大部分地质时间，代替指数主宰 $T>33$ 亿年前，其效应为 $T>36$ 亿年前；其二，较大的 β 项显著增大指数，以致只要函数成立（$T\leqslant 39.2$ 亿年），以前的成坑率迅速增多；其三，拟合有两个交叉点（35.6 亿年前和 39.4 亿年前），两者的表面有同样年龄，而此范围外的表面是较年轻的。图 10.14（c）是新年代偏离老结果的变化。

月球会合轨道器（LRO）所载月球轨道激光测高仪（LOLA）获得了全月球的优质地形图，尤其有利于研究陨击坑的大小-频数分布（SFD）和坑密度分布、年龄和地质事件。测量和分析直径≥20 km 的 5185 个陨击坑分布得出，高地最密集陨击坑的部分达到饱和平衡状态。诸如东海盆地的大型陨击事件局部地（离其约 2 倍盆地半径）修改前盆地坑总数。依据陨击坑统计，立即可区分出诸如雨海、东海和酒海这些月球历史重要地层标志（图 10.15）。前、后月海的陨击坑总数特性支持太阳系早期有两族陨击体的假设，其过渡发生在东海盆地陨击事件前后。

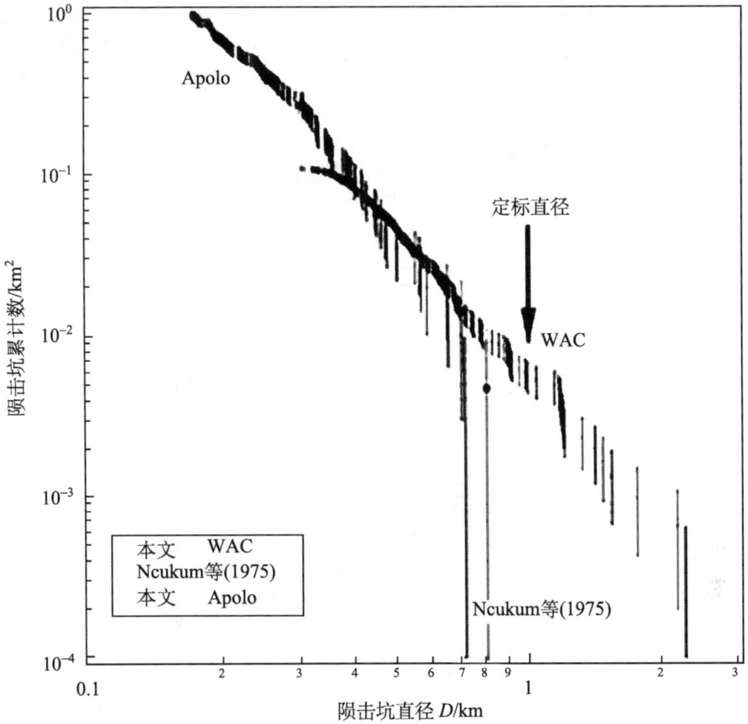

图 10.13　阿波罗 15 号登月点附近区域的陨击坑新、旧计数的对比

月球高地的陨击坑密度大，N（20）=100～280，达到几何饱和的范围（3%～10%），符合饱和平衡，不能反映下面月壳的真实年龄。比高地年轻的陨击盆地内及周围，尤其是东海盆地，N（20）介于严重陨击高地 N（20）=150～250 与月海 N（20）=20～50 之间（图 10.15），说明形成它的陨击事件显著改变了先前存在的坑数。图 10.16 给出三个盆地的陨击坑频数（密度）N 或 R-直径 D 关系，由于 N 的范围很大，作图中常用微分的 SFD 除以幂律 $dN/dD \backsim D^{-3}$ 之商 R 代替 N，显示它们的年龄差别。

最近，上述“标准”月球年代学在解释陨击通量的时间关系稳健性上受到质疑。阿波罗岩石样品的放射年龄在距今约 38 亿～39 亿年明显成团，而推测此时间附近存在一个陨击尖峰，称为“晚期严重陨击”（LHB）或“终结的月球灾变”（terminal lunar cataclysm），尤其质疑从 LHB 到较近（约 10 亿年前）的“中期年代”（middle age）的陨击率变化情况（图 10.17）。为了更好地了解此期的陨击通量，用 LROC 的高分辨图像，选取 40（大陨击坑底部）区作了小型叠置坑（SSC）测量和年龄分析。图 10.18 给出这些坑底的年龄分布，原来的坑底模式年龄表明，从 38 亿年前到 30 亿年前陨击率逐渐减少，意味着延续的 LHB

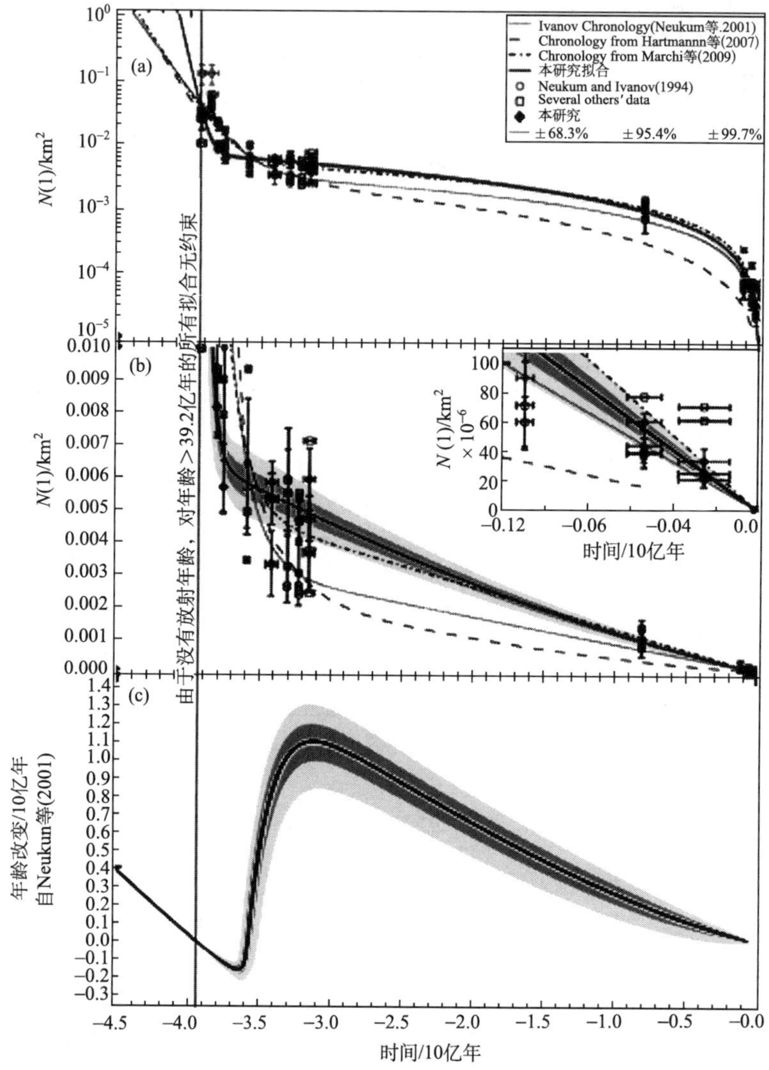

图 10.14　月球年代的新结果跟以前结果的比较

(a) 图以对数标示 N (1)；(b) 图以线性标示 N (1) 而显示近 1.2 亿年成坑率；(c) 图显示新、老年代的差别

尾；对于大陨击坑，也初步提示，在距今 30 亿年到 10 亿年之间，可能有长时期（>6 亿年）大陨击很少（“停歇”）的特征，但被短时期（约 2 亿年）的较多陨击（“尖峰”）所打破；测量叠置坑，显示个别次生坑场的大小-频数分布有相当大的变化，有四个区的小叠置坑大小-频数分布跟模式生成函数不符，可能原因是更新表面修改了这些分布。

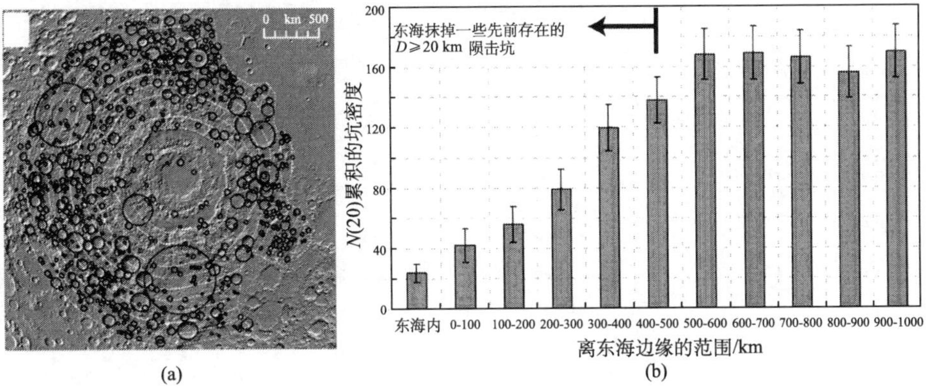

图 10.15　东海盆地及陨击坑的径向分布

(a) 在 LOLA 丘影底图的东海周围陨击坑分布；(b) 直径≥20 km 陨击坑累积（归算到 $10^6 km^2$）密度 N（20）的径向分布

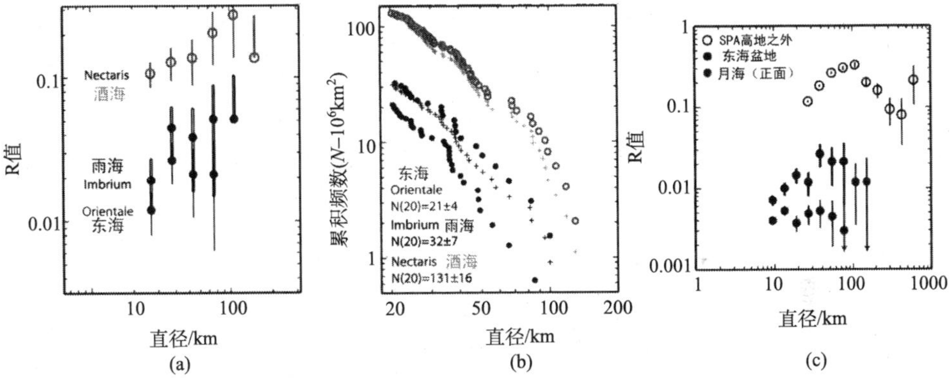

图 10.16　坑的大小-频数分布

月球三个盆地的陨击坑密度 R 图（a），累积密度图（b），坑密度 R 图（c）。各盆地坑密度显然不同

Morbidelli 等（2012）研究了在月球头 10 亿年的陨击问题，他们基于合理的陨击弹体源及其动力学减少率，结合月球的已有约束，提出了一种陨击率随时间变化的模型，以符合于太阳系可能的动力学演化、月球陨击坑记录、月球样品得出的特殊地球化学性质。他们的模型推断，在月球头 10 亿年历史中，陨击率不是指数式减少，而是类锯齿式的随时间变化，距今约 41 亿年前有个陨击坑密度增多期（代表“终结的月球灾变”），在此较弱的灾变期之初，陨击通量比以

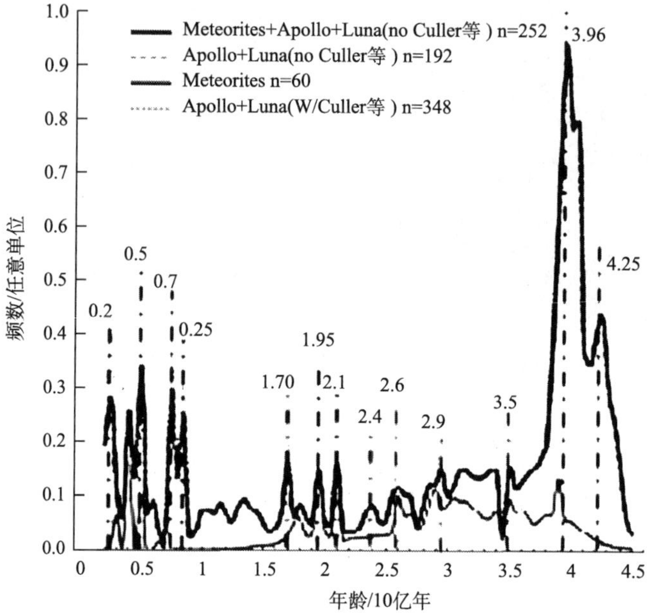

图 10.17 陨击坑的频数与年龄分布

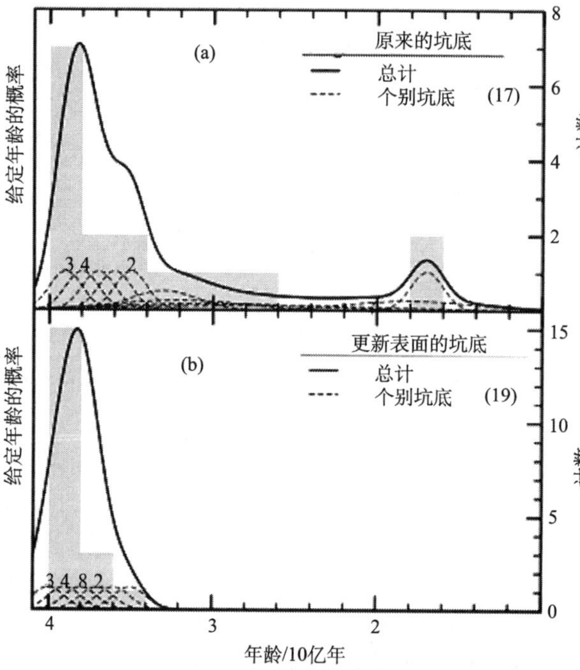

图 10.18 (a) 原来坑底的，(b) 更新表面的坑底的年龄高斯分布和直方图

虚线是个别坑底年龄的概率分布，实线为坑总和的分布，右侧显示计数

前增大5～10倍。酒海盆地应是此期首批形成的一个盆地。距今约41亿年以来，陨击率缓慢减少，而接续到近于经典的（Neukum和Ivanov，1994）陨击坑年代模型。他们得到适用于新改进的前酒海纪的陨击随年龄的变化（图10.19，对于大于20 km的陨击坑）模型，在图10.19（a），对于年龄$t<41$亿年，陨击率随年龄的变化为，$dN(20)/dt=2.7\times10^{-16}e^{6.93t}+5.9\times10^{-7}$；$t>41$亿年，陨击率随年龄的变化为：实线$dN(20)/dt=2.5\times10^{-2}\exp\{-[(4.5-t)/0.003]^{0.34}\}$，虚线$dN(20)/dt=2.0\times10^{-2}\exp\{-[(4.5-t)/0.01]^{0.5}$。他们得出，最老的陨击区显著部分是年龄43.8亿～44.2亿年，而最大的南极艾特肯盆地（SPA）的年龄老于43亿年。预料月球盆地总数约50个。

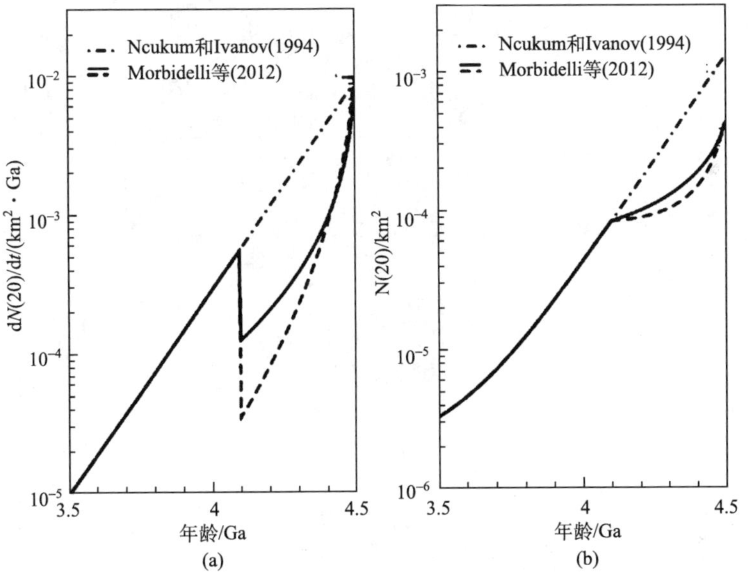

图10.19　月球早期陨击的时间线

点虚线为Neukum和Ivanov（1994）假设的指数减少。黑线是Morbidelli等（2012）的结果，虚线是另一分析结果。(a)图是陨击率随时间的变化；(b)图是累积陨击坑密度随时间的变化

用LROC的高分辨资料可以研究小（$D<30$ m）陨击坑的大小-频数的分布（SFD）及其年龄。为避免坑饱和，选择了第谷（Tycho）坑内的“熔融池”和外面抛出物两区域的小陨击坑，它们的SFD绘于图10.20，拟合Neukum资料的等龄曲线，得出第谷坑的模式年龄为（109±4）百万年，两区域差别可能由于靶区的性质不同。

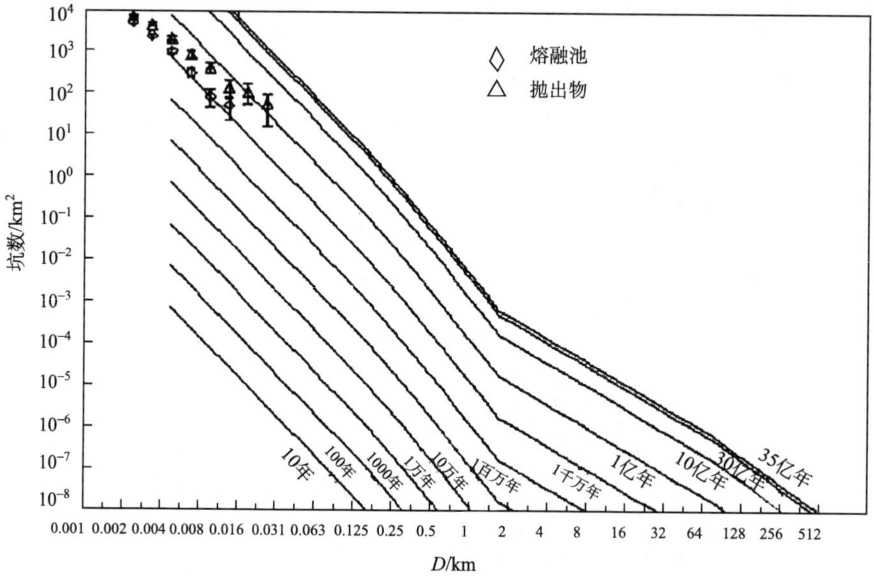

图 10.20　第谷坑的熔融池和抛出物区的小陨击坑 SFD

第十一章　月球的热演化与岩浆活动

在相当大的程度上，月球的结构和地质情况取决于其各部分的热状态，因此，在月球的演化研究中，月球的热演化问题很受重视，综合更多更好的有关观测资料，结合起源演化理论研究，建立和改进月球的热演化模型。

早期的月球岩浆洋

在阿波罗飞船探月之前，流行月球起源的分裂说、俘获说和双吸积说，相应地，也推测了月球可能的热演化。阿波罗飞船得到很多月球基本岩石和月貌的性质及年龄，成为月球热演化模型的约束，认识到月球形成后就经历广泛的全月球规模熔融，称为“月球岩浆洋”（LMO，lunar magma ocean）。涉及 LMO 的模型一般认为，斜长岩浮选而产生早期的贫铁斜长岩月壳，月海玄武岩的月幔源是更密的镁铁质硅酸盐下沉和集聚的产物。计算出从橄榄石主宰的早先堆积到富钛铁矿的晚阶段堆积的 LMO 早期结晶序。此月球规模熔融事件的最终沉渣生成广延的、均匀分布的、互不相容元素和同位素方面的均匀物质——KREEP。LMO 结晶生成早于 44 亿年前，LMO 各模型的深度从 100 km 到全月球熔融，仅外部熔融的模型指月幔位于堆积柱下。早期月球熔融程度受制于原始热量的潜在源，特定的月海玄武岩的成分反映熔融物堆积范围的成分。因此，预料到玄武岩成分可以反映熔融物的深度，估计月海玄武岩之源的深度为 100～400 km。月海玄武岩的月幔源是匮乏挥发物的，大多认为是具有强还原性的。即使如此，阿波罗 15 号和 17 号登月点发现了火山碎屑沉积，被解释为驱使喷发的挥发物产物，以此推测存在有老于填充盆地玄武岩的玄武岩火山活动。诸如 KREEP 岩的高地玄武质岩石可确定为陨击所产生，在月球高地内的岩浆岩石可表征为几个显著的深成岩套。结论是，这些深成岩石不是由月海玄武岩的同样源所部分熔融的。那么，是否所有高地深成岩都是同样的原始月球分异或者是很宽范围的月球过程（LMO、后 LMO 岩浆活动、陨击）的产物呢？这一问题仍存在争议。

在很多月球热演化模型中有显著的 LMO，但却回避处理分异的详细情节。伴随分异的演化，受制于造成重要岩浆和构造活动的内部热环境主宰，提出了可满足很多观测约束的、存在或没有固体对流的热模型。很多模型得出，对流在月球分异和动力学中起着重要作用，并引进横向不均匀性，它们符合于现今内部到深度 500 km 的温度较低，到深度 700 km 升温达 1000 ℃。各模型给出更大深度的温度不一，估计月球中心温度在 1000～1600 ℃。某些模型预测，下月幔和月核是部分熔融的。这些热模型大多取决于月球外部导热元素分布机制（原始吸积的分带或早期分异）。

月球的热演化史

近 40 年来，获得了月球的大量资料，综合分析研究，可以较清楚地勾画出月球的热演化史轮廓。

月球形成后，最初至少外部是熔融的岩浆洋，其热量来源有：星子聚集时释放的引力势能、短寿期放射性核素的衰变能、地球的潮汐作用能等。月球很快发生重力分异而形成月壳、月幔（或许还有较小的月核），大约经过 1 亿～2 亿年．月球外部冷凝为固态月壳，由于当时月球离地球近，受地球的引潮力作用强而产生应力，导致月球网格构造体系的形成。

月球的主要地质过程是陨击和岩浆活动，综合已取得的资料，图 11.1 绘出它们发生的时间序列。

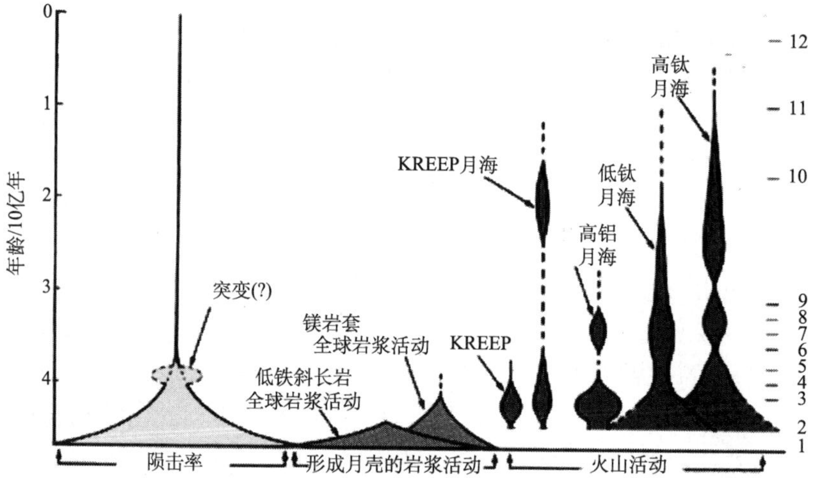

图 11.1　月球的陨击和岩浆活动

1. 月球形成；2. 岩浆洋凝固；3. 高地平均年龄；4. 东海、雨海盆地形成；5. Apollo 11 与 17 月海；6. Luna 16 月海；7. Luna 24 月海；8. Apollo 15 月海；9. Apollo12 月海；10. 晚期雨海流；11. 哥白尼陨击；12. 第谷陨击

在距今 43 亿年到 38 亿年时期，残余大星子（或小行星、彗星）陨击月壳，开掘出大型的多环盆地。此时月球岩石圈仍较薄且刚性较差，盆地边缘构造（例

如亚平宁等山脉）几乎处于重力均衡状态。放射性同位素年龄表明，40 亿～41 亿年之前，KREEP岩开始侵入并延续到雨海系中期，因而部分地跟月海火山活动同期。此严重陨击期又按前后次序分为前酒海系和酒海系，产生 30 多个盆地及许多 20 km 以上的大陨击坑（早期的陨击坑已被后继的陨击完全破坏掉）。此时期也有火山活动，但尚不清楚火山活动的程度。开掘雨海的灾难性陨击事件改变了月球正面的外表，抛出物的沉积层成为弗拉·毛罗建造。此时期末的大陨击事件开掘东海盆地，形成其周围山脉环及抛出物沉积建造。

距今 39 亿～31 亿年是月海玄武岩填充盆地时期（雨海系）。月海玄武岩来自深部 150～450 km 的部分熔融物质，其密度比月壳密度大，因而被玄武岩填充的月海呈现质量瘤或重力正异常。质量瘤能保存至今，说明月球岩石圈自那时就有足够厚度和刚性来支撑质量瘤。月海玄武岩都有一定年龄范围，这说明每个月海的填充持续几亿年。月海盆地的形成与玄武岩的最后填充之间有一段时间间隔，表现为此间隔内的陨击坑（如雨海中阿基米德坑）被后来玄武岩覆盖。熔岩喷发与填充可能不是一次连续的，而是有几次。早期的月海玄武岩富含镁，以后是各种成分都有的，最后是钛含量高的玄武岩。各月海玄武岩源区的成分不同，这反映了月幔成分的不均匀性。虽然填充大的多环盆地延续了 8 亿年(距今 39 亿～31 亿年)，但某些月海区的火山活动甚至延续到距今 25 亿年，此时期的陨击逐渐减少。线状月溪仅出现在较老月海内及邻近高地上，它们大致在距今(36±2)亿年形成。另一方面，月海脊交切最年轻的月海玄武岩沉积，其形成继续到距今 30 亿年乃至更近。有人认为，距今约 36 亿年月球从膨胀转为全面冷却收缩，使全月球产生水平热应力变化，导致线状月溪形成的终止，而月海脊的形成延续更久。

月海火山活动在 30 亿年前就基本停止了，但某些区域仍可延续久些。虽然陨击比以前少了，但仍然是主要的地质作用，后期的陨击改造以前的月貌，包括侵蚀较老陨击坑。距今 31 亿～8 亿年是月球地质过程逐渐衰弱的爱拉托逊纪，此后进入哥白尼纪，月表主要受太阳风和微流星体陨击侵蚀，仅偶尔发生中等的陨击事件，形成有辐射纹的新陨击坑（如哥白尼坑、第谷坑），并发生块体坡移。现在的月球有刚性强的岩石圈，厚度达 1000 km，月球表面是岩屑和尘的月壤层，月球几乎停止地质活动，仅因潮汐应力作用而发生震级小的月震。

图 11.2 绘出月球岩浆洋、月壳和月幔的演化历程。月球外部 1000 km 的简化地质剖面表明：①岩浆洋的部分结晶的演化，形成富橄榄石的残存月幔和富斜长石的月壳；②月壳相关的的陨击角砾化（巨月壤和月壤）；③约 43 亿年前，由于月幔生成矿物带，较后的部分熔融并形成化学上成分不同的玄武岩熔岩。注意：前、后段的时间标度不同。

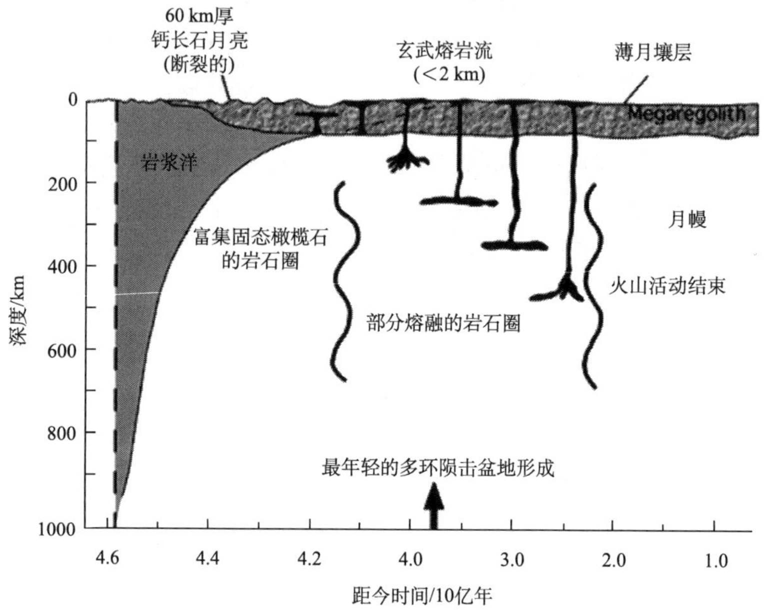

图 11.2　月球岩浆洋、月壳和月幔的演化历程

初始岩浆分异

巨撞击抛出物很快聚集为月球，其外部早期很热而成为月球岩浆洋（LMO），这也得到古月壳样品证据的支持。在变薄的月壳区——风暴洋 KREEP 地质体（PKT）富集产热的不相容元素，说明 LMO 深度很可能大于 400 km。

岩浆洋结晶的期间还不确定，但确实发生轻成分上浮、重成分下沉的“重力分异”（图 11.3）。由 U-Pb 同位素得到非原始岩石的模式年龄约 44.7 亿～45.6 亿年。月壳最老岩石——上浮的斜长岩有近于原始陨石的 $^{87}Sr/^{86}Sr$ 比率，意味着它们从 Rb 分离的时间相当于月球年龄。KREEP 的平均模式年龄为（44.2±0.7）亿年，这可能代表 LMO 结晶的最大期间。考虑 $^{182}Hf \rightarrow ^{182}W$ 早期衰变，导致 LMO 很快（小于 6 千万年）结晶 95%以上。

一些 LMO 模型预测月球现今性质的某些重要结果，尤其是分异导致堆积。最有趣的是提供：①“加工”的月幔堆积集是后期厚岩浆的适宜源；②原始月壳由富集斜长石的浮选堆积物组成。

已识别不同堆积岩石型是前月海玄武岩与月海玄武岩的母岩浆潜在源。例如，认为堆积柱中的高度分馏 KREEP 成分移位到月壳；很多前月海玄武岩岩浆经同化或混合而得 KREEP 之名；晚阶段含钛铁矿堆积物是高钛月海玄武岩的可能源，而早期的橄榄石-斜方辉石为主的堆积物是甚低钛苦橄质岩浆的月幔源。

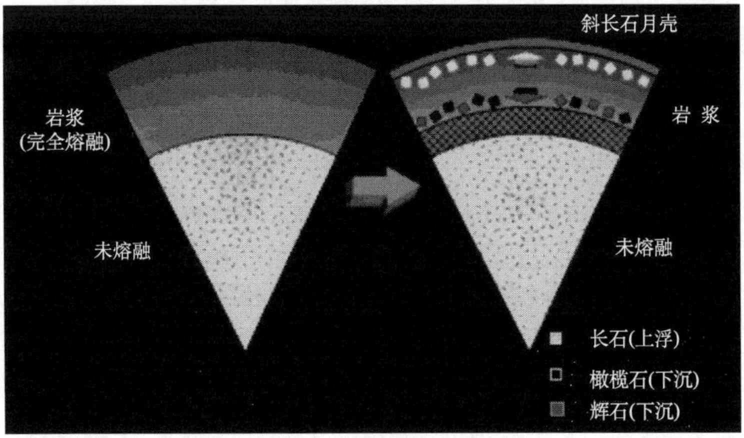

图 11.3　月球形成初期很热，外部成为岩浆洋，并发生重力分异

在 LMO 堆积地层内的化学特征示于图 11.4。例如，早期堆积富集诸如 Ni 或 Co 以及几乎无 Eu 异常的 REE 配分；晚些的堆积发展负 Eu 异常的 REE 配分，系统地富集不相容元素，而匮乏诸如 Ni 等相容元素。

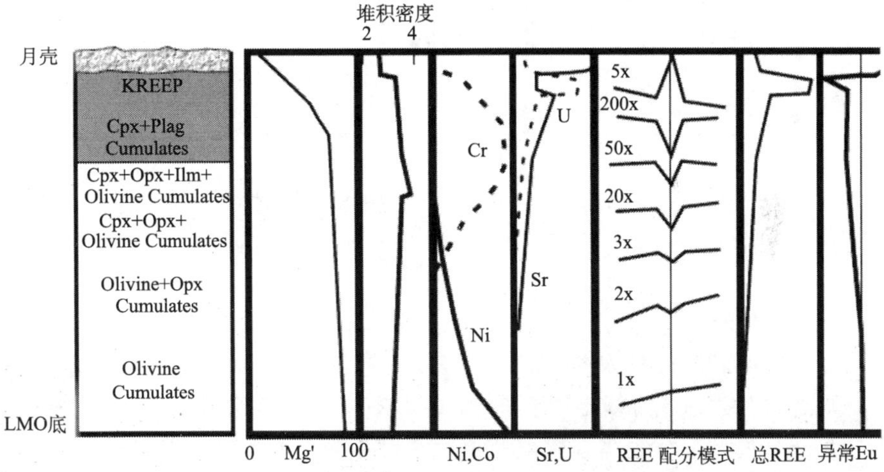

图 11.4　LMO 堆积柱的矿物与化学特征

Cpx. 单斜辉石；Opx. 斜方辉石；Ilm. 钛铁矿；Plag. 斜长石

LMO 结晶所产生的堆积柱示于图 11.4 和图 11.5。结晶序很大程度上取决于 LMO 的总成分和压力以及发生结晶的流态，因而很难预料。在动力学简单的 LMO 中，这些模型大多主张的结晶序列为橄榄石（olivine）→斜方辉石（orthopyroxine，Opx）±橄榄石→橄榄石＋单斜辉石（clinopyroxine，Cpx）±斜长

石（plagioclase，Plag）→斜辉石＋斜长石→斜辉石＋斜长石＋钛铁矿（ilmenite，Ilm）。基于估计的 LMO 总成分，橄榄石先结晶，直到达橄榄石-斜方辉石边界线。估计在 LMO 堆积柱内的橄榄石堆积集成度为 30%～40%。橄榄石-斜方辉石的场边界对堆积集的影响取决于结晶压力和晶体聚集效率（平衡的与分步结晶的）。在堆积带底部附近的相当高压下，橄榄石和斜方辉石从岩浆沉淀。在 LMO 上边界，发生显著地辐射损失而减少热量，导致橄榄石和斜方辉石迅速结晶。这些上边界层的结晶产物下沉而合并到 LMO 的不活泼内区。随后沉淀低钙斜方辉石和高钙斜方辉石。高钙斜方辉石在斜长岩之后结晶。

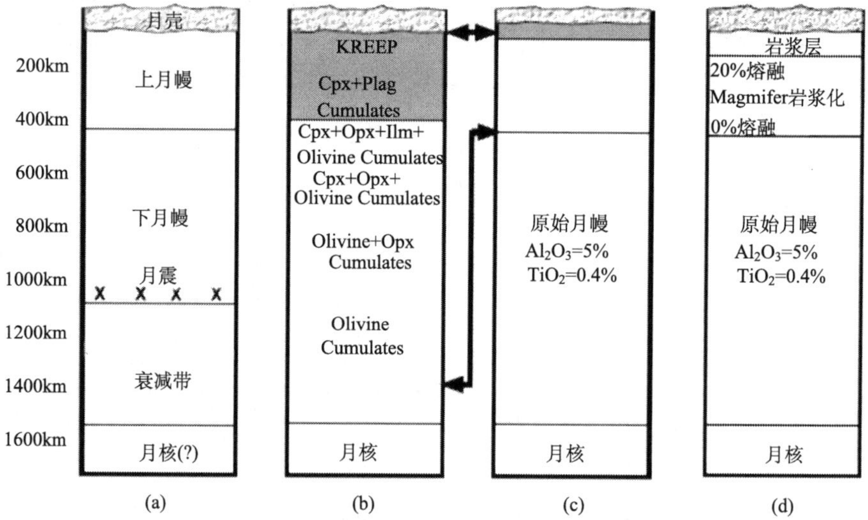

图 11.5　不同类型的月球岩浆洋（LMO）

（a）月球的地球物理结构；（b）充满全部月幔的深 LMO；（c）深处保存原月幔的浅 LMO；（d）岩浆化处理的原月幔

对于了解早期月壳的发展和演化而言，在结晶序中出现斜长石是基本重要的。分层的、后 LMO 月幔不同于图 11.4 和图 11.5，其差别在于从 LMO 移去和聚集斜长岩的效率。很多理想模型隐含的热结构和演化示于图 11.6。

LMO 结晶产生不稳定的分层月幔（图 11.7），导致颠覆（overturn）为重力稳定状态。颠覆 100 km 厚度层估计约 2 百万年到 2 亿年的时间。结晶成分的堆积范围加宽，最终作为后续期玄武岩浆的月幔源。简化的颠覆前后所得成分分布示于图 11.8，颠覆前，具逐增 Fe/Mg 的橄榄石-斜方辉石堆积被富钛铁矿层覆盖；颠覆后，该密层形成具高钛和低硅成分的堆积柱底部。颠覆期间，从深部上升的热物质经退压和熔融而穿过其固相线，非均质颠覆的最终阶段涉及富钛铁矿堆积物的同时固结和下沉。颠覆前的富钛铁矿层较薄，但含最密的月幔物质（图 11.9）。

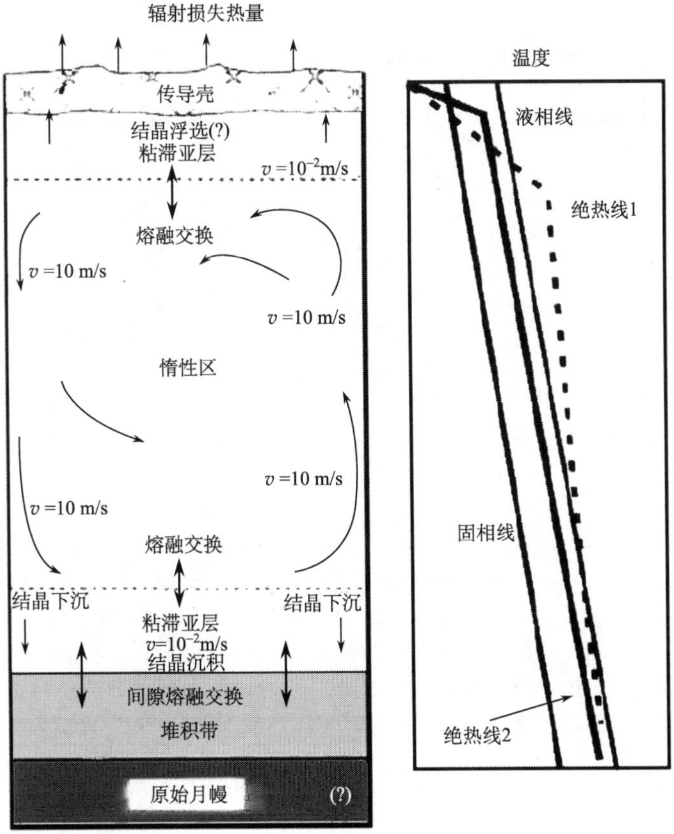

图 11.6　大瑞利（Rayleigh）数对流的 LMO 结构与可能的月球绝热线-固相线-液相线

在 LMO 顶和底附近较窄带结晶成核

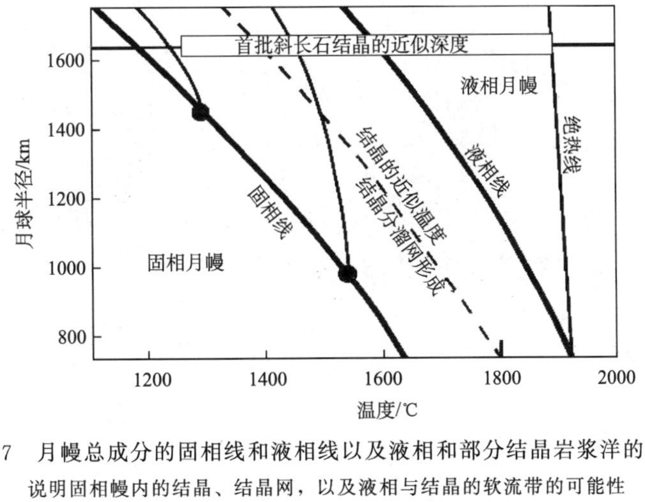

图 11.7　月幔总成分的固相线和液相线以及液相和部分结晶岩浆洋的绝热线

说明固相幔内的结晶、结晶网，以及液相与结晶的软流带的可能性

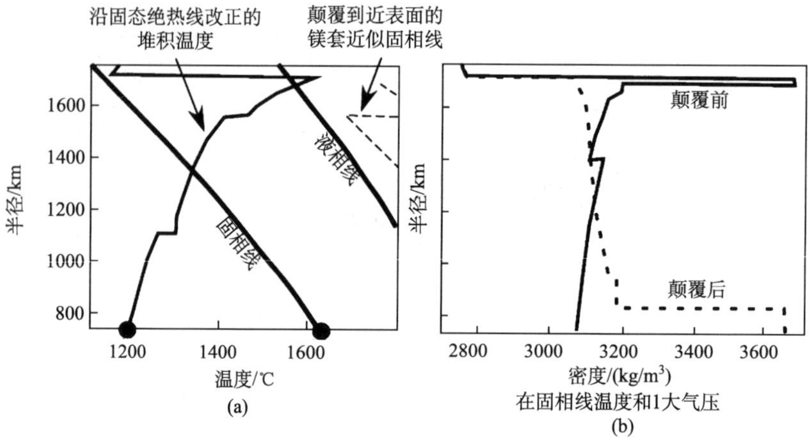

图 11.8　颠覆前后成分分布

（a）图，颠覆后的堆积柱温度。从深处上升时，经退压和熔融而可穿过固相线。在简单的斜长石浮选模型，恰升到斜长石浮选壳下的最热堆积物是 Mg＃95- 96［Mg＃ ＝ 100×molar Mg/（molar Mg ＋ molar Fe）］的橄榄石。恰下面的堆积物是高镁橄榄石和斜方辉石（虚线）。两圆点标志堆积柱底部在颠覆之前与之后的温度。（b）图，堆积柱底部在颠覆之前与之后的密度分布。颠覆之后，初始结晶期间恰在斜长石月壳下的密而富尖晶石（包括钛铁矿等）层落到堆积柱底部，而初始堆积柱中部大致转为造成最后分布，把大多岩浆矿物带到钙长石壳下最浅深度

早期月壳岩石的年龄为：碱岩套岩石，38.0 亿～43.7 亿年；镁岩套岩石，41.8 亿～44.6 亿年；铁粒状火成岩（FANs），42.9 亿～45.6 亿年（图 11.10）。

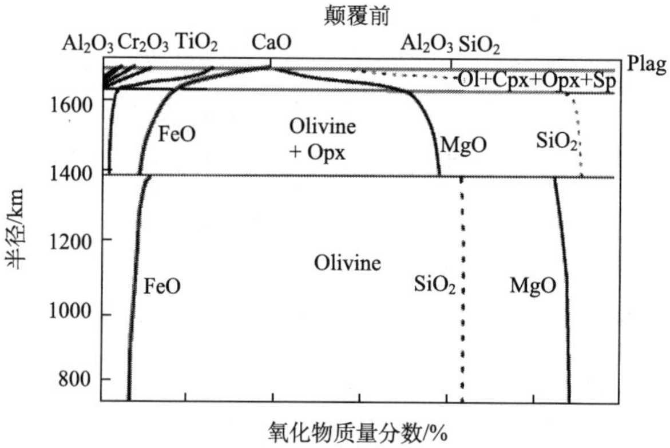

(a)

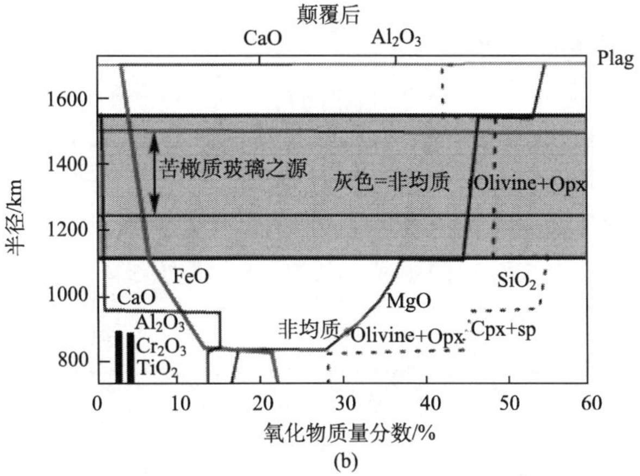

图 11.9　从（a）1000 km 深的岩浆洋初始的部分结晶和（b）堆积物颠覆为重力稳定位形得到的成分层化

Spinel 指尖晶石群矿物。此简化模型假定全部斜长石结晶时从岩浆洋分离，形成 37 km 厚的月壳，其余液体在此月壳下面结晶。颠覆后，富 Spinel 的迟堆积物落到岩浆洋底部

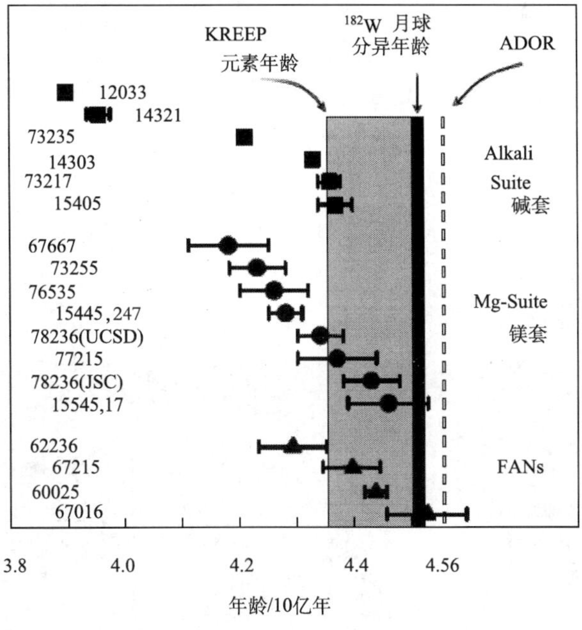

图 11.10　月壳岩石的 Sm-Nd 等时线年龄和 Pb-Pb 锆石年龄

前月海时期岩浆活动

月球样品的检测表明，深成岩石和火山岩石存在宽范围的成分幅度，代表一些月球岩浆事件，大致伴随着低铁斜长岩的形成和填充盆地的玄武岩喷发，这些深成岩和火成岩可分为几个岩性组（图 11.11）。虽然称为“前月海岩浆活动”，但更像是早期玄武质岩浆活动的延续。例如，基于月球陨石，KREEP 玄武质岩浆活动至少延续到 29 亿年前。

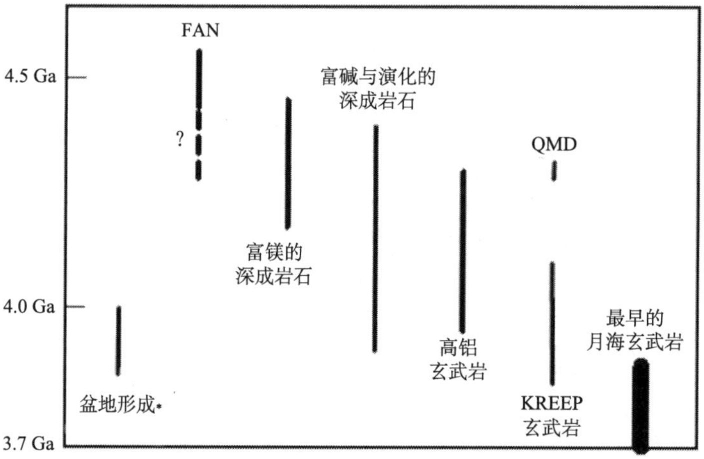

图 11.11　月球早期演化的各种事件年龄示意

这些岩性组各表现出稀土元素（REE）配分等的多样而复杂的情况，对岩浆活动起重要作用的有物质重力分异释放的势能、放射元素衰变产生的能量、大型陨击产生的能量以及所致月壳裂隙（图 11.12），见仁见智，科学家们分别提

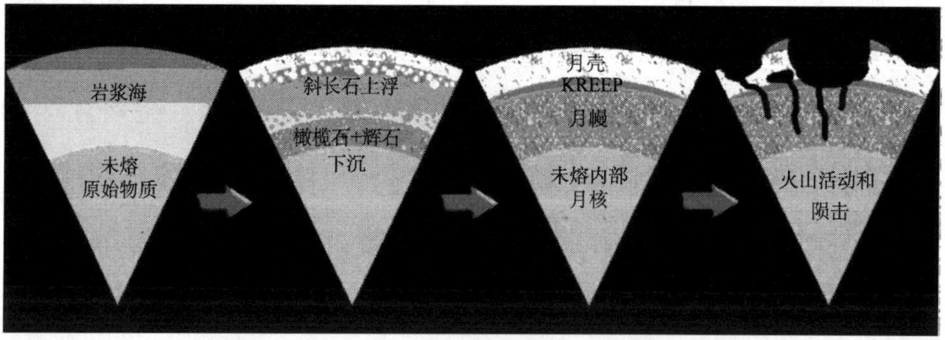

图 11.12　月球的热演化过程

出见解不一的模型解释，说明前月海的岩浆活动甚为复杂。例如，从遥感资料可以得到月球古火山单元的位置（图 11.13），表现在诸如第谷坑的中央峰是镁岩套深成物质。从这些较老的玄武岩推断的一个重要结论是：在距今 43 亿年前就完成了 LMO 的结晶、LMO 堆积柱的对流颠覆和堆积源的再熔融。

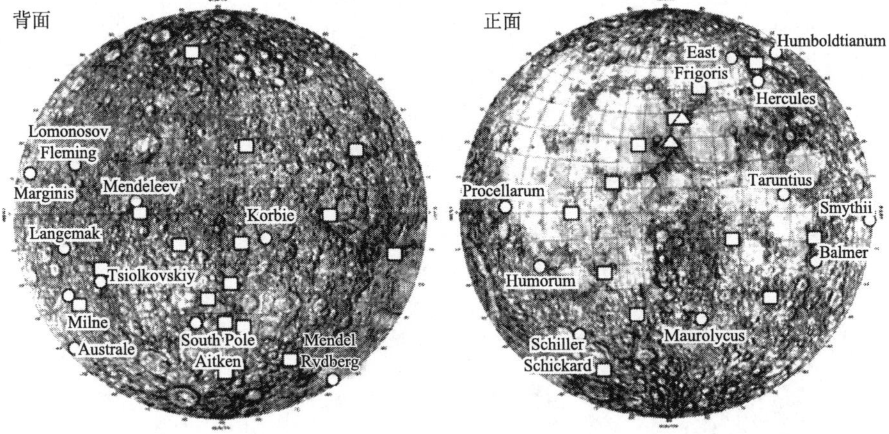

图 11.13　月球古火山单元的位置

圆表示隐藏的铁镁质沉积。方块表示潜在的镁岩套物质。三角形表示 KREEP 火山活动的可能位置。底图是正面和反面半球晕渲月貌图

由于尚没有明确地识别出非月海火山活动的连续沉积，很难描述月海岩性的全球分布。遥感技术不能从高地或月海物质以及它们的混合来区分出前月海岩石类型。而且这些古岩石被后来事件产生的沉积或侵入所掩埋，但研究也有所进展。阿波罗采回的样品中存在古玄武岩碎屑，有些是年龄 42.3 亿年的，而月海沉积的年龄为 25 亿～39 亿年。

1979 年，研究人员首先认识到，月表层存在有隐藏的铁镁质沉积，后被称为“神秘月海”（cryptomaria），严格地说，它们是被高反照率的叠置物质所遮蔽的低反照率月海玄武岩沉积。叠置（覆盖）的抛出物厚度范围从几公里（大型陨击盆地附近）到几米（小陨击坑附近）。探测“神秘月海”的判据包括暗晕陨击坑，陨击穿过覆盖的抛出物而开掘出下伏铁镁质物质（图 11.14）。但遥感技术难以区分月海玄武岩与其他铁镁质物质，尤其是当该沉积被其他物质遮掩时更难判断，因而术语“神秘月海”用于包括所有的隐藏铁镁质沉积，而不管其特定的化学或矿物成分。全月球普查到 20 个可疑的“神秘月海”沉积（图 11.13），它们的厚度为 400～600 m，各覆盖面积为 2.9 万～40 万 km^2，体积为 8.4 万～16 万 km^3，年龄 32 亿～41 亿年。它们的总覆盖面积为已知月海的一半，总体积为月海的 30%，显然，隐藏的铁镁质沉积对全月球的火山活动有重要贡献。

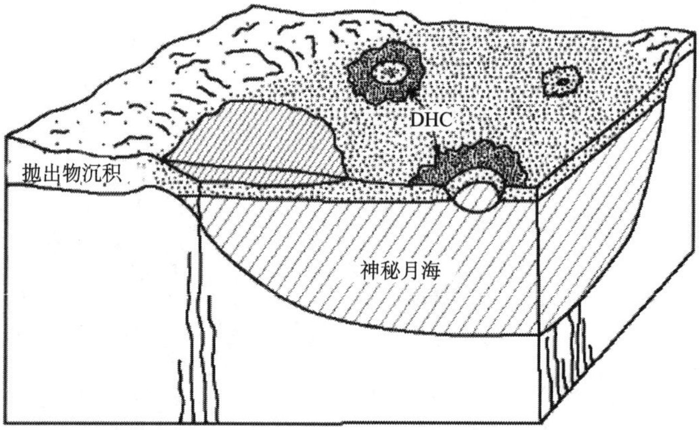

图 11.14　“神秘月海”的形成示意

高反照率的盆地抛出物移位在先前存在的低反照率铁镁质沉积顶。这些隐藏铁镁质可以被暗晕陨击坑（DHC）取样，陨击穿过该区域抛出物而开掘铁镁质物质并移位在坑周围的晕上

月海时期的岩浆活动

月球的内部演化必须考虑的是体积、分布、时间序列、成分，而根本的是月海玄武岩火山活动的岩石成因。

填充月海的玄武岩厚度范围很宽，从史密斯海的几百米到多环盆地中央部分的 4.5 km。除了大规模熔岩的喷发，还有火喷泉所产生具有类同月海玄武岩的多色火山玻璃珠（或苦橄质玻璃，picritic glasses），成为提供月海玄武岩模型的重要约束。

月球背面的月海火山活动局限于几个较小且年轻的陨击坑内的火山沉积，缺少正面月壳那样广延的玄武质平原。月海火山活动的这种不对称性归因于背面斜长岩月壳较厚——平均约 70 km，可起到阻止较密月海岩浆喷发的低密度屏障之作用。但是，月球背面存在最大的且可能最古老的南极-艾特肯盆地，尽管它很大，却只含零星的月海火山沉积片，这表明，在变薄的斜长岩月壳上产生大型多环盆地跟出现大规模月海火山活动无直接关联。

用放射性元素可以测定出普通月海玄武岩成分的结晶年龄：阿波罗 11 号和 17 号登月处的高钛玄武岩年龄为 36 亿～39 亿年；阿波罗 12 号、15 号和月球 24 号登月处的甚低钛玄武岩年龄为 31.6 亿～34 亿年。对于确定的火山单元，用陨击坑大小-频数的年龄关系，得到正面月海火山活动的年龄为约 39 亿～40 亿年到 20 亿年，时间跨度几乎达 20 亿年。较年轻的月海火山活动片年龄似乎低至

12 亿年，但是，大多岩浆产生于约 38 亿～36 亿年前的后雨海纪。在较年轻的多环盆地，观测到火山活动在 35 亿～33 亿年前的第二次活动。如果一起考虑，火山活动的活跃期为 38 亿～35 亿年前。月球背面的月海火山活动较稀少。

月海玄武岩和苦橄质玻璃（统称为月海“玄武岩”）是月球上独有的。相对于地球玄武岩而言，它们的（尤其苦橄质玻璃）CaO、Al_2O_3、Na_2O 含量较低，而 FeO 和 MgO 含量较高，可能反映月球缺乏 Na_2O 和其他挥发元素，而 CaO、Al_2O_3含量低则说明是反常的月幔源或岩性。月海“玄武岩”是月球超铁镁质岩浆（未必是高度熔融）的产物。月海“玄武岩”的 TiO_2含量范围很宽，从阿波罗 15 号的绿玻璃含量 0.22%到阿波罗 14 号的黑玻璃含量 17.0%（图 11.15）。

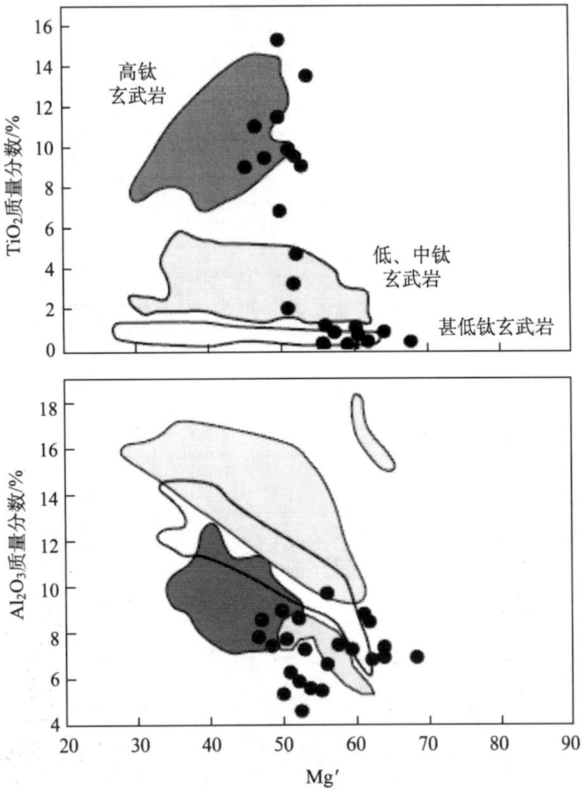

图 11.15　月海玄武岩（包围区）和苦橄质玻璃（小黑圆）的 TiO_2、Al_2O_3的质量分数跟 Mg′值的关系

Mg′为 MgO/（MgO+FeO）

约束月海岩浆活动的岩石模型的最好地球化学特征是：①很强的 Eu 负异常（图 11.16）；②正的初始 ε_{Nd}值（图 11.17）；③TiO_2含量的范围很宽，尤其是高钛苦橄质玻璃的极端值；④相对于地球玄武岩而言，苦橄质岩浆的 CaO 和Al_2O_3

含量很低；⑤正的初始 ε_W 和 ε_{Sm}，这把大多月海源区的演化置于月球历史最早的1亿年内。相平衡要求平均的幔源相对于钛铁矿、高钙辉石和斜长石未达饱和，这是对模型的小而重要的要求。在总成分范围内，月海源的不均一性很明显，不仅非匹配的痕量元素含量多样，且在表征月海玄武岩的复杂同位素特征上也是多样的。然而，相容元素的含量似乎把它的月幔源置于橄榄石-斜辉石堆积柱的一个有限地层段，似乎从月海的幔源劈出了具有很高或很低 Mg′值的堆积。

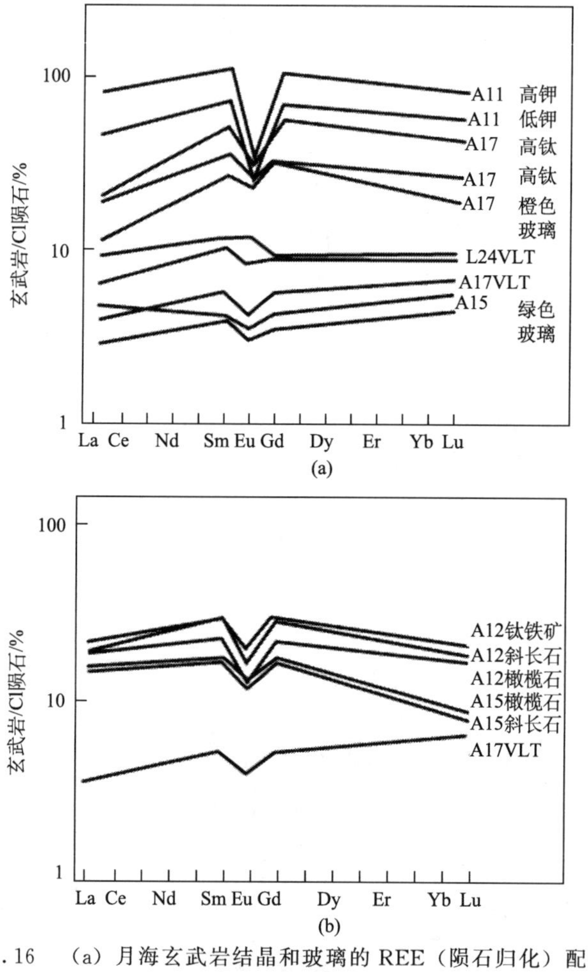

图 11.16　(a) 月海玄武岩结晶和玻璃的 REE（陨石归化）配分；
(b) 阿波罗 12 号和 15 号所采月海玄武岩结晶的 REE（陨石归化）配分
VLT-甚低钛

月海源区最好建模的是渗透 LMO 的（已演化斜长石结晶的）富斜方辉石、橄榄石-斜方辉石堆积。因为这些堆积比 FANs 岩浆活动大，含更多镍和斜辉石，月海玄武岩之源不可能是从渗透 LMO 的已演化斜长石的简单堆积，而可能是堆积混合的产物。此外，这些堆积还在各种程度上加入富集 TiO_2 和富集不相容元素相。富集不相容元素的成分约束在堆积的 1% 以下。因此，由月海玄武岩岩浆的特征痕量元素成分发现混合源熔融物少，只在残渣中留下橄榄石和斜方辉石。

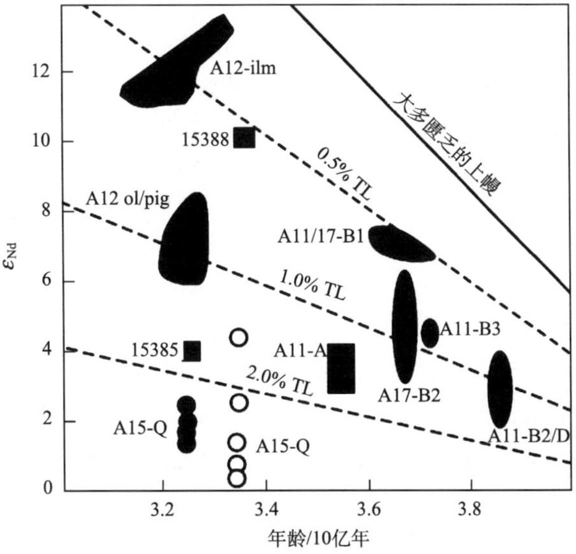

图 11.17　月海玄武岩和匮乏堆积幔阵列的初始 ε_{Nd}-结晶年龄关系

TL 代表捕获的液态组分

还有很多重大问题仍待了解，诸如结晶的月海玄武岩与苦橄质玻璃之间有什么关系？月球地球化学资料提示，玄武岩和苦橄质玻璃的月幔源不同，它们的岩性没有直接关系，它们之间的这些差别可能反映采样或喷发过程的不同。另外一些重要问题有：月球上的月海火山活动不对称性、月海玄武岩从深部喷发的机制、熔融物的性质和熔融物的分离、在岩浆输运期间同化的作用和可能的精炼过程、热岩石圈的演化和浅层堆积物分布到月幔的构造过程。这些问题的解答对于了解建模 LMO 大小和演化以及月幔成分与动力学都具有重要意义。

支配演化的物理过程

根据定义，考虑各种热源、热损失的方式（如热传导、对流、岩浆活动）和能量守恒，热历史模型所跟踪星体内的温度都是空间和时间的函数。

若月球的吸积形成发生在 100 年内，吸积所释放的能量不可避免地使其外层几百公里成为岩浆洋，月球形成晚期的严重陨击可以解释月海玄武岩的某些性质以及后来喷发而产生火山玻璃。月幔物质的运动很缓慢，在大型陨击坑下面继续对流和热的“月灶”（selenoterm）持续3亿年到5亿年，这可以解释月海玄武岩喷发的长久性。接继吸积和大型陨击的加热，长寿命放射性同位素（^{235}U、^{238}U、^{232}Th、^{40}K）成为最重要的热源。估计月球现在的U总含量为20～60 ppb（ppb=10^{-9}），而K/U=2000，Th/U=3.6。这些元素的垂直分布和横向分布情况对于月球热历史很重要，例如，放射性元素高度集中在月壳内，又更集中在月壳内的风暴洋KREEP地质体，因而增大该区的熔融量。

阿波罗号和月球号采回的火成岩样品的化学和同位素成分为热模型提供关键约束。多数月海玄武岩样品是39亿～31亿年前喷发的，有些显然是早于月海的，也有延续到10亿年前或更晚的。一个基本问题在于，月海玄武岩喷发的时间跨度是否主要受控于月球内部的部分熔融时间或熔融物达到表面的能力。月海玄武岩的年龄范围很宽，表明月幔有显著不均匀性，且在Ti含量、年龄和熔融深度之间缺乏简单联系。

月球的热演化模型必须符合可用的观测约束，但有些约束是很模糊和不唯一的。大多观测约束不适用于划分哪种模型是可接受或不可接受的。诸如有些存在LMO，且高比例的后LMO月幔熔融发生在约44.5亿～31亿年前的约束是更稳妥的。至少两个观测约束和两种计算方法是更有利的：①增加月震仪（尤其在月球背面）可确定深度500 km的间断的侧向展度是否是真实的和全球性的；②月球古磁场的新样品研究可确定是否存在月球“发电机”及其何时运转；③大多未探测区域直接关联样品的地球化学研究（同位素、主要元素和痕量元素）与定量的热模型的建立，可更好地了解月球内部的熔融迁移和从源到表面的过程中样品如何受到污染；④月球早期演化的热力学和动力学耦合模型可以提供重力和地形的更好了解。

喷发于38亿～31亿年前的月海玄武岩（结晶的月海玄武岩，火山碎屑玻璃）显示出成分和同位素的分布不均一，暗示着正面月幔在成分和温度上是横向和垂向不均匀的。需要考虑三维的月球热演化模型，以探索大型陨击造成的不对称性。

在过去的50多年中，有约50种月球热历史模型发表，可以分为几类。随着探测资料的增多，从较简单模型发展到更复杂模型，但仍有缺陷。

月球样品的分析揭示，比球粒陨石富铀、贫钾的月球内部是部分熔融的，熔融物向表面迁移。迁移的最重要结果是放射性元素（不相容的，倾于熔融的）从熔融区迁移到较浅、较冷层。虽然提出的放射性元素移到熔融物的参数不同，但都限制总熔融量，例如，图11.18给出在具有和没有熔融物迁移的一维传导热模型中，作为深度和时间函数的总熔融量，这些计算的主要结果是，熔融物迁移限制任何给定深度的总熔融量，在给定时间，熔融区略向较浅深度扩展。有些模型考虑月幔对流，实际上，有些观测证据表明月幔对流很弱或不存在。更适于解释可变黏滞的对流模型，其结果在月幔温度、岩石圈厚度和部分熔融期间也类似于

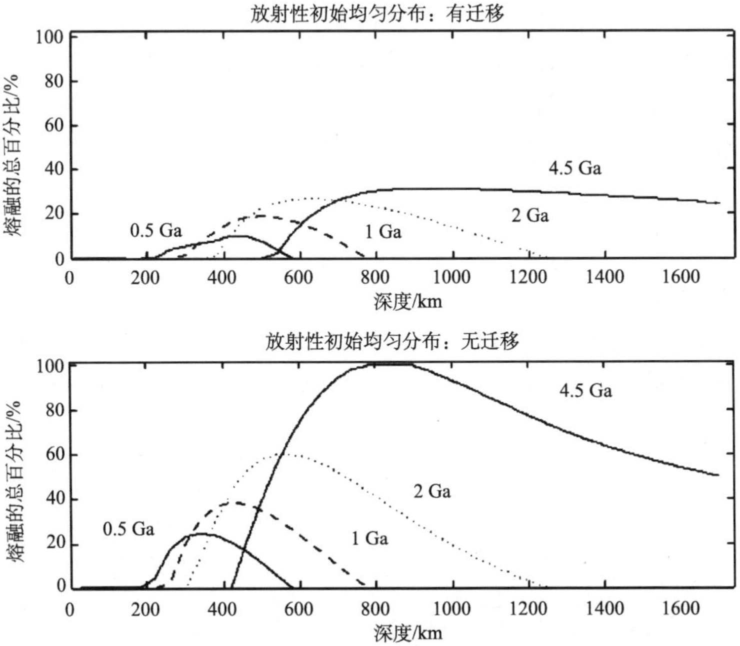

图 11.18　在具有和没有熔融物迁移的一维传导热历史模型中，作为深度和时间函数的总熔融量

Ga＝10 亿年

传导模型。

月球的热演化模型始于吸积的热分布（外部热，内部冷），初始条件的差别对演化的影响不是很显著，现在的热分布没有很好记录下初始的热分布。

初始岩浆洋（LMO）的外层开始固结时，很难解释月幔在初期月海火山活动期（39 亿～31 亿年前）的部分熔融；大多数模型也都在此期之前或之后产生熔融。而 39 亿年之前的记录模糊，难于说清楚。尚未解决的问题是，为什么大多月海在 39 亿～30 亿年前（还有到 10 亿年前的）喷发，提出的解释包括因全球收缩应力、熔融深度增大、热源冷却及放射元素损失而产生的熔融量减少、因挥发物先前熔融及损失而减少，使得熔融物不稳定而到达表面。

在评估月球内部发生什么时，考虑化学的和热的浮力是很重要的。对于进一步熔融的可能性和程度，抽取具有挥发物和放射元素的熔融物是很重要的。

无论热源是放射元素还是大型陨击，热源的分布影响熔融发生的时间和场所，需要建立二维或三维的月球热演化复杂模型。

岩浆输运到月球表面的过程涉及熔融物从基质分离、渗流、堤坝（dikes）的形成、熔融物与周围物质相互作用的热力学过程等，一些问题仍需研究。

典型月海玄武岩岩浆的液相密度与成分的关系示于图 11.19，可以看到，Ti

浓度高的岩浆普遍是高密度的，而 Al 浓度高的岩浆普遍是低密度的。密度大于典型月壳钙长辉长岩的物质不能只因浮力而喷发，然而某些甚低钛、高铝、低钛玄武岩的密度低于月壳钙长辉长岩，可以喷发。陨击盆地事件开掘月壳，就可以导致岩浆喷发。

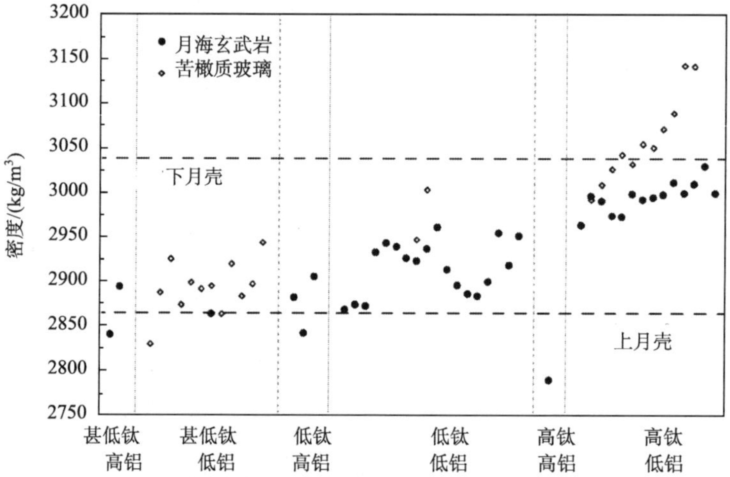

图 11.19　月海玄武岩和苦橄质玻璃的液相密度与成分的关系

钛含量向右增大。水平虚线是上月壳（钙长辉长岩）和下月壳（苏长岩）的近似密度

预测所有月海玄武岩岩浆的密度低于下月壳苏长岩（图 11.20），若大型陨击完全掘开上月壳，岩浆就可以喷发。

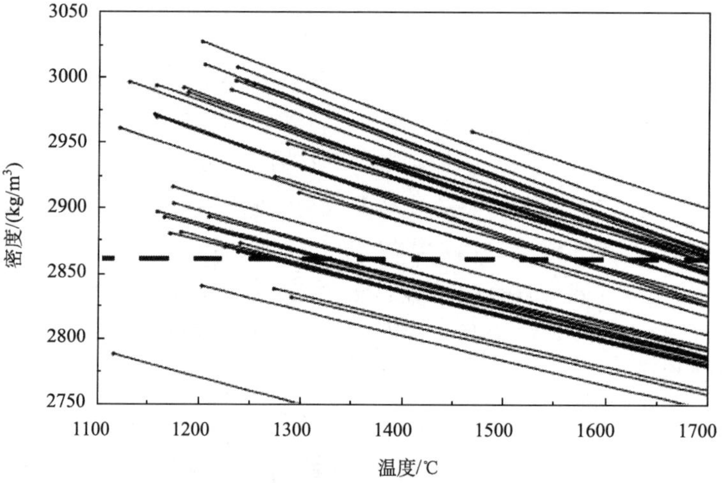

图 11.20　月海玄武岩岩浆的密度与温度关系

各线左端点相应于岩浆的液相密度，水平虚线相应于上月壳（钙长辉长岩）的近似密度

月球的不对称热演化

月球正面有很多月海，而背面却缺少月海，在地质过程上具有明显的二岐性。克莱门汀号得到的多谱资料和月球勘测者的 γ 射线资料揭示，从化学特性，尤其是 FeO 和 Th 浓度，而不仅从形态和颜色，来区分岩石型和监测地球化学过程，月球至少有三个最广延的特殊月壳-月幔地质体（terrane）：①长石高地地质体（FHT），FeO 和 Th 浓度低，且含 FeO 和 Th 略高的外部长石高地地质体为“FHT，O”；②南极-艾特肯地质体（SPAT），FeO 和 Th 浓度中等；③风暴洋 KREEP 地质体（PKT），Th 浓度高。它们的大尺度不对称演化的最重要特征简述如下。

长石高地地质体（FHT）：

（1）约占月球表面积的 60%，主要由 45 亿～44 亿年前从 LMO 结晶的古老铁钙长辉长岩岩石组成。

（2）Th 浓度从小于 1 ppm（近表面物质）到 2～3 ppm（深月壳岩石）。

（3）大多雨海纪期间侵位的月海玄武岩岩浆流更新了不到其 10%的面积。其中央峰的遥感资料暗示下伏月壳的玄武岩侵入体积小（约 5%）。

（4）此地质体的玄武岩流一般含低到中等浓度的 TiO_2（<6 %）及低浓度 Th（1～2 ppm）。

南极-艾特肯地质体（SPAT）：

南极-艾特肯盆地是月球上最大（直径约 2500 km）、最深（13 km）、最老的陨击盆地。它的 FeO 和 TiO_2 及 Th 含量多于典型高地，因而较暗，其月壳比别处薄，但尚未采集样品，难以做出化学标记的判断。一种可能性是代表比上月壳较富 Fe、Ti、Th 的下月壳；另一种可能性是其成分反映广布的富铁玄武岩池；再或者是那里含有来自月幔的成分以及陨击熔融物。也有认为是低速斜陨击所致。

风暴洋 KREEP 地质体（PKT）：

（1）此地质体环绕风暴洋和雨海，主要特征是 Th 浓度高（3～12 ppm），且具有丰富的月海玄武岩熔岩流。

（2）虽然它仅约占月球表面积的 16%，但占月球侵入玄武岩的 60%以上。只有这些区的很高地形处（诸如雨海边缘）未被火山更新表面。

（3）此地质体的火山活动似乎至少从 42 亿年前延续到约 10 亿年前。

（4）月球的高钛月海岩浆流大多发生在此地质体内。

（5）从雨海抛出物的成分判断，约 50%的月壳有类似于阿波罗 15 KREEP 玄武岩的成分（约 12 ppm Th）。

(6) 全月球的 Th 质量平衡计算表明，约 30%的月球产热元素可以在风暴洋 KREEP 地质体内被分开。而且，月壳内 Th 总量约 40%留在 PKT 内。

(7) 阿波罗 15 处（在 PKT 内）的热流比阿波罗 17 处（恰在此区外）约大 50%（图 11.21）。而且，似乎仅此区内或边缘形成的盆地已被增强的黏性弛豫改造。

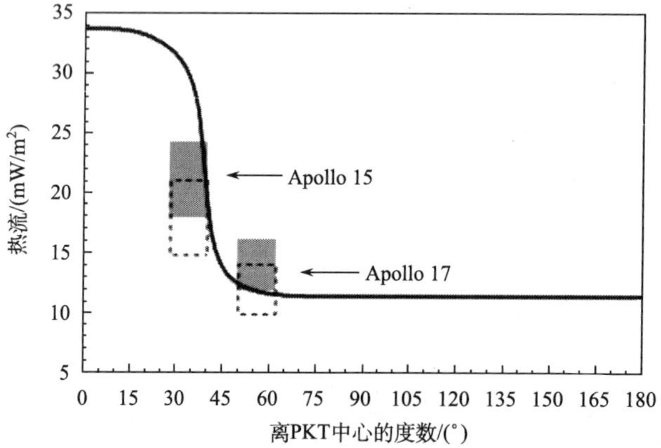

图 11.21 作为离 PKT 角距离函数的现在热流模型

灰方块是阿波罗测量的热流，虚线框是改正因其处于月海/高地边界而可能增强后的热流估计

(8) 基于其不相容元素的高含量（KREEP）所定义的大多镁岩套和碱岩套，这些岩石型不像是形成在 PKT 外面的。

(9) 从该区的 γ 射线资料得出，月海玄武岩主宰的月壤表面 Th 浓度范围约 3～7 ppm，然而，仍不清楚的是，这些 Th 浓度是否代表玄武岩本身的，或者是否由它们跟下面的富钛物质的垂直混合所致。

风暴洋 KREEP 地质体内的高浓度产热元素可能与该区的岩浆产额和火山的长久性有关，需要处理两个重要问题：①KREEP 怎么在单一的地质区变浓集？②PKT 内的产热增强怎么影响其岩浆演化？当然，这两个问题极为密切相关，但开头就把这两个问题分开讨论是有益的。

目前，对于风暴洋 KREEP 地体的形成和岩浆活动的长久性，有两个情节假设似乎是最合理的。首先，由于那里的月壳薄于典型厚度，而 KREEP 可以浓集在 PKT 内，于是，此层内的放射衰变能量加热下面的月幔，造成玄武岩成分范围增厚（图 11.22）。其次，LMO 后期，钛铁矿堆积的一度下沉可以在一个半球浓集残留的岩浆洋 KREEP 层和接续的岩浆活动，一种模型示于图 11.23 和图 11.24。

现在考查，为什么放射性热源和月海玄武岩高度集中在正面的风暴洋

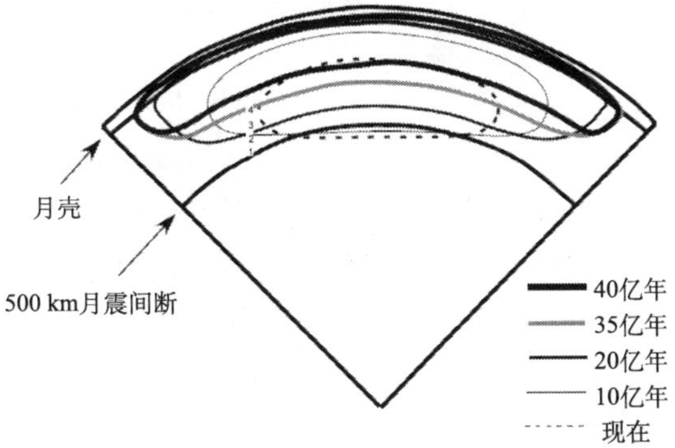

图 11.22　风暴洋 KREEP 地质体下的熔融最大深度范围

此剖面跨越±45°纬度，PKT 纬度 40°

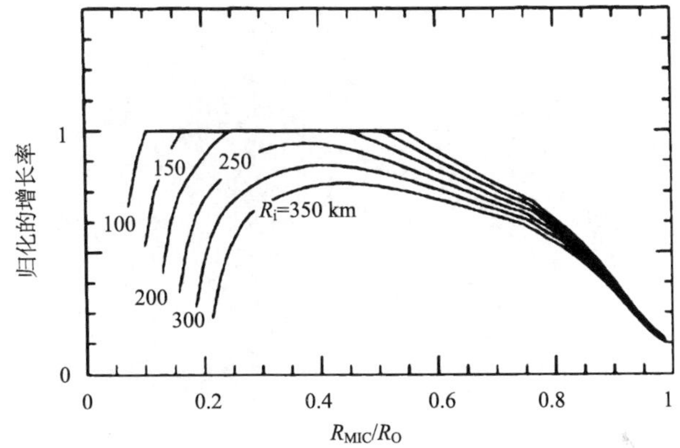

图 11.23　作为混合的富钛铁矿堆积层半径 R_{MIC} 函数的一度增长率

R_i是月核半径；R_O是月球半径

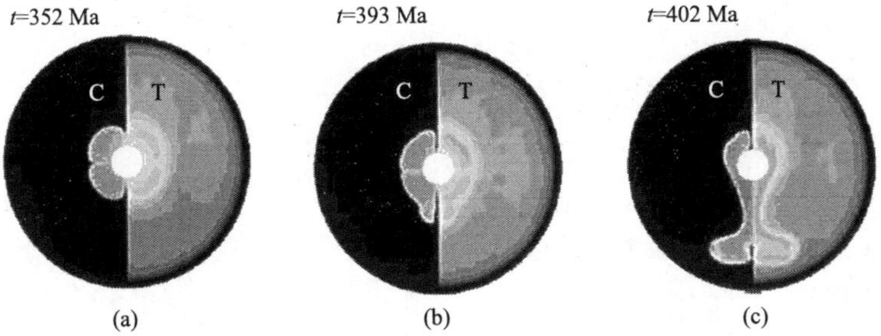

图 11.24　月球形成后，三个不同时间的温度（T，右半）和成分（C，左半）模型

中央白圆代表月核

KREEP 地质体（PKT）区域。热源与玄武岩喷发之间的相关关系意味着，它们之间有演化关系。阿波罗样品和遥感资料暗示，体积上不占主要的月海玄武岩不是 PKT 内产热元素的直接携带者，这些元素可能集中在下伏的月壳内。最近，应用德国宇航中心的 GAIA 编码二维或三维热化学对流模拟，构建了月壳热源不对称分布的月球热演化和岩浆演化模型。它处理了径向和侧向的可变黏滞，质量、能量和动量守恒，包括部分熔融的热耗散以及月幔残留物的密度变化；也监控从月幔抽取热源和接续的月壳增长。一个关键结果是，在月球形成后短时间造成的产热元素分布不对称可以长久地影响月球的热结构。图 11.25 显示月球演化 45 亿年后的代表热状态情况。弹性岩石圈的近似厚度对应 800 K 等温线，现在的岩石圈厚度变化于约 50 km（PKT 下面）到 200 km（背面），这样的侧向变化会影响内部的潮汐应力以及两个半球的深月震位置。

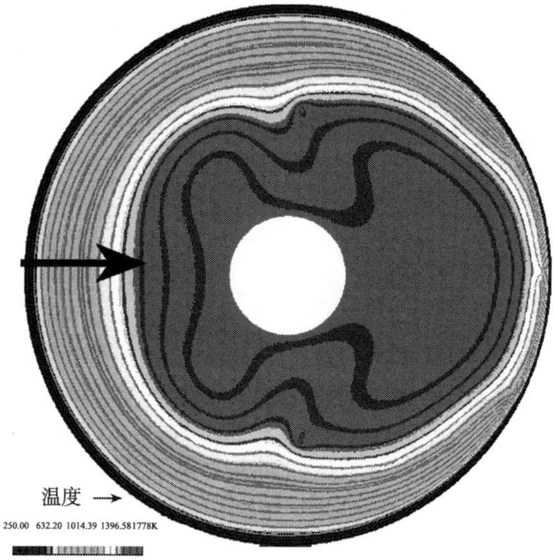

图 11.25 月球演化 45 亿年后的热状况

模型的 PKT 区角半径 40°，右半球

另一严重后果是，PKT 下面熔融程度大，而背面月幔保持不熔融(图 11.26)。这些模拟也预测了核-幔边界的热流变化：现在 1 mW/m^2；过去达3 mW/m^2 (图 11.27)。这样的月核热流边界条件可能运行“发电机”，从而可以解释月球存在磁异常和古磁场。

月球的热异常也对其重力场有重要影响，图 11.28 显示作为离 PKT 角距离函数的现在径向重力场的变化，可能有助于调和重力和月震资料估计的月壳厚度。而且，现在的侧向温度变化也可归因于由月震反推的月幔成分。

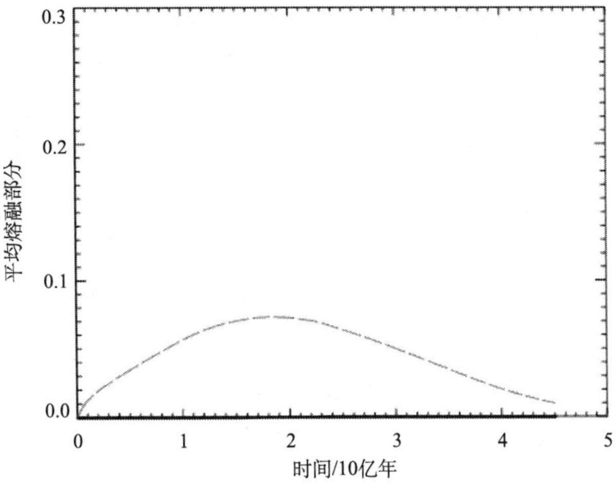

图 11.26　月球正面（虚线）和背面（黑线）半球的熔融部分

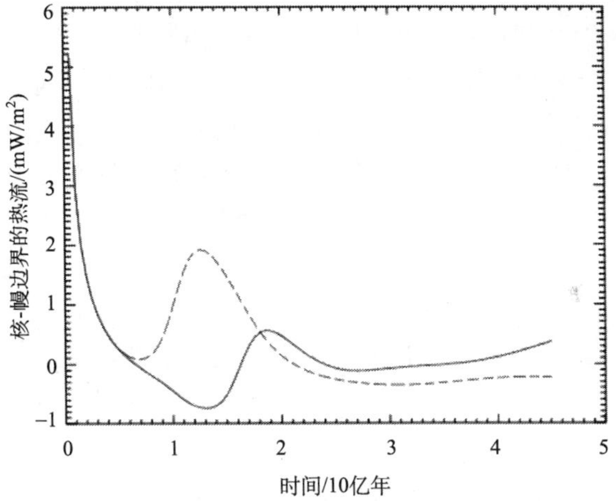

图 11.27　从月核出来的平均热流，正面（虚线）和背面（实线）半球

总之，月球 PKT 区热源浓度的初始不对称性导致至今可见的长久结果：熔融产生和火山活动位于正面，热流施予核-幔边界，且热异常对重力场有不可忽略的影响。将要研究的工作包括因伴随岩浆洋结晶的月幔颠覆所致稳定的月幔分层，这种分层会减缓月幔的对流。也将研究不同的月壳初始厚度，尤其正面和背面差别的影响，以及月壳的形成。

近几十年来，飞船探测月球创立了观测的和观念的构架，开拓了月球的综合研究，尤其是风暴洋地质体富集不相容元素和产热元素（KREEP），进一步确认

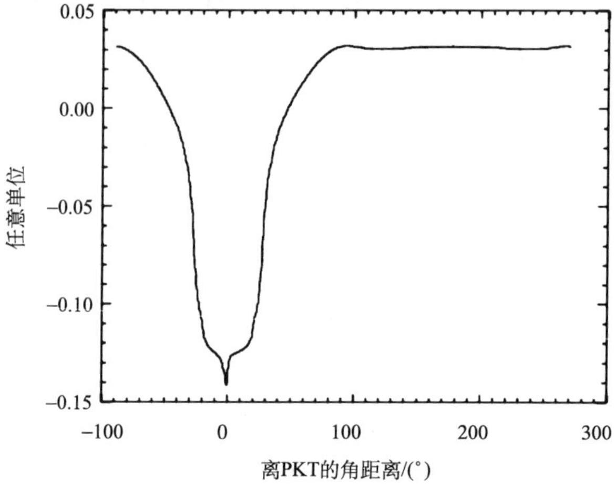

图 11.28　作为离 PKT 异常中心角距离函数的重力场异常

了月球的不对称性。月壳和月幔的热特性不对称似乎不仅影响月幔生成玄武岩的能力，而且也影响月幔的独特演化途径。短寿命放射同位素体系（Nd-Sm，Hf-W）的新资料和大陨击与吸积过程的计算模型，不仅限定月球、也限定所有类地行星的形成和由于岩浆洋（LMO）而很快分异的时标。现在积累的月球资料表明：①低钛玄武岩是主导的玄武岩型；②Ti 含量与年龄似乎无关或关系有限（虽然玄武岩的年龄与 KREEP 成分之间似乎存在关系）；③月海玄武岩成分与其分布之间似乎存在关系；④玄武岩岩浆活动期约从 45 亿年前到 10 亿年前。这些新资料对于月球的热历史、月幔的热特性和玄武岩的产生有重要意义。月球的热演化研究还不很成熟，需要更多的探测新资料和多方面综合研究。

第十二章 月球的地质历史

地球的地质历史记录在一些岩石中，已用放射性同位素年代方法测出许多岩石、矿物及其相应地质事件的绝对年龄。另一方面，岩石地层单元的相对年龄可由叠置原理、切割关系、生物化石层序及陨击坑密度等得出。类似地，月球的地质历史用月球的地层单元来解释月球表面的年代关系。

月球的地质分期

地球的地质历史按年代次序编出“地质年代表”，包括地质年代单位、名称、代号、起止绝对年龄等，反映演化顺序、过程和阶段。从不同角度，地质年代表中用两种对应的单位：地质年代单位和年代地层单位。地质年代单位从大到小分四级：宙、代、系、世，相应的年代地层单位为：宇、界、系、统。显生宙（宇）中各级单位的划分已研究得很清楚了，但缺乏寒武纪之前的早期遗迹。

改造月球表面的重要地质过程是陨击成坑和火山活动，用诸如叠置关系的标准地层学原理，可以把这些地质事件按相对时间排序。显然不同于地球的是，月球没有生物化石层且缺乏近期的大规模地质活动，而是保留了一些较早的遗迹，这就有助于了解月球的地质演化历史。不同于地球的基本岩石-地层单元，月球的基本岩石-地层单元是“物质单元”，不是依据岩石学，而是依据月球自然地理特性（如地形、坡度、粗糙度、分布格局）和光学性质（偏振度、反照率等），也包含对形成过程的推测。大多数月球单元是陨击坑抛出物、熔岩流、火山灰沉积或迁移物质的沉积（如陨击坑坡的物质），用叠置原理、交切原理，由陨击坑频数与年代的相对年龄测定，把月球的物质单元按相对年龄次序排列，从而归结为“时间-地层单元”，粗略地划分为系和统两级。此外，还有按“时间单元”次序划分系和世两级（表 12.1）。虽然“时间-地层单元”与“时间单元”的名称对应，但因为只采回月球一部分区域的样品，就是全月球时间单元的年代确定结果也不一，有相当大的不确定性（图 12.1），通常把“时间-地层单元”划分为五系：前酒海系，＜3.82/4.1 Ga（Ga 即 10 亿年）；酒海系，＜3.82/4.1～3.85/3.91 Ga ；雨海系，3.85/3.91～3.2 Ga；爱拉托逊系，3.2～1.0/0.8 Ga；哥白尼系，＜1.0/0.8 Ga。符号“/”前后是两种测定的结果。各作者依据地层和陨击坑频数所定的年龄不一，甚至哥白尼陨击坑和第谷陨击坑的年龄也不一。

表 12.1　月球地层单元的划分

岩石-地层单元	时间-地层单元	时间单元
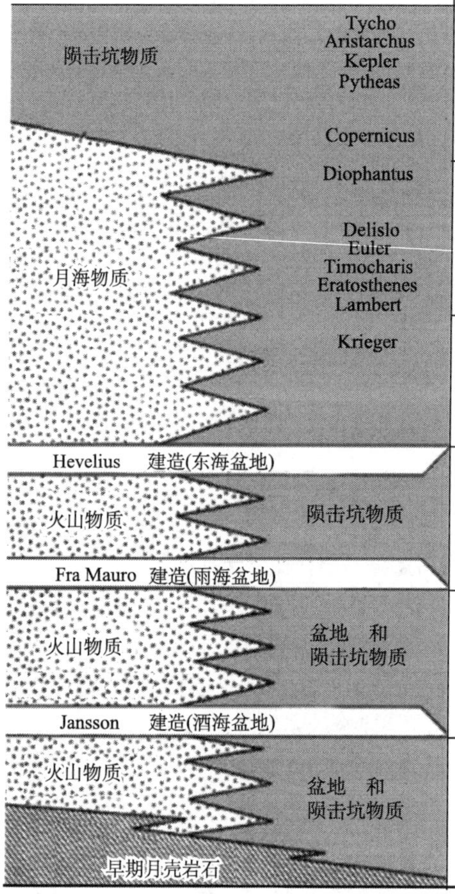 陨击坑物质 Tycho Aristarchus Kepler Pytheas Copernicus	哥白尼系 Copernican System	哥白尼纪 Copernican Period
Diophantus Delislo Euler Timocharis Eratosthenes Lambert	爱拉托逊系 Eratosthenian System	爱拉托逊纪 Eratosthenian Period
月海物质 Krieger	上雨海统 Upper Imbrian Series	晚雨海世 Late Imbrian Epoch
Hevelius 建造(东海盆地) 火山物质 陨击坑物质 Fra Mauro 建造(雨海盆地)	下雨海统 Lower Imbrian Series	早雨海世 Early Imbrian Epoch
火山物质 盆地 和 陨击坑物质 Jansson 建造(酒海盆地)	酒海系 Nectarian System	酒海纪 Nectarian Period
火山物质 盆地 和 陨击坑物质 早期月壳岩石	前酒海系 Pre-Nectarian System	前酒海纪 Pre-Nectarian Period

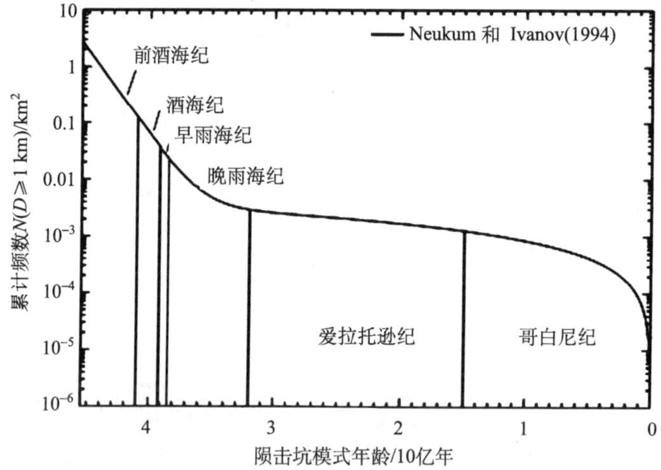

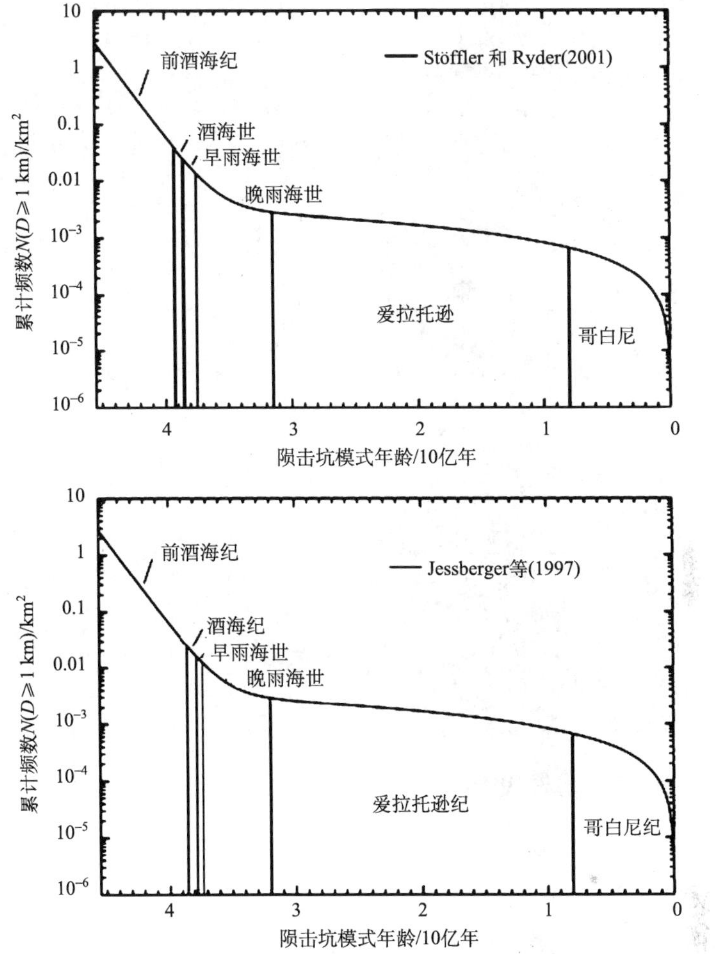

图 12.1　月球的时间单元划分及地质时标（模式年龄）的三种研究结果

作为粗略概况，月球的地质历史也可以简单地分为四个阶段，示于图 12.2。

阶段Ⅰ　月球的形成初期

如图 12.2 所示，吸积形成的初始月球有岩浆洋，外部冷凝为越来越厚的初始斜长岩月壳，残余星子陨落造成月球表面疤痕累累。

阶段Ⅱ　前酒海系和酒海系

距今 44 亿年到 39.2 亿年，月壳继续遭受大量陨击。一些大陨击造成大型盆

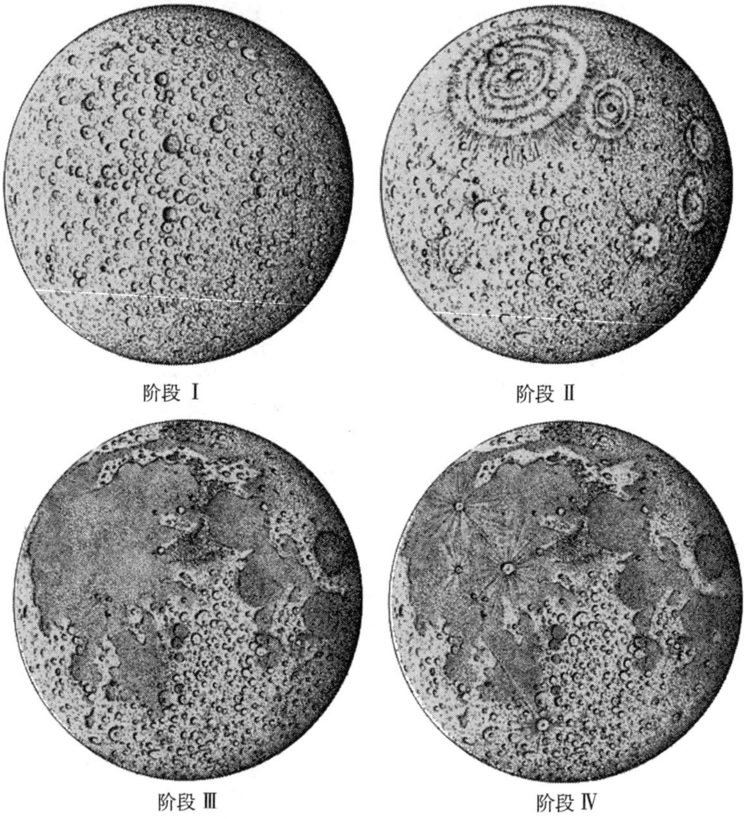

图 12.2　月球的地质历史概况

地，破坏初始月壳，促使下面的玄武岩浆喷发，填充盆地内部而成为月海，而小陨击产生陨击坑。较新的陨击破坏和改造先前的月表，留下暴风洋、酒海及大陨击坑等遗迹。

阶段Ⅲ　雨海系

距今 39.2 亿年到 32 亿年，陨击很快减弱，仅产生 38 亿年前的雨海、东海几个盆地和很多陨击坑，而玄武岩浆火山活动在很长时期多次喷发，覆盖部分较老表面，包括老的月海。

阶段Ⅳ　爱拉托逊系和哥白尼系

距今 32 亿年以来，玄武岩浆火山活动大为减弱，规模较大的火山到 20 亿年前就终止了，以后仅有小规模活动。陨击也大为减少，仅产生诸如爱拉托逊、哥白尼、第谷、开普勒等较大的陨击坑，尤其是最年轻陨击的新鲜抛出物沉积亮辐射纹甚为醒目。

综合望远镜观测和飞船探测和研究，绘制了全月球的以及一些区域的地质图，下面简述各地质时期的一些研究结果。

前酒海系

前酒海系定义为从月球形成（45.33亿年前，最新改为44.5亿～44亿年前）到酒海盆地陨击事件（41亿年前）的时期。酒海盆地是月球正面的一个多环的陨击盆地，取它的抛出物覆盖层作为一个有用的地层标志。已识别出前酒海系的30个陨击盆地，有些是叠置的，其中最老的是南极-艾特肯盆地、南海盆地、风暴洋，其次是史密斯盆地、云海盆地、澄海盆地等。前酒海系曾非正式地细分为隐生代（crytic era，45.33亿～41.72亿年前）和原生代（basin grups，41.82亿～39.2亿年前），但这些划分未用于地质图。

在此时期，刚形成的月球是外部炽热的，因表面辐射而冷却，岩浆洋首先结晶出的是长石。由于这些晶体不如液态岩浆密度大，一结晶就浮在顶部，形成斜长岩，可能经约2亿年（很难测定）形成固态月壳。月球的前酒海盆地和大陨击坑留下了较丰富的记录，陨击坑比其他年龄区更密集。它们的沉积物覆盖月球正面南部的三角区和背面的大部分。然而，这些古老的盆地和陨击坑不同程度地遭受后来的陨击和火山活动的剥蚀和改造。因此，现今仍可见的地层单元和早期月陆壳（原先由火成过程产生的）火成岩都是前酒海系的。

在月球样品中，前酒海系的岩石是很少的，它们大多由月球高地物质组成，经受了搅拌、角砾化，尤其在标志酒海系开始的晚期严重陨击期间（41亿～38亿年前），遭受后来陨击的热作用。原来的前酒海系高地物质以钙长石岩型为主，说明月壳形成早阶段可能经历全球岩浆洋的矿物结晶。

南极-艾特肯（SPA）盆地位于月球背面，中心在纬度56°S、经度180°，直径约2500 km，深13 km，是月球上最大、最深和最老的陨击盆地。其名称缘于其南端为南极、北端是艾特肯陨击坑。月球表面高程最低处（约－9 km）就位于此盆地内，而最高处（约＋11 km）在此盆地的东北边缘（图12.3）。用地形学和重力场构建的月壳厚度得出，该盆地底部下面的月壳厚度约15 km，比月壳的平均厚度（约50 km）薄得多。该盆地尚没有采集样品，从克莱门汀、月球勘测者等飞船探测资料估计，它比典型月球高地更富集FeO和TiO_2，因而显得很暗。飞船探测资料表明，其底部的铁、钛和钍略富集，在矿物学上，它比周围斜长岩高地富集单斜辉石和斜方辉石，可能的一种解释是它代表下月壳物质；另一种

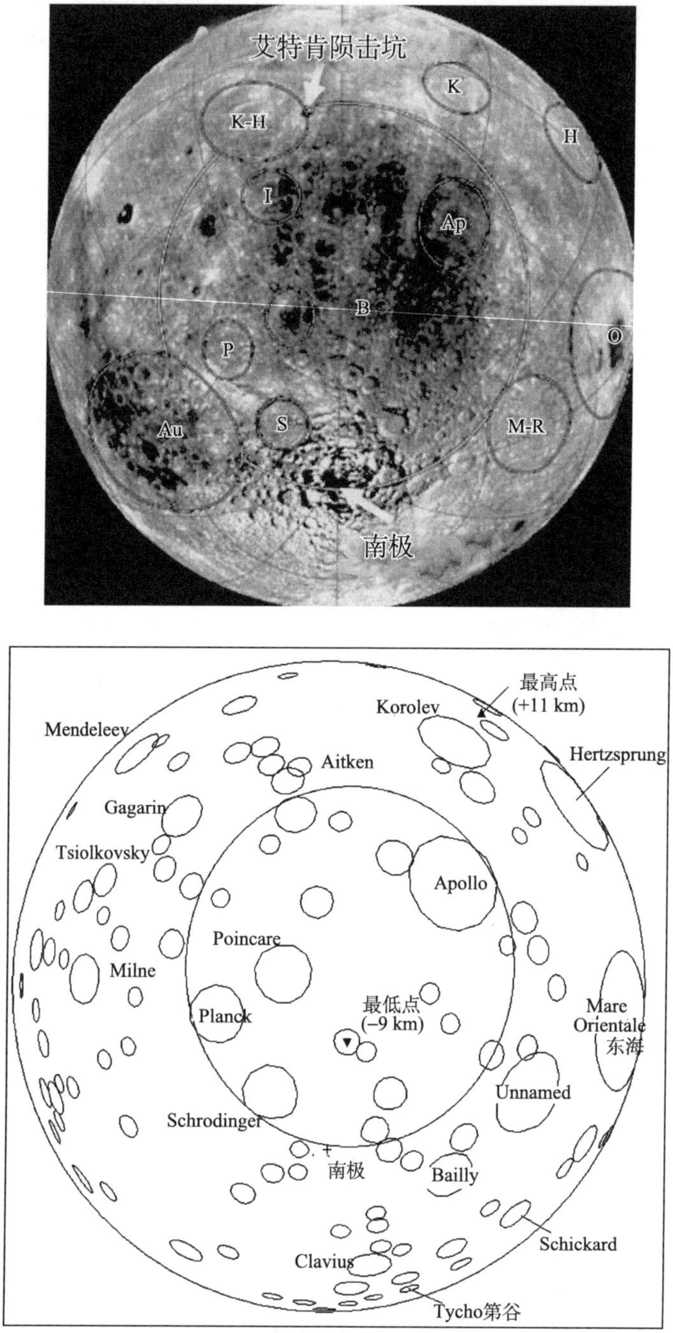

图 12.3　南极-艾特肯盆地及其周围的主要特征，影像图与示意图

解释是它反映存在类似月海的广泛分布富铁玄武岩池，或者是盆地陨击穿通月壳而达月幔，因而那里的岩石含有月幔成分。真正原因还有待飞船去采样来揭示。

从陨击坑的大小-频数分布研究，得出 SPA 的绝对模式年龄为（42.6±0.3）亿年。它可能是月壳形成后最先遭受外来天体（可能是彗星）一次或两次倾斜巨陨击而产生的大盆地，后被下面来的岩浆部分地填充为月海。该区域随后受到的大陨击而产生阿波罗盆地和其他前酒海系的盆地和大陨击坑，以及更后的陨击改造，尤其是太阳光照射不到的南极附近低洼区可以保留彗星陨击留下的水冰。图 12.4绘出由探测资料推测的该区地质剖面。南极-艾特肯盆地成为未来飞船进行多项探测、采样分析和研究的重要目标，以期揭示月球的形成和早期演化的奥秘，为探讨地球和内太阳系的形成演化提供线索。

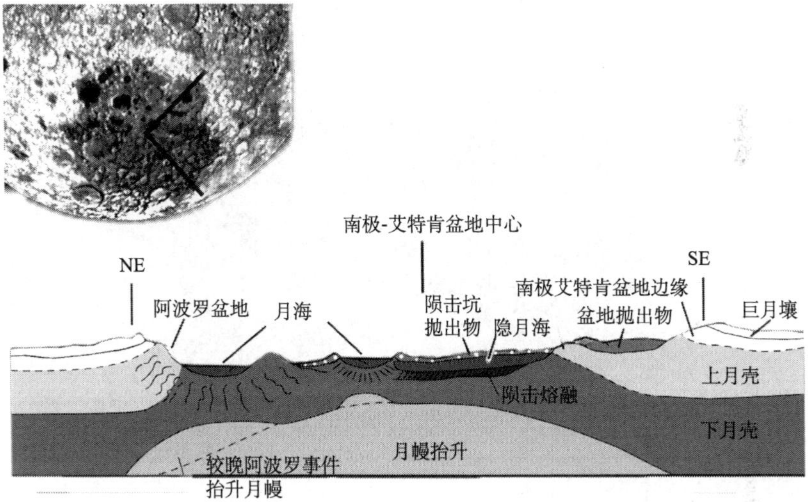

图 12.4　南极-艾特肯盆地的一种可能地质剖面

风暴洋（图 12.5）在月球正面西边缘附近，中心纬度 20.67°N、经度 56.68°W，是最广阔的月海平原，南北长达 2592 km，面积 520 万 km^2。与所有月海类似，它是由古老的玄武岩填充的。然而，不同于其他月海，风暴洋可能不是在一个很确定的陨击盆地内。它的东北以喀尔巴阡山脉跟雨海分开。它周围有很多小的湾和月海，包括南面的云海和湿海，北边界的露湾（Sinus Roris）。它东南边缘的带辐射纹的阿里斯塔克（Aristarchus，直径 32 km）陨击坑很醒目，东边缘的有长而亮辐射纹的开普勒陨击坑和更远的哥白尼陨击坑更为壮观。关于风暴洋的成因有几种假说，最吸引人的是，很早的（岩浆洋还存在或刚停止时）一次巨陨击造成 3000 km 以上的大盆地；陨击抛出物沉积到背面，厚达 5～30 km，形成高地；陨击造成的边缘山脉环及中央峰等被后来的陨击和火山活动抹掉了。支持这种假说的一种证据是不相容元素（REEEP）浓集和低钙辉石。另外一些假说包括：月球形成时的空间不均匀的潮汐加热、月球背面后来吸积了另一个较小（直径约 1200 km）的月球。

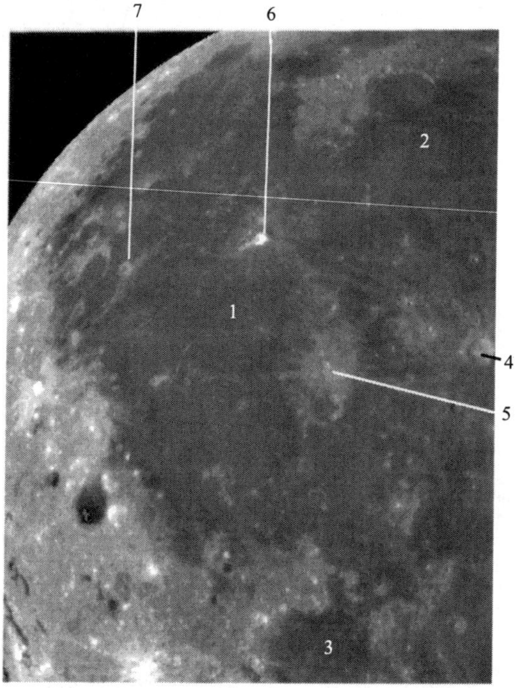

图 12.5　风暴洋区

1. 风暴洋；2. 雨海；3. 湿海；4. 哥白尼；5. 开普勒；6. 阿里斯塔克；7. 塞琉古

南海盆地（Australe Basin）（图 12.6）中心在纬度 38.9°S、经度 93.0°E，主环直径 880 km，另一环直径 550 km，盆地深度 2.13 km，它是前酒海系的很老盆地。它的中部是南海（月海），其直径为 603 km，月海熔岩覆盖约 40%的盆地，已识别出该区有 248 个熔岩池（多为陨击坑），它们的平均月壳厚度比盆地外的月壳（厚度约 59 km）约薄 3 km，仅 19 个池显示有褶皱脊，仅 3 个池有短的（<30 km）蜿蜒月溪，3 个池有多重流单元，未见到火山锥或盾，推断玄武岩从其下面深岩浆库一次喷出，从该盆地内的熔岩池上的陨击坑统计得到模式年龄为 30.8 亿～39.1 亿年，大多熔岩池是晚雨海世（36 亿～38 亿年前）的；GRAIL 使命的新结果表明，南海区的月壳厚度跟正面其他月海玄武岩沉积所得的月壳厚度没有显著差别，多重喷发中心接近几个幔源区，酒海系的火山活动丰富，某些喷发中心在雨海系到爱拉托逊系仍有火山活动，而其他的仅在有限时间经历喷发。

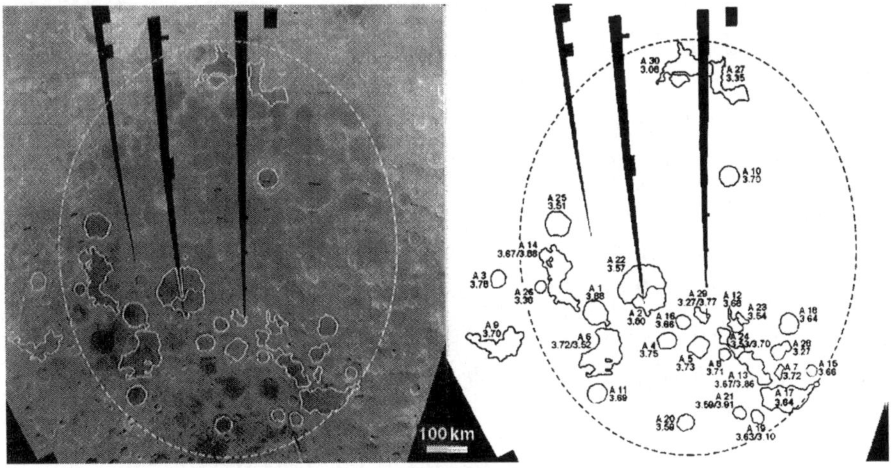

(a)　　(b)

图 12.6　南海盆地熔岩池及其年龄［(b)，单位 10 亿年］

虚线为南海近似轮廓

史密斯（Smythii）盆地也是前酒海系的，它的显著特征是史密斯海（图 12.7）。史密斯海在月球正面赤道区的东边缘，直径 373.97 km，其底部物质为高铝玄武岩，是由爱拉托逊系玄武岩覆盖的上雨海统玄武岩组成的，周围特征

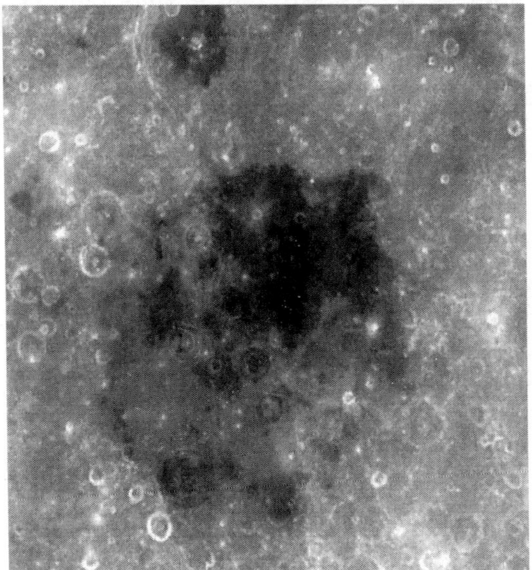

图 12.7　史密斯海

则是酒海系的。史密斯海北（照片顶部）的 Neper 陨击坑构成界海南边缘的一部分。史密斯海南边缘的 Kastner 陨击坑已被暗月海物质填充。

静海盆地（图 12.8）在月球正面第一象限，其边缘不规则，缺乏一个确定的多环结构，可能是前酒海系陨击形成的最老盆地之一。它的东南是丰富海，东北是危海，南面是酒海，西北是澄海（如图 12.8 所示）。静海盆地内及附近的不规则地形是静海、酒海、危海、丰富海和澄海诸盆地交集所致，有风暴洋盆地的两个环经过。玄武岩填充的静海（月海）直径为 873 km，中心纬度 8.5°N、经度 31.4°E，玄武岩是上雨海统的中到轻年龄组的，周围山脉是下雨海统的。静海东北的梦沼（Palus Somni）填充着静海蔓延的玄武岩。相对于月球其他部分，静海显得微蓝色，可能是因为玄武岩质月壤或岩石含金属多些。

图 12.8　静海盆地及其周围特征

1. 静海；2. 澄海；3. Arago；4. Ariadaeus；5. Dwen；6. Dionysius；7. Haemus 山脉；8. Jansen；9. Julius Caesar；10. Lamont；11. Maclear；12. Maskelvne；13. Menelaus；14. Plinius；15. Ritter；16. Ross；17. Sabine；18. Silberschlag；19. Ranger 6；20. Ranger 8；21. Surveyor；22. Apollo 11

云海盆地（Nubium Basin）位于月球正面风暴洋东南，中心纬度 21.3°S、经度 16.6°W，主环直径 690 km，盆地深 1.63 km，是前酒海系的老陨击圆形盆地。然而，有证据表明，它不是一次大陨击所形成的，现在的形态似乎是多次陨击的结果，至少可识别四个盆地环，其周围的物质是下雨海统的。该盆地的云海（月海）直径为 751 km，云海熔岩物质是上雨海统的。云海东部有称为“直壁”

(Straight Wall，也称 Rupes Recta）的断层悬崖，长 114 km，高 300m。它西面有直径 55 km 的 Thebit 陨击坑，其坑壁被后来的陨击坑破坏。它东面有 Birt 陨击坑和弯的 Birt 谷及熔岩片（图 12.9）。

(a) 云海及其内的直壁（右）和底部断裂的 Pitatus 陨击坑

(b) 直壁其西的 Thebit 陨击坑与其东的 Birt 陨击坑和 Birt 谷

图 12.9　云海盆地

酒海系

酒海系是从酒海盆地形成到雨海陨击之间的时期（41 亿～39.2 亿年前）。在此时期，由大的陨击事件形成酒海和其他 12 个盆地，包括 Korolev 盆地、Hertzspring 盆地、莫斯科（Moscoviense）盆地、危海盆地、湿海盆地、洪保（Humboldtanum）盆地，它们有多环特征。酒海盆地的抛出物叠置于月球高地，酒海陨击事件成为月球地层划分的重要标志。

酒海盆地位于月球正面，在静海之南、丰富海之西，其直径为 860 km。它是月球早期外来小天体陨击形成的，虽然从阿波罗 16 号采回的样品测定出陨击的几种不同绝对年龄（38.5 亿～39.2 亿年），很多样品可能是从雨海盆地陨击抛出的。

最近测出一些样品年龄约 41 亿年，则应是酒海陨击的标志。P. D. Spudis 推算，陨击开掘的坑穴约直径 472 km、深 55 km，总开掘体积为 $6.3\times10^6\sim9.2\times10^6$ km^3，产生的 5 个环分别为直径为 240 km、400 km、620 km、860 km（主环）、1320 km。盆地中央部分是熔岩填充的小月海——酒海，其面积为 101 000 km^2，熔岩厚 1.0～1.5 km，中偏南有年轻的 Rosse 陨击坑，西边界是 Pyrenaeus 山脉［图 12.10（a）］，还有个略弓形的地堑；东边界外有几个大陨击坑，东北侧

(a) 酒海盆地

中部暗区是酒海月海

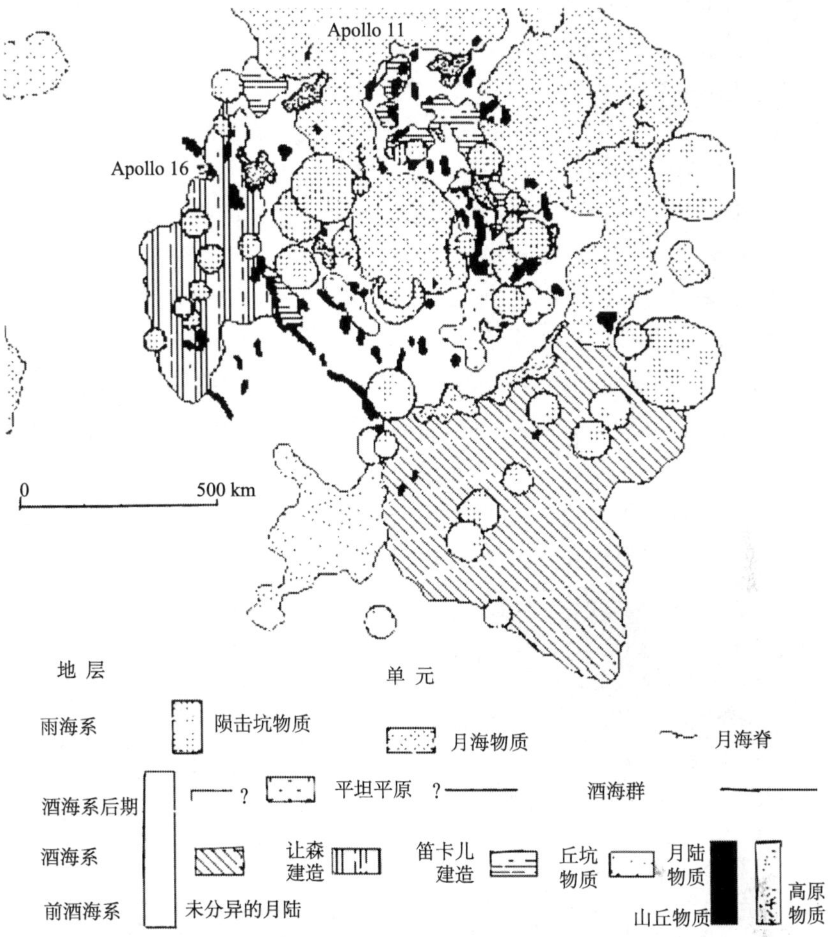

（b）酒海盆地质图

图 12.10　酒海盆地

[图 12.10（a）左上] 的显著 Theophilus 陨击坑是爱拉托逊系的。该盆地的物质约 1 km 深，主要是酒海系和下雨海统的，也有上雨海统的。虽然酒海盆地受到后来的陨击坑叠置和其他盆地抛出的沉积物而退化和改造，但仍可从位置和地层关系识别出几个确是酒海盆地物质的地质单元 [图 12.10（b）]，最显著的是该盆地西南、离直径 860 km 主边缘暴露的让森（Janssen）建造，它大概由开掘该盆地凹穴的主要抛出物与次陨击改造而合并到沉积的局部亚层物质组成。然而，同心于该盆地西缘有呈宽弧的笛卡儿（Descartes）多丘物质，则是叠置了雨海盆地次生坑所改造的酒海抛出物。丘与坑（节）单元就是露头的酒海盆地物质，由很多山丘可绘出酒海盆地的环。弧形的 Altai 峭壁明显地绘出主环的西、南部

分，而其东、北部分呈现以康德高原（Kant Plateau）为例的一系列高丘。康德陨击坑（直径 33 km）在康德高原西南部。阿波罗 16 号登月于笛卡儿建造北，虽然采回的样品中有来自雨海的物质，但大多样品更可能是来自酒海盆地。总之，让森建造和笛卡儿建造主要是酒海陨击抛出物的沉积，所含的钙长石巨角砾岩代表酒海陨击的熔融物。

危海盆地（图 12.11）位于月球正面近右偏上边缘，静海的东北，丰富海之北，是陨击所致的多环盆地，主环直径为 740 km，其他环直径为 360 km、540 km、1080 km、1600 km，盆地深度为 4.57 km。危海盆地似乎形成于典型的高地月壳带内，内部是玄武岩完全填充的危海，直径 555 km，面积 17.6 万 km^2，底部很平，为重力正异常（质量瘤）。内环是近于危海边界的蜿蜒环，它及其周围有很多值得注意的特征：它东南有显著的 Agarum 海角，它的西边缘是 Yrkes“变余构造”（plimpsest），往东有 Picard 陨击坑及其北的 Peirce 陨击坑。月球 20 号采回危海侧面的月壤，测出年龄为 38.4±0.4 亿年。危海抛出物上叠置有澄海的次生坑，因而危海老于澄海。

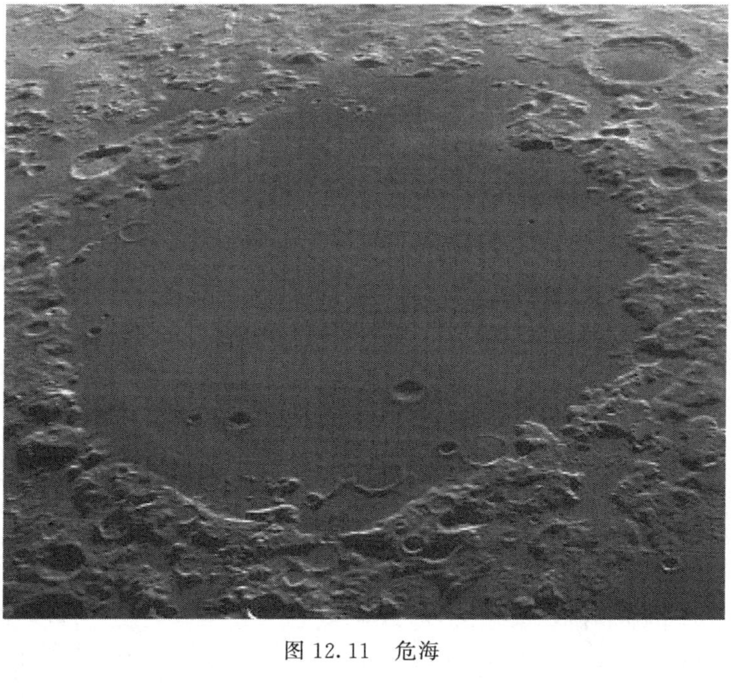

图 12.11　危海

澄海盆地（图 12.12）在月球正面雨海之右、静海之北，是陨击所致的多环盆地，三个主环及其直径为：月海脊勾画轮廓的 Linne 环约 420 km、朝盆地陡坡和圆齿性山丘勾画轮廓的 Haemus 环约 610 km、朝盆地斜坡和圆齿状山丘勾

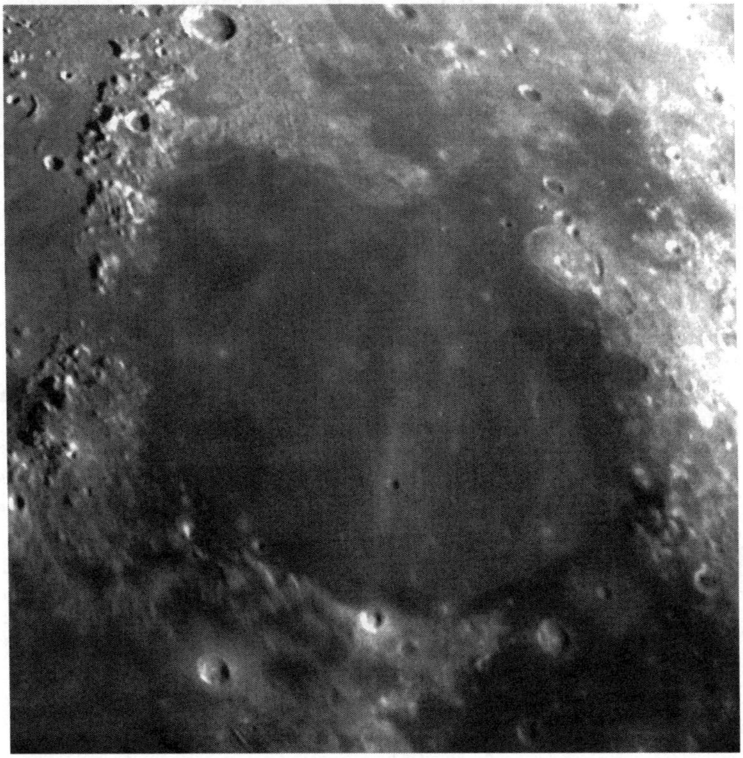

图 12.12　澄海

画轮廓的 Vitruvius 环约 920 km。Haemus 环为陨击暂时穴的边缘，而抛出物直到跟雨海第三环的交界处仍很多。澄海盆地几乎完全被月海玄武岩填充，表现出“质量瘤”重力异常。地层和样品表明，澄海盆地年龄 38.7±0.4 亿年，老于但接近于雨海盆地的形成年龄。澄海盆地反常的是，它覆盖两个盆地：澄海（主）盆地与其北—北东一个较小的“北澄海盆地”，或许由于主环叠置熔融片交叉于老盆地底部段而断开主环。相似地，澄海（主）盆地可能叠置了（与它交叉的）较年轻的雨海盆地主环。同样地，静海盆地的熔融片可能叠置于澄海盆地的主环。

湿海盆地（Humorum Basin）（图 12.13）位于风暴洋之南，中心的纬度为 24.4°S，经度为 38.8°W，周围的山脉标志着老陨击盆地的边缘。地质图表明其年龄介于酒海系与雨海系之间，估计其年龄约 39 亿年。玄武岩填充的湿海（月海）直径 389 km，中央厚度超过 3 km。北边缘有 Gssendi 陨击坑，直径 110 km，深 1.9 km，因月海熔岩泛滥而侵蚀，仅边缘和中央峰露出表面。

风暴洋、雨海、澄海、危海、酒海区域的地质剖面示于图 12.14，显示它们

图 12.13　湿海

的地层-年代关系。

雨海系

雨海系分为上雨海统和下雨海统。

下雨海统

下雨海统是从雨海盆地陨击到东海盆地陨击（39.2 亿～38.4 亿年前）之间的时期，跟类地天体的晚期严重陨击（LHB）末期重叠，造成巨大雨海盆地的陨击事件发生此时间的开头。以前测定的雨海盆地陨击年龄为 38.5 亿年左右，现在公认其年龄为刘敦一更准确测定的 39.2 亿年。在这一时期也形成薛定谔（Schrödinger）盆地。在随后的晚雨海世，这些盆地大多被玄武岩填充。

雨海盆地是月球的第三大盆地，在正面第二象限，它是一次巨陨击事件开掘的，其抛出物沉积覆盖大部分正面和部分背面，并造成外围三个山脉环。最外的山脉环直径 1300 km，分为不同的几段（图 12.15）：喀尔巴阡（Carpatus）山脉（南），亚平宁山脉（西南），高加索（Caucasus）山脉，北段和西北段发育不佳，

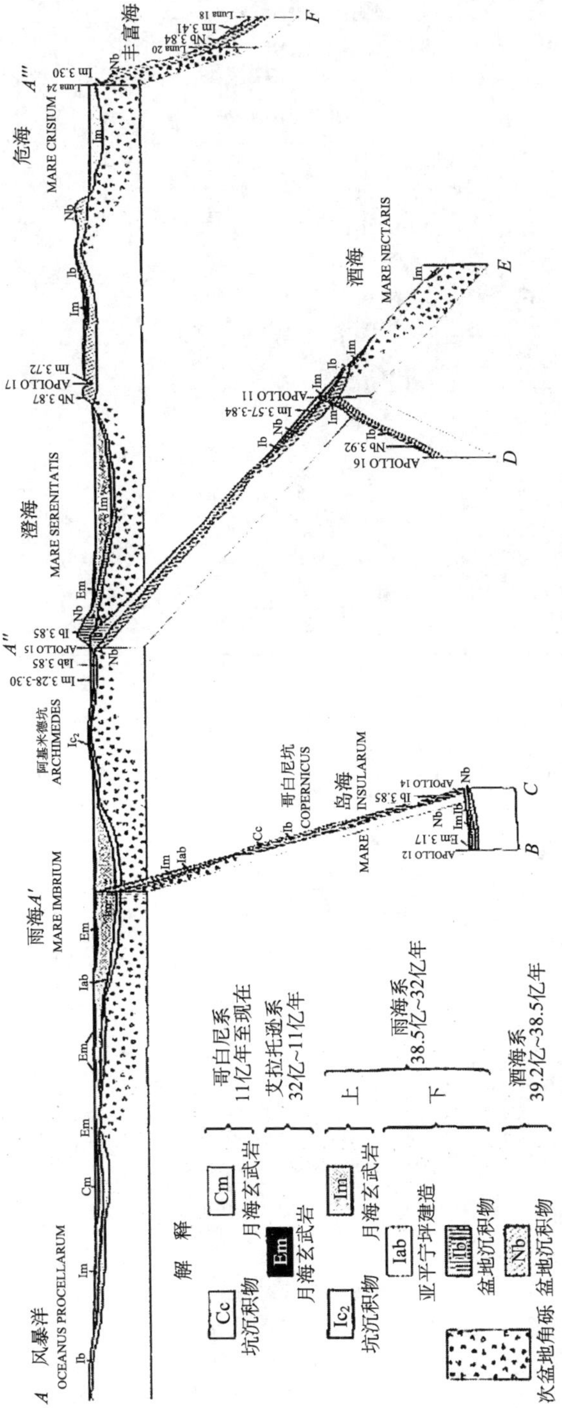

图 12.14　风暴洋、雨海、澄海、危海、酒海区域地质剖面

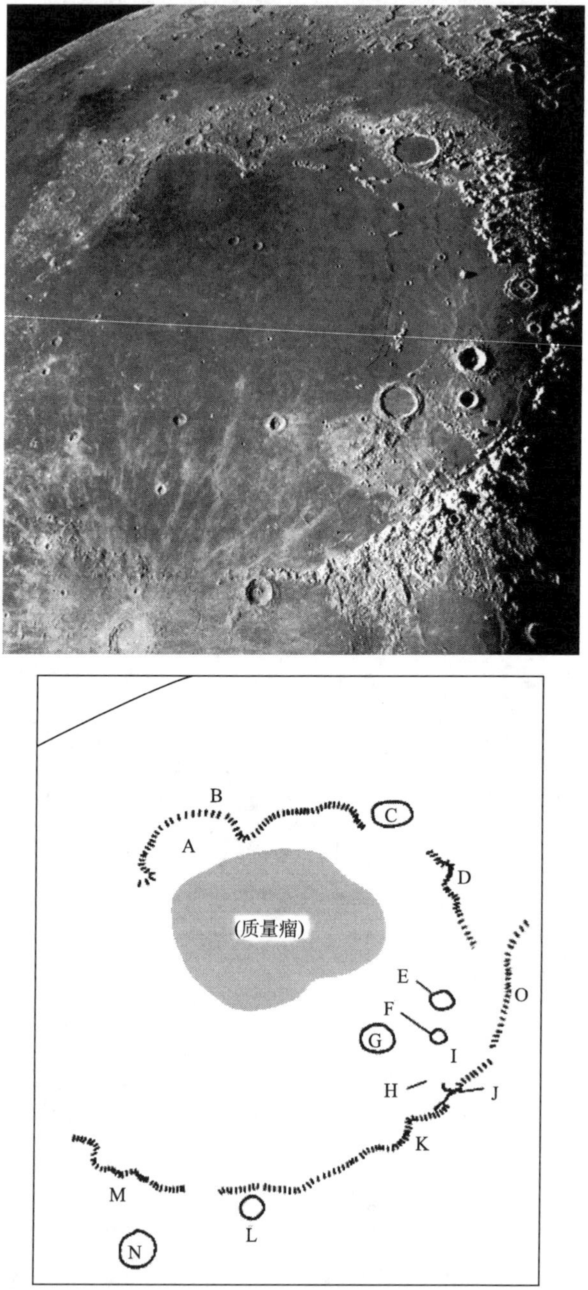

图 12.15　雨海

A. 虹湾；B. 侏罗山脉；C. 柏拉图陨击坑；D. 阿尔卑斯山脉；E. Aristillus 陨击坑；F. Autolycs 陨击坑；G. 阿基米德陨击坑；H. 腐沼；I. Hadley 月溪；J. Apollo 15 登月点；K. 亚平宁山脉；L. 爱拉托逊陨击坑；M. 喀尔巴阡山脉；N. 哥白尼陨击坑；O. 高加索山脉

似乎不是简单地抬高。中间的山脉环形成阿尔卑斯山脉和阿基米德坑与柏拉图坑附近的山区。最内环直径 600 km，大部分埋在月海玄武岩下面，仅低丘凸于月海平原，而月海脊形成大致的圆格局。熔岩填充的雨海（月海）是仅小于风暴洋的第二大月海，其直径为 1145 km，中心纬度为 32.8°N，经度 15.6°W，月海物质约 5 km 深，外山脉环高于盆地约 7 km，因此该盆地总深度 12 km。这次巨陨击留下的原坑可能深度达 100 km，但其底部即刻向上反弹。

雨海盆地周围是该陨击抛出物覆盖区，向外延展约 800 km。该盆地周围还有称为“雨海刻蚀”（Imbrium Sculpture）的径向沟槽，解释为从盆地以小角度抛出物掠过表面所切割的。此陨击事件也造成跟雨海盆地径向的和同心的月球尺度的断层布局，简直破坏了整个月球岩石圈，包括前面所述的对趾区。

有趣的是，2013 年 3 月 17 日一个砾石大的弹体陨击雨海表面，爆炸的闪光亮度达 4 星等，陨击坑约 20 m，这是 NASA 监测 8 年来的最亮记录。

虹湾（Sinus Iridum，图 12.16）在雨海的西北边缘，中心纬度 44.1°N，经度 31.5°W，直径 236 km，是一个由玄武岩浆填充了陨击坑的平原，其北侧从东北到西南被侏罗（Jura）山脉包围，西南端和东北端的伸出部分称为赫拉克利特海角（Promontorium Heraclides）和拉普拉斯海角（Promontorium Laplace）。虹湾内缺乏瞩目的陨击坑，但其南面有赫拉克利特 E 卫坑，沿东边界有拉普拉斯 A 坑，北有 Bianchini G 坑。虹湾表面是相当平坦的，但有很多蜿蜒脊标志。虹湾是月面最美的特征之一，也是嫦娥三号卫星的登月点。

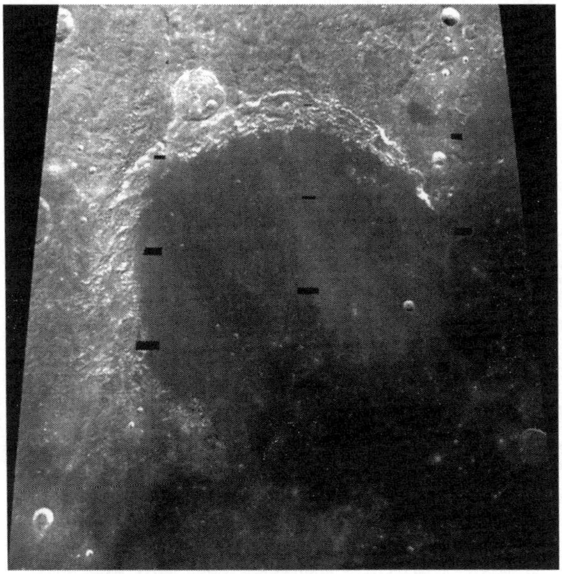

图 12.16　虹湾

薛定谔盆地（图 12.17），以前曾称为薛定谔陨击坑，在南极-艾特肯（SPA）盆地内，直径 320 km，是最年轻的盆地之一，仅略老于东海盆地，有显著的峰环等盆地特征。因为它可能捕获 SPA 盆地形成事件有关的深月壳岩石，也含东海盆地形成事件抛出的岩石，以及后来月海的或其喷发的火山物质，而成为未来登月勘查的主要候选点。

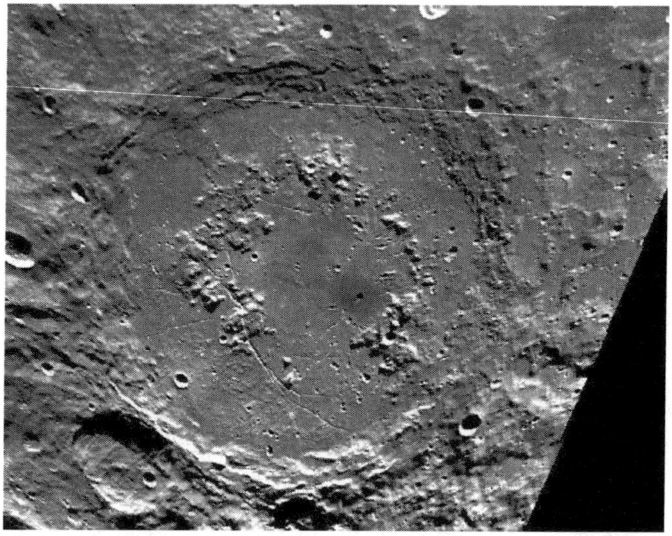

图 12.17　薛定谔盆地

东海盆地（图 12.18）在月球正面左下边缘，直径约 930 km，是最年轻的（年龄约 38 亿年）和改造少的多环盆地，从内到外，三个主环的直径依次为：内卢克（Rock）环约 480 km、外卢克（Rock）环约 620 km、科迪勒拉（Codillera）环约 620 km。外卢克环与科迪勒拉环之间是由多节地形组成的卢克山脉建造。内、外卢克环之间和直径约 350 km 的中央凹陷底部是 Maunder 建造。东海盆地可解释为改造程度小的峰-环盆地，内卢克环是盆地边缘的顶。外卢克环之外，陨击抛出物沉积为有径向结构的 Hevelius 建造。东海盆地的陨击坑较少，月海玄武岩填充不多，有利于研究大规模陨击熔融物的分布、厚度和体积；而且，东海陨击熔融可能较好地约束背面月壳和上月幔的结构，提供必需的成分资料来构建东海陨击熔融片的堆积地层模型，以及探讨陨击熔融物分异的岩石学意义。Vaughan 等（2013）研究得出，东海陨击所产生的大部分（2/3）熔融物在直径约 350 km、厚 15 km 的陨击熔融海内，体积约 10^6 km^3，预料该熔融海经历大规模火成分异，平衡结晶产生堆积地层为苏长岩（norite）层（厚约8 km），覆盖了辉石（pyrocenite）层（厚约 4 km）和纯橄榄岩（dunite）底层（厚约 2 km）。

其陨击熔融物分异缓慢（10^5年）冷却，冒出原始高地深层岩石。所有盆地陨击产生的陨击熔融物约 10^8 km^3，约占月壳体积的 1/20。

图 12.18　东海盆地

上雨海统

上雨海统是从东海盆地陨击到剥蚀过程抹掉地质单元一定直径（D_L 约 240 km）陨击坑时的时期（38 亿～32 亿年前）。在此时期，月球盆地下面的月幔部分地熔融而充斥着玄武岩。由于早雨海世的陨击使上覆岩层变薄，或者月幔也因减压而上升，把熔融物质带近表面；或者因上覆的热隔绝减少，熔融物经月幔向上热流动。玄武熔岩喷发，填充盆地而成为月海。飞船采回的大多数月球样品是此时期的。

月海玄武岩的年龄范围很宽，始于 40 亿～39 亿年前，停止于 12 亿年前，大多是在 38 亿～36 亿年前的晚雨海世喷发的，少数是爱拉托逊纪的，仅在风暴洋的有限区域见到可能是哥白尼纪时期的玄武岩，图 12.19 绘出月海玄武岩的年龄分布。它们不是一次作为大规模岩浆喷发泛滥的，而是经历漫长延续的火山演化。特征是，在长时期内，不同成分和地方，不同程度的内部熔融物和不同类型喷发，可分为早期、主期和晚期三个阶段。

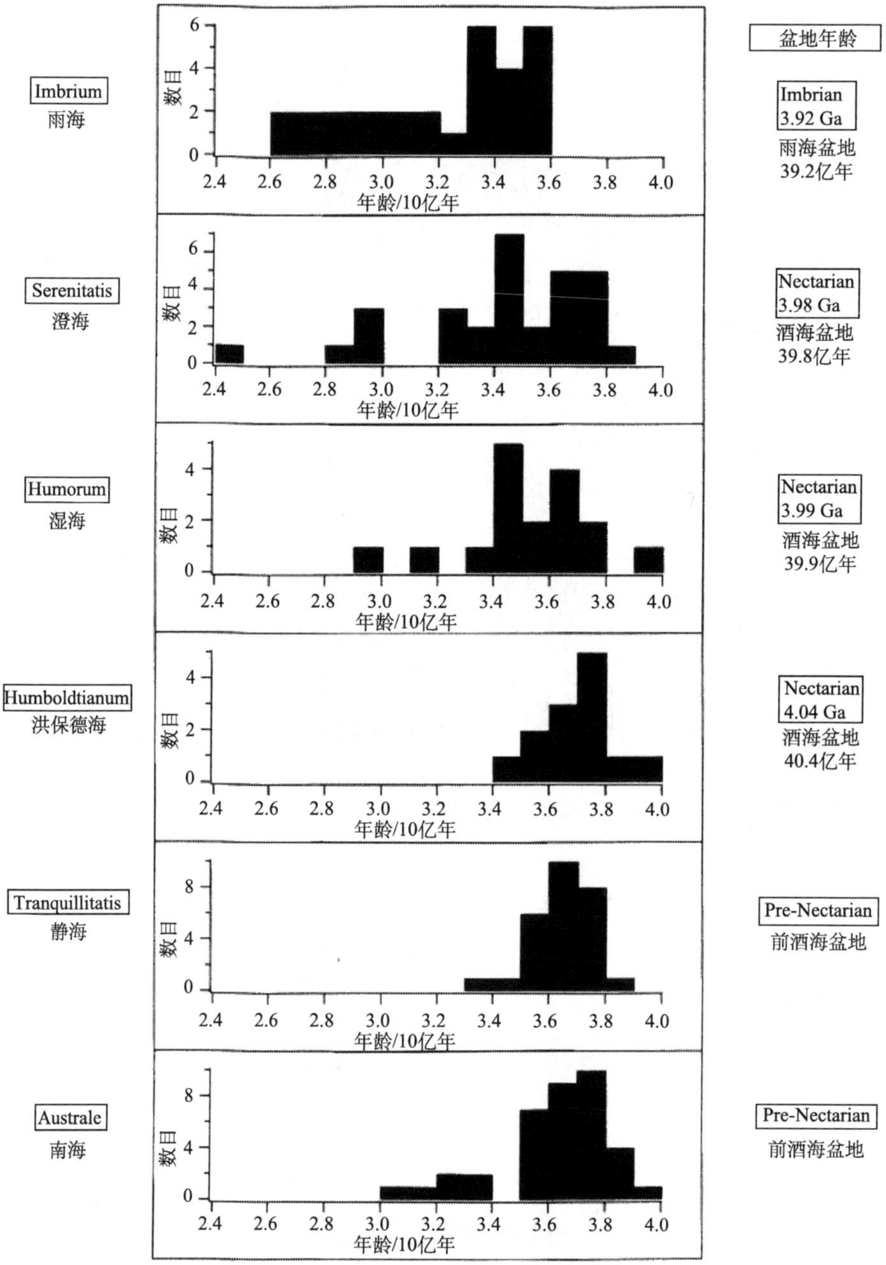

图 12.19　月海玄武岩的年龄分布直方图

雨海的 20.1 亿年和 22.6 亿年两单元未画

早期：虽然跟大的多环盆地关联的高地亮平原是陨击形成的，但某些平原显示有抛出物较暗的小陨击坑（直径 1～3 km），诸如在 Schiller-Schickard 陨击盆地有暗晕陨击坑，说明是月海玄武岩熔岩所致。暗晕陨击坑开掘被掩埋的月海玄武岩沉积，因为掩埋熔岩流的平原是年龄 38 亿年的，玄武岩流必然更老，表明有早期的火山活动。

主期：此阶段的最早熔岩是阿波罗 11 号和 17 号从静海和澄海采回的高钛玄武岩，这些岩流喷发于 38 亿年前与 36 亿年前之间，它们可能延展到超越月球正面，但因被较年轻的岩流覆盖而不能确定完满的早期高钛熔岩。随后，从 36 亿年前到 31 亿年前或许更晚，较低钛玄武岩长期喷发；此期的某些熔岩是高铝的，尤其是月球 16 号和 24 号采样的东危海和丰富海，这些 36 亿～34 亿年前的玄武岩是钛含量中等到极低的。雨海的低钛熔岩喷发于 33 亿年前（阿波罗 15 号样品），风暴洋喷发于 31 亿年前（阿波罗 12 号样品）。虽然整个月球的火山活动时期很长（距今 38 亿～30 亿年），但月海玄武岩喷发事件是稀少的。虽然月海占月球表面、尤其是正面的大部分，但可见的月海沉积只约占月壳体积的 1%，大多数月海的熔岩总堆积厚度差别很大，典型的少于几千米，大面积的玄武岩厚度可能小于 100 m。阿波罗 11 号登月处有几个不同的熔岩流，在相似成分的样品中，有年龄 38.6 亿年 ，也有年龄 35.5 亿年的。不同成分的另群熔岩也是年龄 35 亿年的，因此，同一处在 3 亿年间至少有四次（或许更多次）不同的熔岩流。

晚期：跟阿波罗 12 号登月点（熔岩年龄 31 亿年）比较，雨海内有悬崖发育的很年轻熔岩流，其上面的陨击坑密度小，因此，这些熔岩流可能是年龄 15 亿～20 亿年的。西自风暴洋、东至史密斯海，另外一些较年前的熔岩流也是陨击坑密度小的。一个例子是 Surveyor 1 登月点——风暴洋内的 Flamsteed P 陨击坑，其内部填充的熔岩是最年轻的，年龄大概 10 亿年，那里的月壤是月海中最薄的，估计仅 1～1.5 m 厚。月球上最晚的火山活动约在 8 亿年前。Lichtenberg 陨击坑（直径约 20 km ）的抛出物被熔岩流覆盖，估计年龄小于 20 亿年，这是最年轻的熔岩流。

综合这些证据，说明月球历史的大部分时间是火山活动的，大规模熔岩侵入发生在很早时间，从月壳建立到严重陨击时期就开始了，玄武岩继续侵入遍及于盆地形成时期，包括现在东海所沉积的高地下面的大规模熔岩喷发。当盆地形成终止时，大量的月海喷发物沉积开始保留，形成复杂系列的覆盖熔岩流和火山灰沉积，构成可见的月海。缓慢的、持久地填充正面盆地延续 30 亿年，逐渐载荷于月壳和（被内部挤压与外部扩张所变形的）盆地之上。某些陨击坑遭受火山改造，包括坑内填充熔岩和底部形成灰渣锥。大尺度区域沉积的灰渣沿某些月海边界喷发。火山活动强度随时间衰弱，较年轻的熔岩沉积体积必然比较老的小，最年轻的熔岩流继续到约 10 亿年前的风暴洋和史密斯海。

爱拉托逊系

爱拉托逊系始于抹掉地质单元一定直径 [D_L = (240±10)km] 陨击坑时(约 32 亿年前),终止于可识别的新鲜开掘陨击坑(D_L≤140 km)物质时(11 亿年前),爱拉托逊纪时期形成的这些陨击坑的辐射纹至今已退化而模糊了,雨海系的大规模玄武岩火山活动到此漫长时期渐减少到终止。在轨道器所摄月球图像上,可识别的最年轻熔岩流在这一时期结束。

至今仍可见到艾拉托逊系陨击坑单元的小尺度最佳可辨特征:叠置的小陨击坑形态,小尺度稳态平滑的未识别坑,以及跟月海岩流的叠置关系。艾拉托逊系的月海单元占据两个主要区域——雨海中央和从冷海延展到风暴洋南部的一个新月形带区。

阿波罗 12 号降落在一个地形复杂区,富集月陆物质的群岛,当时 (1969 年 11 月) 认为是风暴洋的一部分,但现在称为岛海 (Mare Insularum),它在雨海之南,哥白尼陨击坑与开普勒陨击坑之间,西南连于风暴洋,中心纬度 7.5°N,经度 30.9°W,直径 513 km,面积 20 万 km^2 (图 12.20)。阿波罗 12 号样品的测

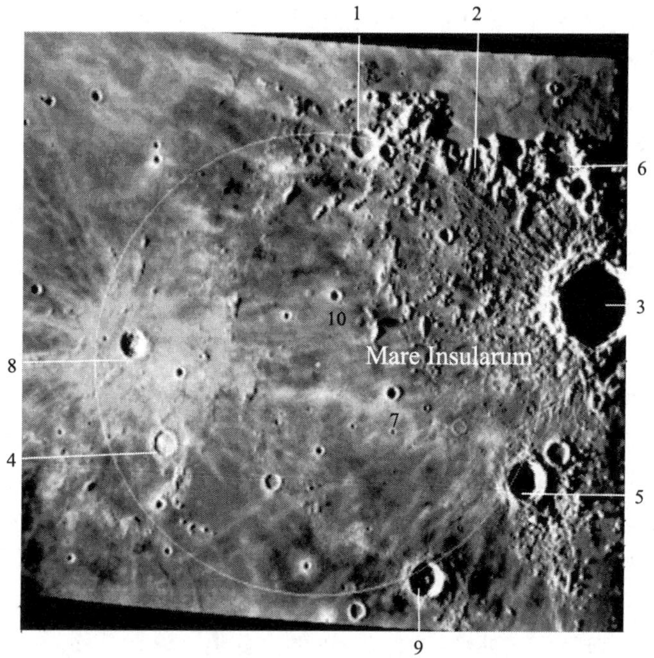

图 12.20 岛海

1. Tobias Mayer; 2. 喀尔巴阡山脉; 3. 哥白尼; 4. 恩克; 5. Reinhold ; 6. Gay-Lussac; 7. Hortensius; 8. 开普勒; 9. Lansberg; 10. Milichius

定年龄聚类在30.8亿年与32.6亿年之间，平均31.6亿年，阿波罗12玄武岩位于艾拉托逊系的底部附近。最年轻的阿波罗15号样品的玄武岩年龄为32.6亿年。采用一个近似的中间年龄32亿年为艾拉托逊系开始。

爱拉托逊陨击坑（图12.21）位于雨海与署湾区之间边界，亚平宁山脉的西端，直径58 km，深3.6 km，圆形坑缘、内壁阶地、中央山峰、不规则底部和外部抛出物都很清晰，但缺乏辐射纹。其西南被哥白尼陨击坑的辐射纹覆盖，它也可能形成于约32亿年前而标志爱拉托逊系开始。

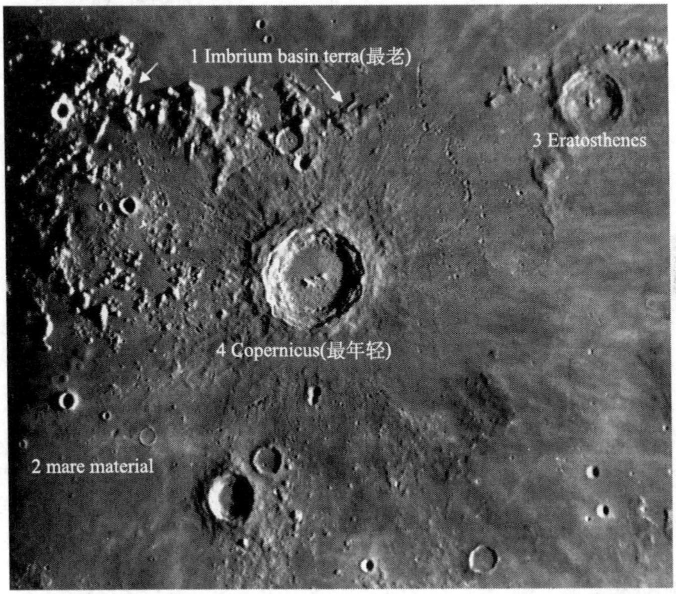

图12.21　最老的是雨海盆地的月陆，次老的是月海物质，较老的爱拉托逊陨击坑的辐射纹已变暗而模糊，而年轻的哥白尼陨击坑的亮辐射纹显著

哥白尼系

哥白尼系从大约11亿年前至今，定义哥白尼系的基底为具有（光学是未成熟的）亮辐射纹系统的陨击坑。哥白尼陨击坑是具有辐射纹的著名例子，但它并不标志哥白尼系的基底。在哥白尼纪，月球内部地质活动停止了，仍继续有些新的小规模陨击，偶尔也有较大的陨击产生中等和较大的陨击坑，造成部分表面岩石熔融，并抛出很多由熔融物质的细滴所形成的微玻璃球。哥白尼系的陨击坑的特征是：有亮辐射纹，坑物质大多是反照率大的，高的热异常，最新鲜的形态、黏结的抛出物块多、底部深和叠置坑少。显然，叠置在这些陨击坑抛出物（如亮

辐射纹）上的陨击坑或覆盖物质是哥白尼系最年轻的。

哥白尼陨击坑（图 12.21，图 12.22）在正面中心之西偏北，风暴洋之东，坑直径为 93 km，其深度为 3.8 km，由于它较年轻（年龄约 8 亿年），仍保持原来的形状，坑缘呈六角形，有内侧阶地和宽 30 km、约高于周围月海 900 m 斜壁，由于坑碎块沉落而内壁呈弧形滑塌。坑底没有填充熔岩，南半多丘，北半较平坦。坑的中央峰有三个孤山，高于底部 1.2 km。从哥白尼陨击坑抛出的新鲜物质散布到周围的月海上面，成为亮辐射纹，也叠置在阿利斯塔克（Aristachus）陨击坑和开普勒陨击坑的辐射纹上。哥白尼陨击坑周围也见到延展的较小的次生坑，有些形成蜿蜒的坑链。最近，从光谱上识别出哥白尼陨击坑内的蜿蜒陨击熔融特征，证明其存在几十公里尺度的成分不均匀性。

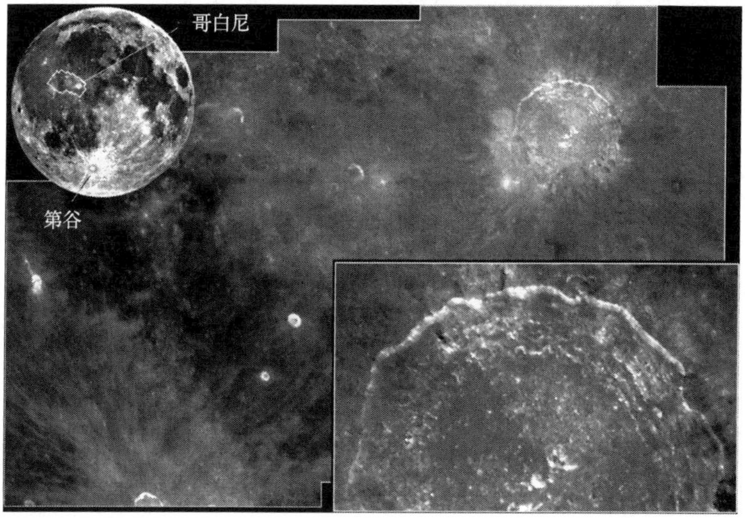

图 12.22　哥白尼陨击坑及其辐射纹，坑的局部（右下）

第谷陨击坑（图 12.23）位于月球正面南部高地，直径 86.21 km，深 4.8 km，尤其是它的亮辐射纹长达 1500 km，在满月时特别醒目。第谷陨击坑周围表面是严重陨击的，有些是它的次生坑。第谷陨击坑的坑缘轮廓清晰，内壁下塌，呈现阶地，斜向粗糙而底部近于平坦，有一些多节小丘，有以前火山活动迹象，但更可能来自于陨击所熔融的岩石。坑底的细节照片表明其覆盖着纵横的裂隙和小丘，中央峰高于坑底 1.6 km。第谷陨击坑的年龄约 1.08 亿年，比哥白尼陨击坑年轻得多。

南辐射纹（South Ray）陨击坑、北辐射纹（North Ray）陨击坑和婴辐射纹（Baby Ray）陨击坑是至今所知道的月球表面最年轻的陨击坑，表现出一些有趣特征（图 12.24）。

图 12.23 第谷陨击坑及其辐射纹（a）；坑近照（b）；中央峰（c）

图 12.24 南、北辐射纹陨击坑区域照片

南辐射纹陨击坑在笛卡儿山脉西侧附近，是 Cayley 建造下面平原表面的新鲜小陨击坑，直径 680 m，深 135 m，有很锐的凸起边缘和丰富的块状抛出物，坑缘顶下约 50 m 是连续的阶地，坑底中部有大量碎块，坑壁上部可见几个暗片。在太阳高照时，阿波罗 16 号所摄照片上，它的亮辐射纹很显著，至少延展到东北 15 km，覆盖在北辐射纹陨击坑抛出物上面，南辐射纹陨击坑年龄约 200 万年。块状抛出物富集地沉积远到东北 4.5 km 的 Survey 脊，该脊可能是两个削弱的老陨击坑的边缘交叉而形成的，拦截了大量南辐射纹坑的碎块。南辐射纹陨击坑周围的抛出物分布不对称，实际上，坑西南没有抛出物。砾石主要集中在三个方向，相应于显示高反照率物质的主趋向，有几个沟漕是该坑径向的。

婴辐射纹陨击坑位于南辐射纹陨击坑东北约 15 km，在一个 1.1 km 的老削弱坑边缘上，是多块状物的更新鲜陨击坑，直径 130 m，其辐射纹覆盖南辐射纹坑的碎块，但由于它们比连续抛出物弱得多而难识别。此坑内部颇反常的是，坑西壁模糊的不连续阶地约到直径的三分之一；东壁有两个不同阶地，在上壁一个阶地断续地横穿陨击坑，另一个几乎延展地穿过整个坑宽度；有很多非阶地的下塌特征，反映不同的岩性；小的暗晕坑嵌在坑中央；某些下地层或许比上面物质更坚固而造成如此形态。

北辐射纹陨击坑位于烟雾山（Smoky Mountain）之脚，南辐射纹坑之北 10 km处，直径 890 m，深 250 m。它跨于 50 m 高、略窄的脊上，陨击抛出的新鲜物质沉积亮于周围的原来成熟表面，坑壁可能暴露部分笛卡儿山脉物质。坑缘顶变圆，但径向跌落为很陡的内壁，坡度从顶部 27°到下部 34°，说明受到陨击的是强度低的角砾岩。坑缘碎块大小范围为 25 m 到 1 m 以下，呈碎屑状，它们的基质范围为从暗到亮的长石角砾，也含玻璃。特别有趣的是宇航员采集了称为“房屋岩石”（House Rock，或 Big Black Boulder，实际为长与宽为 24 m 与 20 m，在坑东南边缘）的高地样品。

阿波罗 16 号的几个游动站采集到它们附近区域的样品，包括南辐射纹陨击坑的抛出物，两种主要岩石型是暗基质角砾岩和浅色火成岩石。大多南辐射纹坑抛出的暴露砾石年龄约两三百万年，可能是其陨击年龄。在北辐射纹陨击坑区采集了多种地层样品，“房屋岩石”形成于 39 亿年前，而开掘北辐射纹坑的陨击事件约发生于 5 千万年前。

总之，两种主要地质过程——陨击和玄武岩的火山活动塑造了现在月壳的主要特征，陨击沉积物和玄武岩大概也构成了大部分的下表层。月球的构造作用也改造原来沉积布局，但程度远远少于地球的情况。

上月壳的典型剖面显示侧面连续的盆地和陨击坑物质的分层相互交错，它们被后来的陨击穿通、变形并重新分布（图 12.14）。多环陨击盆地抛出的沉积物是主要组分，分布到广延的表面，部分地保存和部分地受到后来大陨击改造。盆地内部含有盆地底部变形所致抬升的环系，开掘序列晚期抛射的多节沉积物和陨击熔融的岩石。这些环的间距、数量和复杂性随着盆地大小增加而增加，大盆地内部的最外带尤其复杂，多节的沉积物也局部扩展到边缘之外，较小的初始陨击小规模地扰动月壳，而重新分布为较小的地层和碎屑月壤。

玄武岩火山活动可能已改变贯穿月球历史的这一基本陨击构架。在月幔生成的玄武岩岩浆喷出不仅形成了可见的月海，也可能更早就有喷出。大多月球玄武岩已形成平坦的熔岩流和一些舌状锋的悬崖。小的喷发构造诸如火山穹顶和火山锥的隆起地形，喷发的位置和体积取决于盆地所在月壳部分和月幔结构。各盆地下面的月幔抬升，而可能以各大陨击坑下面的物质来弥补损失的月壳表层。因此，该月壳-月幔交面可能就像一个系列穹顶状肿胀，大小正比于盆地和叠置月海的情况。从月海边缘的裂缝和不规则陨击坑喷出的液滴凝结成火山碎屑玻璃，这些火山碎屑沉积物成为附近月陆和月海岩浆上的暗覆盖物，而且可能也跟熔岩相互穿插。大多断裂是因为月海玄武岩沉降所造成的，沉降的玄武岩段边缘拉伸而形成弧形地堑。在表面面积被缩短处，月海表面被褶皱成复杂的类拱和月海脊，沉降的程度也记录于月海的重力结构上。已完全均衡补偿的月海和盆地是重力中性的，而其他处呈现为质量瘤，代表玄武岩持久超均衡负载于岩石圈上。在岩石圈最弱处，陨击坑底部最广泛地抬升和断裂。另外，除了造成许多陨击坑的月海填充物和创造火山碎屑喷发的小孔，内部活动对陨击坑发育的贡献很小。

在月球上任意给定点的地质历史以一系列灾难性陨击而展开，这些陨击长时期的逐渐衰减，并与间歇的火山活动隔开。累积在每个较大沉积上的月壤正比于暴露时间和当时的陨击通量。无数小陨击持续地剥蚀而使沉积构造模糊，但除了遭遇大陨击的扰动，表面几何会一直保持着。来自大型陨击的抛出物合并和混合，从陨击坑和盆地单元、月壤、火山熔岩和下表面侵入物质。虽然通常有很复杂的细节，月球地质演化程度比地球简单并结束得早。

总结　月球演化史概述

近半个世纪以来，月球的飞船探测和研究新成果纷至沓来，令人惊诧，激励有志趣的青少年去深入探索和开辟月球“新大陆”。人们与时俱进，关注月球的新知识，提高科学文化素养。然而，月球的新文献日益增多，又散布于多种网络期刊，笔者条件所限，科海拾贝，即使是颇费工夫所选编的前述资料也很繁杂，这里概要总结月球起源演化简史，并做些简单的讨论。

月球的起源

基于有关的观测资料和理论研究，建立了行星形成的“标准”模型，可以概述如下。太阳系起源于45.68亿年前的原始（太阳）星云，它由气体和尘埃物质组成，有自转和一定的角动量，这些物质在自吸引下向中心降落，聚集形成中心的太阳及其绕转的星云盘，盘中凝集的固态颗粒（包括尘埃和冰）成为形成行星的主要材料，它们集聚为众多星子，星子碰撞结合而增长，少数大星子成为行星胎。大星子，尤其行星胎的引力场更强，吸引经过其附近的星子陨落（称为“吸积”过程）而更快增长。在离太阳近的星云盘内区，主要是尘埃物质集聚形成星子、行星胎和类地行星。往外，“雪线”外的区域，又有凝聚的冰物质参与星子和行星胎的形成过程，很快形成很大的类木行星的星核，它们的引力场更强，还吸积大量气体而成为“巨行星”。由于它们跟星云盘的相互作用而发生轨道迁移，尤其是最大的木星的引力摄动较远的星子及行星胎的运行，使其中有些进入内区而影响类地行星的形成过程，另些逃到太阳系外部。

一个多世纪以来，虽然科学家进行了月球起源的很多探讨，先后提出多种月球起源假说，但大多经受不了观测事实或理论的检验而被舍弃。基于行星形成“标准”模型和月球起源的资料（质量、角动量、轨道、成分、年龄等）约束，现代流行的是巨撞击假说，并地其进行了一系列计算机模拟，得出的一些成功的主要结果概要如下。大约45亿年前（最新资料为44.5亿～44亿年前），约在太阳系开始形成后3000～5000年，在类地行星区的最大行星胎基本上成长为原地球时，由于那时木星离太阳较近，其引力摄动使一个较大的行星胎“忒伊亚”(Theia）跟原地球发生巨撞击，当时两者都已发生重力分异而形成了星核和星幔。撞击不是中心直对的正撞，而是斜撞，忒伊亚的星核沉入地核，撞击抛出忒伊亚的少部分星幔和部分地幔的物质，形成绕地球转动的盘，盘中洛希限内的物质又有落到地球上，而洛希限外的大部分物质在十几天很快吸积形成月球。起初，月球离地球较近，地球与月球的引力相互作用而发生角动量转移，太阳的引力摄动也起一定作用，导致月球的轨道发生变化，逐渐远离地球，而地球自转减慢。近年的新模拟得到更宽的可能巨撞击情况，在符合约束的误差范围内，得到了成功结果的可能范围，但还不能唯一确定，有待于更深入研究来选择更符合约束的具体结果。

月球存在显著的不对称性，正面陨击盆地和月海多，而背面则以古老高地为主，而且两半球的月幔也有相应的成分差别。近年提出的新模拟中，有的巨撞击模拟也形成较小的第二个月球，它随后又撞击月球，或者地球还遭受规模较小的另一次巨撞击，结果导致月球的不对称性，其可能性还需进一步研究。

月球形成初期——岩浆洋

由于月球吸积形成过程很快，尤其后吸积的物质受到增长的月球强引力，释放的更大引力势能转化为热能而积累（吸积热），使月球外部几百公里的物质发生熔融，成为岩浆洋，更易发生重力分异，重成分下沉到内部，轻成分上浮到表层。随着表层向外空的辐射在 5000 万～1 亿年逐渐冷却，固结为越来越厚的、富铁的低密度斜长石月壳，即观测见到浅色（亮的）初始高地月壳。月壳深处和月幔含更多的较重矿物质，如辉石和橄榄石。同时，月球内部也发生分异，月幔岩石中的铁等重物质分离并下沉，形成月核，早期的熔融或部分熔融的月核可能产生相当强的古磁场。

大陨击与盆地

月球的吸积形成过程不是立即终止的，而是逐渐减弱的，月壳基本形成后，仍受到残余星子的陨击，在月壳上产生陨击坑，破坏初始的月壳，尤其是大星子陨击产生盆地，陨击抛出物覆盖大部分古老的月壳，形成月壤。在此时期，木星轨道向内迁移，其引力摄动使小行星区的星子、甚至外区的含冰星子轨道发生很大改变，有很多进入地球和月球的引力范围并发生高速撞击，产生陨击盆地，称为“晚期严重陨击”（LHB）或“终结的月球灾变”。随后，木星轨道向外迁移而大星子的陨击减少，近 38 亿年以来就没有大规模陨击所产生的盆地了，而只有越来越少的小规模陨击产生一些陨击坑。陨击能量使岩石破碎并熔融为陨击角砾岩。由飞船采回的样品分析得出盆地形成于距今 40 亿～38 亿年期间。由于初期月壳薄和后来的陨击及火山活动改造，缺乏更早陨击盆地的遗迹，因而对晚期严重陨击（LHB）之前的实际陨击情况还有疑义。

火山活动与月海填充

虽然月球表面因为向外空的热辐射损失能量而冷却，但下面还有铀和钍放射性元素长期衰变的能量加热，以及陨击和重力分异过程释放的势能加热，所以下月壳和月幔至少是部分熔融的，形成一些岩浆库。岩浆沿着陨击造成裂隙上涌和喷出，形成火山活动，熔岩流泛滥，填充盆地底部，很快冷凝结晶为玄武岩的月海，也填充一些老陨击坑。不同区域，不同时间，不同深度喷出的岩浆在成分上有些差别，因而它们结晶的玄武岩可以分为富钛、低钛、甚低钛、富铝、富KREEP等几类。以“火喷泉”形式喷发的岩浆滴迅速冷凝，生成大量绿色和橙色的火山玻璃球。

形成盆地的大陨击使月壳变薄并产生裂隙，为大规模火山活动创造了条件，随后在距今38亿到31亿年、乃至更晚，下面的岩浆上涌，断续地发生多次的火山喷发，延续20多亿年甚至更久。随着月球内部的冷却，火山活动逐渐减弱到停止。

近期的演化

近十亿年来，月球的地质活动大为减弱，除了几次较大的陨击形成哥白尼、第谷、开普勒等有醒目辐射纹的陨击坑外，主要是小规模的流星体陨击而剥蚀月球表面，以及宇宙射线、太阳辐射和太阳风的“宇宙风化”改造，在一些地方，风化层可能超过15 m，还出现小规模的火山活动迹象和月震。此外，就是近几十年来飞船的造访遗迹，包括宇航员的足迹。

跟地球经历严重的演化而丧失其早期遗迹不同，月球的演化程度较小，保存了很多演化遗迹，尤其是月球形成和早期演化遗迹，为探索地球的形成和早期演化提供重要线索。例如，直到1946年才确认和命名地球上第一个陨击坑——美国的Meteor Crater，即巴林杰陨石坑（the Barringer Meteorite Crater），由于严重的地质过程破坏了地球上的古老陨击坑，现在识别的地球陨击坑还不到200个。正是从月球以及水星和火星的大量陨击坑和陨击盆地，尤其是古老的陨击坑和陨击盆地，才认识到陨击是类地行星（包括地球）早期的主要地质过程，因而需要修改传统的地质学。地球比月球大且引力场很强，按同样陨击率推算，地球应当有直径20 km以上的陨击坑近2万个。

尽管月球的探测研究已取得丰硕成果，但有些还是比较初步的认识，仍有很多未知的月球情况，以及不少争议和未解之谜，需要进一步探测和研究，尤其是开拓月球、建立月球家园，更需要几代人去努力开拓。

主要参考文献

胡中为，徐伟彪. 2008. 行星科学. 北京：科学出版社.

林杨挺. 2010. 月球形成和演化的关键科学问题. 地球化学，39 (1)：1-10.

欧阳自远. 2005. 月球科学概论. 北京：中国宇航出版社.

周琴，吴福元，刘传周. 2010. 月球同位素地质年代学与月球演化. 地球化学，39 (1)：37-40.

Ambrose W A，Willias D A. 2011. Recent advance and current research issues in lunar stratigraphy. Boulder：Geological Society of America.

Canup R M. 2008. Lunar-forming collision with pre-impact rotaion. Icarus，196：518-538.

Canup R M. 2012. Forming a Moon with an Earth-like composition via a giant impact. Sciennce，338 (6110)：1052-1055.

Canup R M，Righter K. 2000. Origin of the Earth and Moon. Tucson：University of Arizona Press.

Ćuk M，Stewart S T. 2012. Making the Moon from a fast-spinning Earth：a giant impact followed by resonant despinning. Science，338 (6110)：1047-1052.

Hartmannn W K，Philips R J，Taylor G R. 1986. Origin of the Moon. Houston：Lunar and Planetary Institute.

Head J W，Fassett C I，Kadish S J，et al. 2010. Global distribution of large lunar craters：implications for resurfacing and impactor populations. Science，329 (5998)：1504-1507.

Hiesiger H，Head J W. 2006. New views of lunar geoscience：an introduction and overview. Reviews in Mineralogy & Geochemistry，60 (1)：1-81.

Jaumann R，Hiesinger H，Anand M，et al. 2012. Geology，geochemistry，and geophysics of the Moon：status of current understanding. Planetary and Space Science，74 (1)：15-41.

Kenyon S J，Bromley B C. 2006. Terrestrial planet formation. I. The transition from oligarchic growth to chaotic growth. The Astronomical Journal，131 (3)：1837-1850.

Marchi S. 2010. The lunar crater chronology and the early evolution of the solar system. Vol. 5. European Planetary Science Congress.

McNeil D，Duncan M，Levison H F. 2005. Effects of type I migration on terrestrial planet formation. The Astronomical Journal，130 (6)：2884-2899.

Morbidelli A，Marchi S，Bottke W F，et al. 2012. A sawtooth-like timeline for the first billion years of lunar bombardment. Earth and Planetary Science Letters，355：144-151.

Nakamura R，et al. 2012. Compositional evidence for an impact origin of the Moon's Procellarum basin. Nature Publishing Group.

Neukum G，Ivanov B A. 1994. Crater size distributions and impact probabilities on Earth from lunar，terrestrial-planet，and asteroid cratering data//Gehrels T. Hazards Due to Comets & Asteroids. Tucson：University of Arizona Press.

O'Brien D P, Morbidelli A, Levison H F. 2006. Terrestrial planet formation with strong dynamical friction. Icarus. 184 (1): 39-58.

Robbins S J. 2013. Revised lunar cratering chronology for planetary geological histories. Space Science Reviews, 96: 55-86.

Shearer C K, Hess P C, Wieczorek M A, et al. 2006. Thermal and magmatic evolution of the Moon. Reviews in Mineralogy and Geochemistry, 60 (1): 365-518.

Smith M C, Sudis P D. 2013. Geological map of the Notaries basin and its deposits. 44th Lunar and Planetary Science Conference.

Spudis P D, McGovern P J, Kiefer W S. 2013. Large shield volcanoes on the Moon. Journal of Geophysical Research: Planets, 118 (5): 1063-1081.

Stöffler D, Ryder G. 2001. Stratigraphy and isotope ages of lunar geologic units: chronological standard for the inner solar system//Chronology and evolution of Mars. Springer: 9-54.

Stöffler D, Ryder G, Ivanov B A, et al. 2006. Cratering history and lunar chronology. Reviews in Mineralogy and Geochemistry, 60 (1): 519-596.

Vaughan W M, Head J W, Wilson L, et al. 2013. Geology and petrology of enormous volumes of impact melt on the Moon: a case study of the Orientale basin impact melt sea. Icarus, 223 (2): 749-765.

Wieczorek M A. 2009. The interior structure of the moon: What does geophysics have to say?. Elements, 5 (1): 35-40.

Wilhelms D E, McCauley J F, Trask N J. 1987. The geologic history of the Moon. Washington: USGPO.

Wilkinson J. 2010. The Moon in close-up: a next generation astronomer's guide. Springer.